主な消火器
各メーカーの主な消火器を網羅しました。

 水消火器（出題例があるので外観に要注意）

 普通火災　 電気火災*

（*　霧状に限る）

ヤマトプロテック
YWS-3X

モリタ宮田
WS3

ハツタ
PWE-3S

 強化液（中性）消火器　その1

 普通火災　 油火災*　 電気火災*

（*　霧状に限る）

指示圧力計

赤（25％以上）

 重要ポイント

規格では，容器の外面は25％以上を赤色仕上げとすること，となっています（他の消火器も同様）。この条件をクリアできていれば，右のような真っ赤じゃない消火器もOKなんだよ！

ヤマトプロテック
YNL-3（※現在，生産終了）

ハツタ
NLSE-3S

モリタ宮田
NF3

強化液(中性)消火器 その2 普通火災 油火災*  電気火災*

(＊ 霧状に限る)

日本ドライケミカル
LS-3AN-HS

日本ドライケミカル
LS-2ND（V）

ニッタン
NKNL-2S

マルヤマエクセル
KN-2PH

 強化液(アルカリ性)消火器 その1 普通火災 油火災* 電気火災*

(＊ 霧状に限る)

ハツタ
ALS-3

マルヤマエクセル
KLB-3P

能美防災
MEKJ005-3

機械泡消火器

 普通火災　 油火災

指示圧力計

発泡ノズル →

発泡ノズルの形を
よく覚えておこう！

ヤマトプロテック
YVF-3

ハツタ
MFE-3S

 化学泡消火器

 普通火災　 油火災

破蓋転倒式
（は　がい）

大型　消火薬剤量
96ℓ

開蓋転倒式（車載式大型）
（かいがい）

※蓋とは，ふた，
キャップのこと。

液面表示

化学泡消火器には，指示圧力計
が無いかわりに液面表示がある
ので，それで薬剤量を確認でき
るんだ。

ヤマトプロテック
SF-10P

ハツタ
CF-100

二酸化炭素消火器　その1

レバー
ホーン握り
ホーン
緑（50％以上）
赤（25％以上）

ヤマトプロテック
YC-10X（※現在，生産終了）

ヤマトプロテック
YC-10X Ⅱ

🔥 **重要ポイント**

窒息性がある消火剤のため，換気について有効な開口部を有しない地階，無窓階などには設置できません。

容器内には高圧の液化二酸化炭素が充てんされているので，容器は高圧ガス保安法の適用を受けます。

 二酸化炭素消火器　その2

 油火災　⚡ 電気火災

モリタ宮田
MCF10

ハツタ
CG-10

マルヤマエクセル
CO²A-7H

日本ドライケミカル
NC-5（Ⅱ）

NO.4

粉末(ABC)蓄圧式消火器 その1　 普通火災　 油火災　⚡ 電気火災

指示圧力計

赤（25％以上）

ガス加圧式と大きく
異なる外見は，指示
圧力計が付いている
ことだよ。

ヤマトプロテック
YA-10XD（※現在，生産終了）

モリタ宮田
MEA10D

ハツタ
PEP-10N

 粉末(ABC)蓄圧式消火器 その2　 普通火災　 油火災　⚡ 電気火災

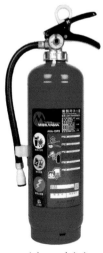

マルヤマエクセル
AHA-10P2

ニッタン
NKE-10N

能美防災
MEDJ010A-10

蓄圧式粉末消火器の断面写真

サイホン管

ノズル

 指示圧力計の重要ポイント

① 緑色範囲の名称：使用圧力範囲
② 材質記号の表記⇒SUSの意味：
　圧力検出部（ブルドン管）
　の材質がステンレス鋼であ
　ることを示す
③ 圧力単位：MPa（メガパス
　カル）
④ 消の記号

指針が0付近を指している場合
⇒指示圧力計の作動を点検する

 粉末（ABC）ガス加圧式消火器 その1

 普通火災　 油火災　 電気火災

指示圧力計が
無いのと，外
気の湿気を遮
断するための
ノズル栓が装
着されている
のがポイント
だよ。

ノズル

ノズル栓

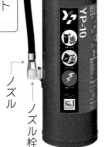

ノズル受け

ヤマトプロテック
YP-10（※現在，生産終了）

モリタ宮田
EFC10

ハツタ
CUP-10C（※現在，生産終了）

粉末(ABC)ガス加圧式消火器 その2　 普通火災　油火災　 電気火災

ガス加圧式粉末消火器の
断面写真

マルヤマエクセル
AHB-10M

日本ドライケミカル
PAN-10A（IV）

加圧用ガス容器

ガス導入管
逆流防止装置
サイホン管
粉上り防止用封板

ノズル

 ガス加圧式大型粉末消火器（車載式）　 普通火災　 油火災　 電気火災

大型　消火薬剤量 40 kg

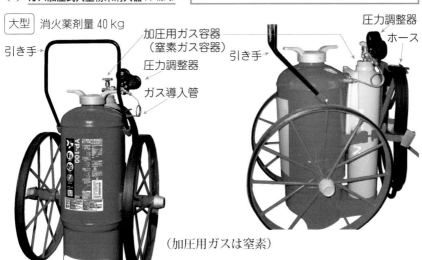

引き手

加圧用ガス容器
（窒素ガス容器）

圧力調整器

ガス導入管

圧力調整器

ホース

引き手

（加圧用ガスは窒素）

ヤマトプロテック　YP-100（※現在，生産終了）

NO.7

大型ではない車載式消火器 その1　　 油火災　⚡ 電気火災

車載式の二酸化炭素消火器　（消火薬剤量 23 kg）

安全栓

ホーン

 緑（50 ％以上）

赤（25 ％以上）

ヤマトプロテック　YC-50X

左の消火器は薬剤量が 23 kg
なので，車載式であっても大
型消火器には分類されません
（P147）

 大型ではない車載式消火器 その2　　🗑 普通火災　油火災　⚡ 電気火災

車載式の強化液消火器　（消火薬剤量 20 kg）

ハツタ　ALS-20

強化液消火器は，
消火薬剤量 60 ℓ 以上で
大型消火器に分類されるんだ！

大型の車載式消火器 その1　 普通火災　 油火災　 電気火災

粉末（ABC）蓄圧式消火器（消火薬剤量（kg）：各写真の上に記載）

20 kg	40 kg	20 kg

粉末消火器は
加圧式・蓄圧式とも
消火薬剤量が
20 kg 以上で
大型消火器に
分類されるんだ！

ヤマトプロテック
YA-50XⅢ

ヤマトプロテック
YA-100X

モリタ宮田
EF50

 大型の車載式消火器 その2　 普通火災　 油火災　 電気火災

粉末（ABC）蓄圧式消火器（消火薬剤量（kg）：各写真の上に記載）

20 kg	40 kg	20 kg

ハツタ
PEP-50

ハツタ
PEP-100HS

ハツタ
PEP-50S

大型の車載式消火器 その3　 普通火災　 油火災　 電気火災

粉末（ABC）蓄圧式消火器 （消火薬剤量（kg）：各写真の上に記載）

20 kg	40 kg	20 kg	40 kg

マルヤマエクセル
AHA-50P　　　　　AHA-100PHⅡ

日本ドライケミカル
PAN-50WXe　　　　PAN-100(Ⅳ)

 大型の車載式消火器 その4　　 普通火災　 油火災

機械泡消火器 （消火薬剤量（ℓ）：各写真の上に記載）

20 ℓ	20 ℓ

ヤマトプロテック
YVF-20　　　YFF-20X（※現在，生産終了）

> 機械泡消火器は,
> 消火薬剤量 20 ℓ 以上で
> 大型消火器に分類されるんだ！

大型の車載式消火器 その5

 普通火災　 油火災　⚡ 電気火災

加圧式粉末 ABC 消火器	（消火薬剤量（kg）：各写真の上に記載）

20 kg　　　　40 kg　　　　　　55 kg

モリタ宮田　　　　　　　　　　　　ハツタ
EFC50　　　　　　EFC100　　　　　CSP-150

 大型の車載式消火器 その6

 普通火災　 油火災*　 電気火災*

（＊　霧状に限る）

強化液消火器

消火薬剤量 60 ℓ

ハツタ
ALS-60

注意！
大型でないものと区別さ
せる問題あり！

強化液消火器は,
消火薬剤量 60 ℓ以上で
大型消火器に分類されるんだ！

NO.11

蓄圧式粉末(BC)消火器

 油火災 電気火災

小型

ヤマトプロテック
YB-20M

日本ドライケミカル
PAK-20W(I)

薬剤質量
0.5 kg

K2WA(I)

 加圧式粉末(ABC)消火器

 普通火災 油火災 電気火災

小型

薬剤質量
1.0 kg

日本ドライケミカル　PAN-3A(I)

重要ポイント ―**ホースのない消火器について**―

消火器には，ホースを取り付けなければならないんだけれど，
次の場合には，ホースが無くても良いんだ。
（消火器の技術上の規格を定める省令　第15条1項）

１．ハロゲン化物消火器…消火薬剤質量が4kg未満のもの
２．**粉末消火器**…消火薬剤質量が1kg以下のもの

なお，上段の「蓄圧式粉末（BC）消火器」右端の小型消火器
もホース無しだよ。

ハロン 1301 消火器（現在，生産終了）

（注1：一部普通火災適応のものもあります）
（注2：写真の絵表示は旧規格です）

油火災　⚡ 電気火災

ねずみ色
（50％以上）

赤（25％以上）

普通火災に適応のもの

圧力調整器

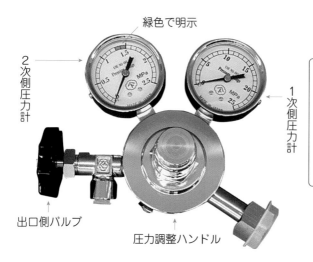

緑色で明示

2次側圧力計

1次側圧力計

出口側バルブ

圧力調整ハンドル

この圧力調整器は窒素ガス容器の高圧ガスを消火器に適応した充てん圧力まで減圧させる装置で，大型の粉末消火器（窒素ガス加圧式）にも使用されているんだ。

適応火災の絵表示

旧　普通 火災用　油 火災用　電気 火災用

新

普通火災用
（A 火災）

油火災用
（B 火災）

電気火災用
（C 火災）

粉末（ABC）消火薬剤

消火薬剤は，りん酸塩類で，
淡紅色系の着色が施されて
いる。

安全栓

安全栓のリング部の塗色は，
黄色仕上げとすること！

排圧栓と減圧孔

排圧栓

減圧孔

減圧孔は，
二酸化炭素消火器と
ハロン1301消火器には
装着されていないので注意！

減圧孔は，
規格で設置が義務付けられています
が，
排圧栓は義務付けられていません。
（排圧栓の方が早く内圧が抜ける）

ガス加圧式粉末消火器（本体容器から出したところ）

（加圧用ガス容器より）

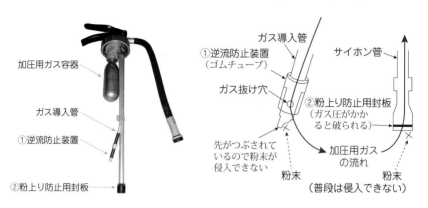

加圧用ガス容器

ガス導入管

①逆流防止装置

②粉上り防止用封板

ガス導入管

①逆流防止装置
（ゴムチューブ）

ガス抜け穴

②粉上り防止用封板
（ガス圧がかか
ると破られる）

先がつぶされて
いるので粉末が
侵入できない

粉末

サイホン管

加圧用ガス
の流れ

粉末

（普段は侵入できない）

加圧用ガス容器　　（再充てんは(c)だけが可能）

左は内容積が
100 cm³ 以下の
加圧用ガス容器だよ。

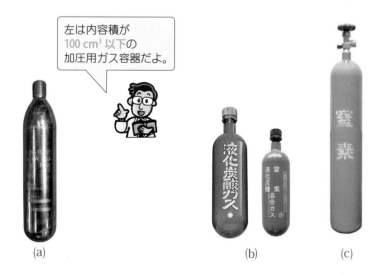

(a)

(b)

(c)

わかりやすい！

第6類 消防設備士試験

―出題内容の整理と，問題演習―

工藤政孝　編著

弘文社

まえがき

　本書が初めて出版された際，それまでの消防設備士試験にはない一風変わったテキストであったにもかかわらず，実に大勢の方にご愛顧いただき，また，合格のお知らせや感謝のお便りをいただき，紙面の上からではありますが，深く感謝いたします。

　さて，そのように大勢の方に支えられてきた本書ですが，法改正はもとより，読者の方や企業の方からいただいた本試験情報などにも対応できるよう，スペースをやりくりしながら数年に一度，書面に反映してきました。今回，その数年に一度の時期にあたるとともに，最近の出題傾向にも合わせるために，大幅に加筆，修正して，最新の本試験問題にも対応できるよう，過去にないくらいの大改訂を実行しました。

　その主な内容については，これまで培（つちか）ってきたノウハウや「こうすればよい」と思える部分については改良点などを加え，さらに最新の出題傾向に合わせて問題を編集し，あるいは，新しい問題に替え，より充実した内容へと改訂しました。

　その詳細については，今までと同様，次のような方針で編集いたしました。

１．わかりやすい解説

　加筆，修正した部分においても，解説は従来どおり，できるだけ詳細かつ，わかりやすく解説するように努めました。特に本試験に関係ありそうな部分には，できるだけその注意を喚起するよう，一筆書き加えてあります。

２．イラストや図の多用

　今までと同じく，イラストを用いて説明できるものは，できるだけイラストにして，理解が進むよう配慮してあります。

３．暗記事項について

　本書は，第６類消防設備士における必須暗記事項を「ゴロ合わせ」にすることにより，丸暗記する際の精神的労力を少なくし，さらに，その「ゴロ合わせ」をイラスト化することで暗記力の増大をはかってきましたが，この部分については，従来どおりの内容を継続しています。

4．問題の充実

　冒頭にも触れましたが，今回も出題範囲をできるだけ網羅^{もうら}するよう，最新の出題傾向に沿った多くの練習問題を可能な限り取り入れました。

5．実技試験の充実

　実技試験では，写真を提示してその名称や使用目的を問う問題が出題されます。本書ではそれに十分対応できるよう，写真や部品などの写真を豊富に使用してありますが，特に「実戦編」においては，ほぼ本試験と同じ内容とスタイルを採っていますので，模擬試験として十分に使える内容となっています。

　以上のような特徴によって本書は構成されていますので，前書同様，受験科目をよりわかりやすく，また，より実戦的に学習ができる構成になっているものと思っております。

　従って，本書を十二分に活用いただければ，“短期合格”も夢ではないものと確信しております。

　最後になりましたが，本書を手にされた方が一人でも多く「試験合格」の栄冠を勝ち取られんことを，紙面の上からではありますが，お祈り申しあげております。

> ### ご注意
> 　本書につきましては，常に新しい問題の情報をお届けするため問題の入れ替えを頻繁に行っております。従いまして，新しい問題に対応した説明が本文中でされていない場合がありますが予めご了承いただきますようお願い申し上げます。

CONTENTS

第1章　機械に関する基礎知識

第2章　消防関係法令

Ⅰ．共通部分

第4章　点検・整備の方法

第5章　規格

第6章　実技試験

Ⅰ　基礎編

Ⅱ　実戦編

＜注意事項＞

「以下，以上，未満，超える」については，間違えやすいので，10 を基準値とした場合の例を次に示しておきます。

10 以下……………10 を含む

10 以上……………10 を含む

10 未満……………10 を含まない

10 を超える…………10 を含まない

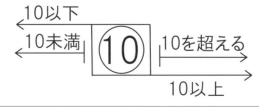

本書の使い方

1．表について

　本書では，特にすべて覚える必要のない表については「参」または「参考資料」と表示してあります。逆にいうと，すべて覚える必要があるものには，何も表示してありません。これは，表を見たときに「これはすべて覚える必要がある表なのか？　それとも単なる参考資料として載せてあるだけの表なのか？」という，受験生の負担を軽減するためです。

2．重要な部分について

　本文中，特に重要と思われる箇所は**太字**にしたり，●マークや重要マークを入れて枠で囲むようにして強調してあります。

3．重要　最重要　イマヒトツ…　マークについて

　本文中，重要問題には，この 重要　最重要 マークを付けてありますので，完全にマスターするまで繰り返しチャレンジして下さい。イマヒトツ… のマークは余裕があればやっておくと良い項目に表示してあり，学習を進めていく上で時間が足りない場合には，後回しにしても良いということを示しています。

4．注意を要する部分について

　本文中，特に注意が必要だと思われる箇所には　　　　　というように表示して，注意を要する部分である，ということを表しています。
　また，★印も（注：）とほぼ同じ意味で使用しています。

5．略語について

　本書では，本文の流れを円滑にするために，一部略語を使用しています。
　　　　・特防：特定防火対象物
　　　　・特に特定1階段防火対象物

6．最後に

　本書では，学習効率を上げるために（受験に差しさわりがない範囲で）内容の一部を省略したり，または表現を変えたり，あるいは図においては原則として原理図を用いている，ということをあらかじめ断っておきます。

受験案内

1．消防設備士試験の種類

　消防設備士試験には，次の表のように甲種が特類，および第1類から第5類まで，乙種が第1類から第7類まであり，甲種が工事と整備を行えるのに対し，乙種は整備のみ行えることになっています。

表1

	甲種	乙種	消防用設備等の種類
特　　類	○		特殊消防用設備等 （従来の消防用設備等に代わり，総務大臣が当該消防用設備等と同等以上の性能があると認定した設備等）
第1類	○	○	屋内消火栓設備，スプリンクラー設備， 水噴霧消火設備，屋外消火栓設備 パッケージ型消火設備，パッケージ型自動消火設備， 共同住宅用スプリンクラー設備
第2類	○	○	泡消火設備，パッケージ型消火設備， パッケージ型自動消火設備
第3類	○	○	不活性ガス消火設備，ハロゲン化物消火設備， 粉末消火設備 パッケージ型消火設備，パッケージ型自動消火設備
第4類	○	○	自動火災報知設備，ガス漏れ火災警報設備， 消防機関へ通報する火災報知設備 共同住宅用自動火災報知設備， 住戸用自動火災報知設備 特定小規模施設用自動火災報知設備， 複合型居住施設用自動火災報知設備
第5類	○	○	金属製避難はしご，救助袋，緩降機
第6類		○	消火器
第7類		○	漏電火災警報器

2．受験資格

　（詳細は消防試験研究センターの受験案内を参照して確認して下さい）

(1)　乙種消防設備士試験

　受験資格に制限はなく誰でも受験できます。

(2) 甲種消防設備士試験

甲種消防設備士を受験するには次の資格などが必要です。

＜国家資格等による受験資格（概要）＞

① （他の類の）甲種消防設備士の免状の交付を受けている者。

② 乙種消防設備士の免状の交付を受けた後2年以上消防設備等の整備の経験を有する者。

③ 技術士第2次試験に合格した者。

④ 電気工事士

⑤ 電気主任技術者（第1種～第3種）

⑥ 消防用設備等の工事の補助者として，5年以上の実務経験を有する者。

⑦ 専門学校卒業程度検定試験に合格した者。

⑧ 管工事施工管理技術者（1級または2級）

⑨ 工業高校の教員等

⑩ 無線従事者（アマチュア無線技士を除く）

⑪ 建築士

⑫ 配管技能士（1級または2級）

⑬ ガス主任技術者

⑭ 給水装置工事主任技術者

⑮ 消防行政に係る事務のうち，消防用設備等に関する事務について3年以上の実務経験を有する者。

⑯ 消防法施行規則の一部を改定する省令の施行前（昭和41年1月21日以前）において，消防用設備等の工事について3年以上の実務経験を有する者。

⑰ 旧消防設備士（昭和41年10月1日前の東京都火災予防条例による消防設備士）

＜学歴による受験資格（概要）＞

（注：単位の換算はそれぞれの学校の基準によります）

① 大学，短期大学，高等専門学校（5年制），または高等学校において機械，電気，工業化学，土木または建築に関する学科または課程を修めて卒業した者。

② 旧制大学，旧制専門学校，または旧制中等学校において，機械，電気，工業化学，土木または建築に関する学科または課程を修めて卒業した者。

③ 大学，短期大学，高等専門学校（5年制），専修学校，または各種学

校において，機械，電気，工業化学，土木または建築に関する授業科目を15単位以上修得した者。

④ 防衛大学校，防衛医科大学校，水産大学校，海上保安大学校，気象大学校において，機械，電気，工業化学，土木または建築に関する授業科目を15単位以上修得した者。

⑤ 職業能力開発大学校，職業能力開発短期大学校，職業訓練開発大学校，または職業訓練短期大学校，もしくは雇用対策法の改正前の職業訓練法による中央職業訓練所において，機械，電気，工業化学，土木または建築に関する授業科目を15単位以上修得した者。

⑥ 理学，工学，農学または薬学のいずれかに相当する専攻分野の名称を付記された修士または博士の学位を有する者。

3. 試験の方法

(1) 試験の内容

第6類消防設備士試験には筆記試験と実技試験があり，表2のような試験科目と問題数があります。

試験時間は，1時間45分となっています。

表2 試験科目と問題数

	試　験　科　目		問題数		試　験　時　間
筆記	機械に関する基礎的知識		5		1時間45分
	消防関係法令	各類に共通する部分	6	10	
		6類に関する部分	4		
	構造機能および点検整備の方法	機械に関する部分	9	15	
		規格に関する部分	6		
	合　　　計		30		
実技	鑑別等		5		

(2) 筆記試験について

解答はマークシート方式で，4つの選択肢から正解を選び，解答用紙の該当する番号を黒く塗りつぶしていきます。

(3) 実技試験について

実技試験は鑑別等試験で，写真や図面などによる記述式です。

4．合格基準

① 筆記試験において，各科目ごと（表2の太線で囲まれた範囲ごと）に出題数の40% 以上，全体では出題数の60% 以上の成績を修め，かつ

② 実技試験において60% 以上の成績を修めた者を合格とします。

（試験の一部免除を受けている場合は，その部分を除いて計算します。）

5．試験の一部免除

他類の消防設備士資格を有している人は，消防関係法令のうち，「各類に共通する部分」が免除されます。

なお，第5類の資格（甲種，乙種とも）を有する人は，機械に関する基礎的知識も免除されます。

6．受験手続き

試験は(一財)消防試験研究センターが実施しますので，自分が試験を受けようとする都道府県の支部などに試験の日時や場所，受験の申請期間，および受験願書の取得方法などを問い合わせておくとよいでしょう。

> **一般財団法人 消防試験研究センター 中央試験センター**
> 〒151-0072
> 　　東京都渋谷区幡ケ谷1－13－20
> 　　電話　03-3460-7798　　　Fax　03-3460-7799
> ホームページ：http://www.shoubo-shiken.or.jp/

（受験願書は，地元の消防署でも入手可能です）

7．受験地

全国どこでも受験できます。

8．複数受験について

試験日，または試験時間帯が異なる場合には，4類と6類など，複数種類の受験ができます。詳細は受験案内を参照して下さい。

> ※**本項記載の情報は変更されることがあります。詳しくは試験機関のウェ
> ブサイト等でご確認下さい。**

受験に際しての注意事項

1 願書はどこで手に入れるか？

　近くの消防署や消防試験研究センターの支部などに問い合わせをして確保しておきます。

2 受験申請

　自分が受けようとする試験の日にちが決まったら，受験申請となるわけですが，大体試験日の1ヶ月半位前が多いようです。その期間が来たら，郵送で申請する場合は，なるべく早めに申請しておいた方が無難です。というのは，もし，申請書類に不備があって返送され，それが申請期間を過ぎていたら，再申請できずに次回にまた受験，なんてことにならないとも限らないからです。

3 試験場所を確実に把握しておく

　普通，受験の試験案内には試験会場までの交通案内が掲載されていますが，もし，その現場付近の地理に不案内なら，実際にその現場まで出かけるくらいの慎重さがあってもいいくらいです。実際には，当日，その目的の駅などに到着すれば，試験会場へ向かう受験生の流れが自然にできていることが多く，そう迷うことは少ないとは思いますが，そこに着くまでの電車を乗り間違えたり，また，思っていた以上に時間がかかってしまった，なんてことも起こらないとは限らないので，情報をできるだけ正確に集めておいた方が精神的にも安心です。

4 受験前日

　これは当たり前のことかもしれませんが，当日持っていくものをきちんとチェックして，前日には確実に揃えておきます。特に，受験票を忘れる人がたまに見られるので，筆記用具とともに再確認して準備しておきます。

　なお，解答カードには，「必ずHB，又はBの鉛筆を使用して下さい」と指定されているので，HB，又はBの鉛筆を2～3本と，できれば予備として濃い目のシャープペンシルを準備しておくと完璧です。

第1章
機械に関する基礎知識

さぁ がんばって
登るぞぉ〜

学習のポイント

この分野は毎回5問程度出題されています。

① 【力学】については，苦手とする人が多いようですが，**公式**をきちんと把握しておけば，解ける問題がほとんどなので，カードなどを利用して公式を暗記しておく必要があります。

② 【材料】については，**合金の特徴**と**熱処理**についてよく把握（**ステンレス**と**アルミニウム**が重要），**荷重と応力**の関係図では，**引張強さ**などの名称と位置を覚えておく必要があります。

その他，**安全率**の式などもよく出題されています。

③ 【圧力】については，名称や単位から受ける印象からか，これもまた苦手とする人が少なくないようですが，計算のスタイルを覚えてしまうと楽に解ける問題がほとんどなので，練習問題を繰り返し解いて，そのスタイルを身につけるようにして下さい。

力について

1. 力の3要素

　一般に力を表す場合，図のように矢印
を用いますが，その場合，ただ単に矢印
を書くのではなく，「①力の大きさ」と
「②力の方向」及び「③力の作用点（力
が働く点）」を表して書きます。

図1-1

　この①力の**大きさ**，②力の**方向**，③力の**作用点**を**力の3要素**といいます。

　たとえば，エンストした車を手
で押している場合，矢印の向きが
車を押している**方向**で（②），矢印
の大きさが車を押している**力の大
きさ**（①），そしてa点が車を手で
押している**作用点**（③）となります。

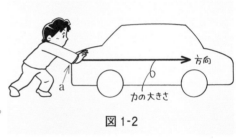

図1-2

2. 力の合成と分解

① 力の合成

　たとえば，図のように石を2人の人が，F_1とF_2の力でそれぞれ別方向に引
っぱった場合（図a），その石には1人の人が次ページの図eのF_3の方向に，
F_3の力で引っ張ったのと同じ力が働きます。

　このように，同じ物体に2つ以上の力が働いた場合，それらを合成して1つ
の力にすることを力の合成といい，合成した力を**合力**といいます。

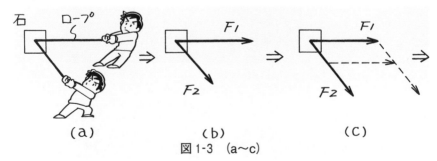

(a)　　　　　　(b)　　　　　　(C)

図1-3　(a〜c)

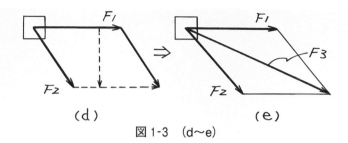

図 1-3　(d〜e)

② 合成の方法 （図1-3 参照）

1. F_2 をその角度のまま F_1 の先まで移動する （図c）。

2. F_1 をその角度のまま F_2 の先まで移動する （図d）。

3. 出来上がった平行四辺形の対角線が合力 F_3 となります。

③ 力の分解

合成とは逆に，F_3 を F_1 と F_2 に分解することを力の分解といいます。

分解の方法は，F_3 を対角線とする平行四辺形を作成して，F_1 と F_2 を求めればよいだけです。

3. 力のモーメント

図のようなスパナでボルトを締め付ける場合，回転軸 O から ℓ〔m〕にある点 A に，力 F〔N〕を直角（図では下向き）に加えると，物体は回転を始めます。

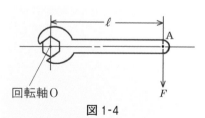

図 1-4

この物体を回転させる力の働きを力のモーメント（M で表す）といい，次式で表します。

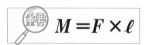
$$M = F \times \ell$$

単位は，力を N（ニュートン），回転軸 O からの距離を m（メートル）とすると，力のモーメントは **N·m** で表されます。

ちなみに，工学的にはモーメントを**トルク**とも言います。従って，「トルク

を求めよ」とあればモーメントを求めればよいだけです。

＜曲げモーメントについて＞

　たとえば，P.35の図（ア）のような片持ばりの場合，図の W の部分に力 F を加えた場合，モーメント（**最大曲げモーメント**という）そのものは，同じ，$M=F×\ell$ の式で求められますが，そのモーメントに対する反発力である応力 σ （P.32参照）を求める場合は，断面係数という，はりの断面の形状から算出される係数で割る必要があります（⇒ 計算式の出題例あり）。

$$\sigma_{max}=M/Z \quad （M：最大曲げモーメント，Z：断面係数）$$

　なお，この場合の応力 σ_{max} は，最大曲げモーメントに対する応力ということで，**最大曲げ応力**といいます。

> 例題　図において，支点から **500 mm** の W の部分に **1,900 N** の力を作用させた場合の最大曲げ応力（〔MPa〕）を求めよ（小数点以下切り捨て）。なお，棒の直径は **40 mm** とし，また，直径を d とした場合の断面係数は **πd³/32** で求められるものとする。

> 〔解説〕
> 　最大曲げモーメントは，$M=F×L=1,900×500=$ **950,000 N・mm**。一方，断面係数 $Z=\pi d^3/32=\pi×(40)^3/32=\pi×64,000/32=200,960/32=$ **6,280 mm³**。（断面係数では，直径 d は mm 単位のまま使用するので要注意）
> 　よって，最大曲げ応力 $\sigma_{max}=M/Z=950,000$ N・mm/6,280 mm³ ≒151.27 N/mm²（⇒ P.36（下）より，N/mm²＝MPa なので），⇒ **151 MPa**……となります。
> 　　　　　　　　　　　　　　　　　　　　　　　（答）…151 MPa

4. 力のつりあい

① 力のつりあい

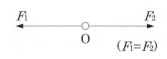

図1-5

　図のように，物体の1点（図ではO点）に大きさが**等しく**，方向が**反対**の2力が**同一直線**上で作用すると合力は0となり，物体は動きません。

　このような状態を「2つの力はつりあいの状態にある」といいます。

つりあいの条件：力の大きさが等しい
　　　　　　　　　　：方向が正反対
　　　　　　　　　　：作用線が同一直線上にある

② 同じ向きに平行力がある場合

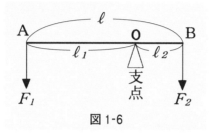

図1-6

　図のように，O点を支点とした棒の両端A，BにF_1，F_2の力が反対方向に加わってつり合っている場合（＝回転しない），次の関係が成り立ちます。

 右回りのモーメント ＝ 左回りのモーメント

従って，O点を軸として
右回りのモーメント＝$F_2 \times \ell_2$
左回りのモーメント＝$F_1 \times \ell_1$ となるので
　$F_2 \times \ell_2 = F_1 \times \ell_1$　となります。

 $F_1 \times \ell_1 = F_2 \times \ell_2$

本試験では，この他にもう1つ F_3 を加え，「この状態でつり合っている場合の F_3 の値を求めよ」などという出題がよくあるんじゃが，いずれもこの**「右回りのモーメント＝左回りのモーメント」**の式より求めることができるので，よく覚えておくんじゃよ。

仕事と摩擦

1. 仕事

　ある物体に力 F が働いて距離 S を移動した場合，「力 F が物体に対して仕事をした」といいます。

　その場合，仕事量 W は次の式で求めることができます。

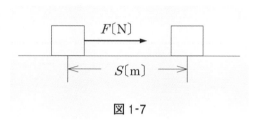

図 1-7

$$\text{（重要）} \quad W = F \times S \quad \text{〔J または N・m〕}$$

　単位は，<u>1 N〔ニュートン〕の力で 1 m 動かした時の仕事量を 1 J〔ジュール〕とします。</u>すなわち，1 J = 1 N × 1 m となります。

● 〔単位について〕→ 上の式より，ニュートンとメートルを掛けるとジュールになる。すなわち，

$$\text{（重要）} \quad \mathbf{J = N \cdot m}$$

はぜひ覚えておこう。

　従って，$W = F \times S$ 〔J〕または $W = F \times S$ 〔N・m〕となります。

2. 仕事率（動力）

　<u>物体に対する単位時間あたりの仕事を**仕事率（動力）**といい，記号 P で表します</u>（下線部⇒仕事率の説明文としての出題例あり）。

　単位時間あたり，というと少々わかりにくいかもしれませんが，要するに，**仕事量 W を（それに要した）時間 t〔秒〕で割れば仕事率（動力）になる**，というわけです。

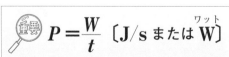

$$\text{（重要）} \quad P = \frac{W}{t} \quad \text{〔J/s または \overset{ワット}{W}〕}$$

● 〔単位について〕→　このあたりの単位はわかりにくいので，次のよう
にすれば覚えやすいと思います。

　1. 仕事より，ニュートンとメートルを掛けるとジュールになる（N・m
＝J）。そのジュール〔J〕を時間の秒〔s（＝second）〕で割ればワット〔W〕
になる。すなわち，

 **N・m＝J　　　J/s＝W**　となる，というわけです。

3. 摩擦

　図のように，道路上に置かれた四角い石を動かそうとするとき，当然，接触
面には摩擦が働きます。

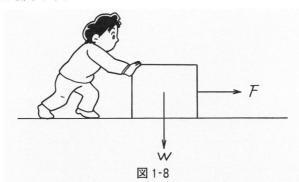

図1-8

　このように，相互に接触している物体を動かそうとするとき，その接触面に
は動きを妨げる方向に摩擦力が働きます。

　その大きさは，摩擦力を F〔N〕，接触面に垂直にかかる力を W〔N〕とす
ると，次の式で求めることができます。

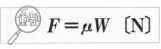 $F = \mu W$ 〔N〕

　μ は**摩擦係数**と言い，接触面の材質によって数値が異な
る係数です。

　なお，摩擦力は静止していた物体が動きだすときに最大となり，これを**最大
摩擦力**といい，一般に摩擦力という場合は，この最大摩擦力のことをいいます
（注：**摩擦力は接触面積の大小には無関係です**）。

滑　車

　重量物を，次ページの図のようにロープなどを用いて持ち上げる装置を**滑車**といい，そのうち固定されている滑車を**定滑車**，動く滑車を**動滑車**といいます。

①　定滑車

　固定されている滑車で，力の方向を変えることはできますが，ロープと滑車の自重および摩擦損失を無視すると，ロープを引っ張る際に必要となる力は荷重 W そのままになります。

②　動滑車

　固定されていない滑車で，ロープを引っ張ると連動して動きます。

　ロープと滑車の自重および摩擦損失を無視すると，$\frac{1}{2}W$ の力でロープを引き上げることができます。

　従って，動滑車が2個あれば，$\frac{1}{2}$ の荷重のまた $\frac{1}{2}$ になるので，$\frac{1}{2^2}=\frac{1}{4}$ の力で引っ張ることができます。

　3個なら，そのまた $\frac{1}{2}$ の $\frac{1}{2^3}=\frac{1}{8}$ ということで，結局，動滑車が n 個では，最初の荷重 W の $\frac{1}{2^n}$ となります。

　よって，ロープにかかる張力 F は，次式で表されます。

$$F=\frac{W}{2^n}$$

　たとえば，次ページの図のように，定滑車が1個，動滑車が3つの場合，ロープにかかる張力 F_4 は F_3 となります（定滑車なので）。

　その F_3 は，動滑車が3つなので，$n=3$ となり，

$F_3=\frac{W}{2^n}=\frac{W}{2^3}=\frac{W}{8}$　となります。従って，もともとの荷重の $\frac{1}{8}$ の力で引っ張り上げることができます。

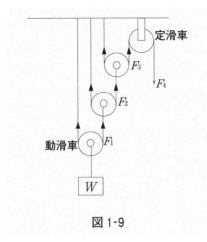

図1-9

　たとえば，これを下の図のように具体的な数値で説明すると，①，②，③は動滑車なので，元の荷重の半分になります。従って，①の動滑車で800Nが400Nになり，②の動滑車で400Nが200Nになり，③の動滑車で200Nが100Nになります。

　また，定滑車の④はそのままの荷重になるので，最後のF_4はF_3の100Nになる，というわけです。つまり，元の800Nの荷重が100Nの力で引っ張れるというわけです。

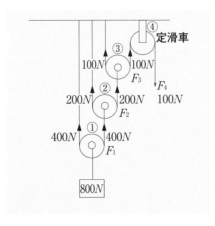

機械材料

Ⅰ. 金属材料について

　消火器に用いられる金属材料には，**鉄鋼材料**（炭素鋼など）と**非鉄金属材料**（銅やアルミニウムなど）と呼ばれるものがあります。

　それらのほとんどは，単体の金属に他の元素を加えた合金として使用されています（合金とすることによって性能が向上するため）。

1. 合金の特徴

　金属を合金とすることによって，元の金属に比べて次のように性質が変化します。
　　1.　**硬度**が増す（硬くなる）。
　　2.　**可鋳性**（溶かして他の形に成型できる性質）が**増す**。
　　3.　**可鍛性**（外力で壊れずに変形できる性質）は**減少する**。
　　4.　**熱伝導率**が**減少する**。
　　5.　**電気伝導率**が**減少する**。
　　6.　**融点**（金属が溶ける温度）が**低く**なる。

2. 主な合金とその成分

　主な合金には次のような種類があります。

① **鉄鋼材料**

○　**炭素鋼**……**鉄＋炭素**（0.02〜約 2 ％）
　　　　　　　　一般工業用材料として広く用いられているもので，炭素の含有量によって次のように性質が変わってきます。
　　　　・炭素の含有量が**多い**………硬さ，引張り強さが**増す**が，伸びや絞りが**減少**し，延性，展性*が**小さく**なる。
　　　　・炭素の含有量が**少ない**……硬さ，引張り強さは**減少**するが，**ねばり強くなる**（伸び率が増え加工しやすくなる）。

（＊延性とは，細く長く伸ばすことができる性質で，絞りはそれを表す指標。展性とは，薄く広げることができる性質のこと）

○　鋳鉄……鉄＋炭素（約２％以上）

　　　　　もろくて引張り強さも弱いですが，色んな形に鋳造できるという利点があります。可鍛鋳鉄は，このもろさをなくして衝撃に強くしたものをいいます。

○　合金鋼……特殊鋼ともいい，炭素鋼に１種，または数種の元素を加えて性質を向上させたり，あるいは用途に応じた性質を持たせたもので，代表的なものにステンレス鋼や耐熱鋼などがあります。

> 　・ステンレス鋼：鉄にクロムやニッケルを加えたもの
> 　　・耐熱鋼　　　：炭素鋼にクロムやニッケルを加えたもの

（ステンレス鋼の特徴：耐熱性・加工性・強度は良いが熱伝導性が悪い）

鉄鋼は水中では酸素と反応して錆を生じるので「水中でサビない」は×）

② **非鉄金属材料**（鉄以外の金属）

○　銅合金

　　　銅は電気や熱の伝導性に優れていて，腐食しにくく，また加工性にも優れているという利点があるので，電線など一般工業用材料として広く用いられていますが，大気中で緑青＊ができ，表面が侵される欠点があります。（＊緑青⇒銅などに発生する青緑色のサビ）

　　　その銅の合金には，次のように銅に亜鉛を加えた黄銅や，すずを加えた青銅などがあります。

　・黄銅……銅＋亜鉛（一般に真ちゅうと呼ばれているもの）

　・青銅……銅＋すず

○　アルミニウム 重要

　　密度は鉄の約３分の１と軽い材料であり，大気中で酸化して，ち密な酸化皮膜を作るので，耐食性のよい銀白色の金属材料です。

　　また，熱伝導性，電気伝導性，展性に富むので加工性もよいのですが（⇒鋳造が容易），耐熱性は劣ります。

　　なお，ジュラルミンなどのアルミニウム合金も軽量で加工しやすく強度もありますが，溶接，溶断が難しいので，改造や破損の際の修繕は鋼

に比べて困難になります。

○　その他

　　　・マグネシウム……マグネシウムはアルミニウムよりも**軽いが耐食性が**
　　　　　　　　　　　　　悪い（腐食しやすい）。

　　　・ニクロム　　……**ニッケル + クロム**

　　　・はんだ　　　……**すず + 鉛**

3.　熱処理について

①　熱処理について

　金属を加熱，または冷却することによって，いろいろな性質に変化させることを熱処理といい，次のようなものがあります。

熱処理	内　容	効　果
焼入れ	**高温に加熱後**，水（または油）で**急冷**する。	・**硬度**（強度）が増す。 ・組織はオーステナイトから**マルテンサイト**の状態になる。
焼戻し	焼入れした鋼を焼入れより**低温で再加熱後，徐々に冷却**する。 （一般に焼入れと焼戻しはセットで行う）	焼入れした鋼は硬くはなるが，もろくもなるので，そこで焼き戻しをすることによって鋼に<u>ねばり強さ</u>を付ける。
焼なまし	**一定時間加熱後**，炉内で**徐々に冷却**する。	・軟らかくして加工しやすくする。 ・組織はオーステナイトから**パーライト**の状態になる。
焼ならし	加熱後，大気中で**徐々に冷却**する。	内部に生じたひずみを取り除き**組織を均一にする**。

②　炭素鋼の状態変化

　まず，次ページの図を見てください。左の**オーステナイト**というのは，炭素鋼を高温に加熱して<u>組織が柔らかくなった状態</u>のものをいいます。その状態から**急冷**すると「**焼入れ**」になり，組織が硬い**マルテンサイト**（ガンマ鉄ともいう）という状態になります。

　このマルテンサイトの状態では組織が硬いものの<u>脆い</u>という欠点があるので，上の表にあるように**焼戻し**をして組織に<u>粘りを持たせます</u>。

　一方，**オーステナイト**の状態の炭素鋼を**徐冷**して**焼なまし**をすると，組織が**軟化**して柔らかくなり，加工しやすい状態になります。この状態の炭素鋼を**パーライト**といいます。

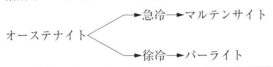

```
                    ┌─→ 急冷 → マルテンサイト
オーステナイト ─────┤
                    └─→ 徐冷 → パーライト
```

こうして覚えよう！

G **パン**	**9** **万**
徐　パー	急冷　マル

（徐冷⇒パーライト）　（急冷⇒マルテンサイト）

「9万」だけ覚えておき，急冷はマルテンサイトだから別のパーライトは徐冷…という方法で覚えてもよい

出題例だよ（○×で答える）⇒「鉄鋼を加熱して**オーステナイト**に変化させ，それを急冷して<u>マルテンサイト</u>にする熱処理を**焼入れ**といい，硬度が増す。」
⇒下線部だが，例えば，同じ卵でも半熟や固茹（かたゆ）での状態があるように，同じ鉄鋼（炭素鋼）でも状態が異なるものの名前なんだ。（答○）

4. 軸受（じくうけ）

軸受はベアリングともいい，機械の中で回転する軸を支える部品です。
① **軸受**には，**滑り軸受**（すべり）と**転がり軸受**（ころ）があります。
② **滑り軸受**は，軸受と**ジャーナル**（軸受と接している回転軸の部分）が直接接触をしている軸受で，機構が簡単で，衝撃荷重に強い軸受です。

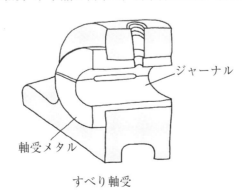

ジャーナル

軸受メタル

すべり軸受

③　**転がり軸受**は，ボールベアリングのように，玉やころを使って回転させる軸受で，玉を使うものを**玉軸受**，ころを使うものを**ころ軸受**といい，摩擦が小さい軸受です。

軸受の分類（太字は出題あり）

滑り軸受		・**球面滑り軸受**・**ステップ軸受**・プラスチック軸受・**うす軸受**
転がり軸受	玉軸受	・**深溝玉軸受**・**自動調心玉軸受**・スラスト玉軸受
	ころ軸受	・ラジアルころ軸受・円筒ころ軸受・**円すいころ軸受** ・自動調心ころ軸受・スラストころ軸受

5. ねじについて

① ねじの種類

ねじの種類とそれを表す記号は次のようになっています。

種類		記号
メートルねじ	ねじの外径（呼び径という）をミリメートルで表したねじで，標準ピッチの**メートル並目ねじ**とそれより細かいピッチの**メートル細目ねじ**があり，両者とも**M**のあとに**外径（mm）**の数値を付けて表す	M （例：「M10」⇒外径が10 mmのねじ）
管用平行ねじ	単に機械的接続を目的として用いられる	G
管用テーパねじ	先細りになっている形状のねじで（「テーパ」＝円錐状に先細りになっていることを表す），気密性が求められる管の接続に用いられる<u>インチ三角ねじ</u>	R
ユニファイ並目ねじ	ISO規格の<u>インチ三角ねじ</u>のこと	UNC

なお，<u>ねじの緩みを防止する方法</u>としては，**座金**（スプリングワッシャ）や**止めナット**（ダブルナット），**ピン**，**止めねじ**などを用いる方法があるんだ 👉**出た!**

② リード角とピッチについて

リード角は，<u>ねじ山のラインと水平面とのなす角度</u>で，この角度が異なるねじを用いて締めることはできません。

なお，<u>リードは，ねじを1回転させたときに軸方向に移動する距離</u>のことです。

また，**ピッチ**というのは，ねじの軸に平行に測って，<u>隣り合うねじ山の対応する点の距離</u>（⇒要するに，ねじ山とねじ山の間の距離）をいいます。

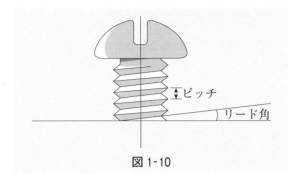

図 1-10

Ⅱ. 材料の強さについて

1. ひずみ

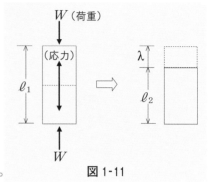

たとえば，図のような材料に外力
W を加えて λ （ラムダ）だけ圧縮された場合，

・外力 W を**荷重**，外力 W に抵抗し
　て材料内部に生ずる力を**応力**，

・変形量 λ と元の長さ ℓ_1 の比を**ひず
み**（イプシロン ε で表す）

といい，次式で表されます（右図参照）。

図1-11

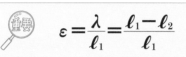

$$\varepsilon = \frac{\lambda}{\ell_1} = \frac{\ell_1 - \ell_2}{\ell_1}$$

なお，材料に一定荷重を加えた場合，時間の経過とともにひずみが増加する現象を**クリープ**といい，よく出題されているので注意が必要だ。

2. 荷重と応力

荷重には，引張り荷重，圧縮荷重，せん断荷重，曲げ荷重，ねじり荷重などがあります。

下図は，引張り荷重の例ですが，部材に図のような荷重を受けると内部に荷重と大きさが等しく，向きが反対方向の力が生じます。

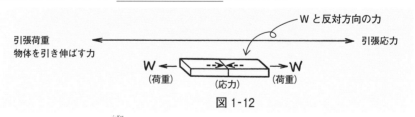

図1-12

この力を**応力**（記号 σ （シグマ）で表す）といい，荷重を W〔N〕，その面積を A〔mm²〕で表すと，次式で求まります（単位は〔MPa：メガパスカル〕を用いる）。

$$\sigma = \frac{W \,〔\mathrm{N}〕}{A \,〔\mathrm{mm^2}〕} \quad 〔\mathrm{MPa} : \text{メガパスカル}〕$$

なお，**せん断応力**を求める場合は，σ の代わりに記号 $\overset{\text{タウ}}{\tau}$ を入れ，W にせん断荷重の数値を入れればよいだけです（式そのものは応力と同じ）。

$$\tau = \frac{W \,\text{[N]}}{A \,\text{[mm}^2\text{]}} \,\text{[MPa]}$$

3.　応力とひずみ

　下の図は，軟鋼を徐々に引っぱったときの力（引張荷重＝応力）と伸び（ひずみ）の関係を表したものです。図のA～F点には，それぞれ図のように名称が付けられ，次のような内容となっています。

A.　**比例限度**：荷重とひずみが比例する限界

　　　　　　0～A点までは荷重の大きさに**正比例**して軟鋼が伸び（これをフックの法則という），A点はその限界になります。

　　　　　　つまりフックの法則が成り立つ範囲ということになります。

B.　**弾性限度**：荷重を取り除くとひずみが元に戻る限界の事で，この弾性限度内のひずみを**弾性ひずみ**といいます。

　　　　　　すなわち，0～B点までは，引っぱるのを止めて軟鋼を放しても，それまで伸びていた部分が元の長さに戻り，B点はその限界，ということです。従って，B点以降の伸び（ひずみ）は元に戻らない**永久ひずみ**（塑性ひずみともいう）となります。

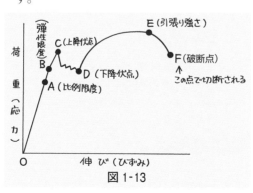

図 1-13

C～D．降伏点

　　B点を過ぎるとひずみは永久ひずみとなりますが，荷重がC点に達すると，荷重は増加しないのにひずみが急激に増加してD点まで達します。

　　このC点を**上降伏点**，D点を**下降伏点**といいます。

E．引張り強さ（極限強さともいう）

　　材料が耐えうる最大荷重（＝材料が破壊するまでの**最大応力**），すなわち，D点の降伏点よりさらに荷重を加えると，荷重に比べてひずみが大きくなり，材料が耐えうる**極限の強さ**E点に達し，その後はさらにひずみが増加し，F点で破断されます（注：引張り強さ以下の荷重でも，長期的に繰り返し力がかかると破断する現象を**疲労破壊**という）。

4. 許容応力と安全率

① 許容応力

　　今まで述べてきたように，材料に外力を加えると材料の内部には応力が生じます。その応力のうち，材料を安全に使用できる応力の最大を**許容応力**といい，同じ材質であっても使用条件等によって変化します（一定ではない）。

　　図1-13でいうと，B点の弾性限度内，すなわち，外力（荷重）を加えても元の長さに戻る範囲内に，この許容応力を設定しておく必要があります。

② 安全率

　　安全率とは，「引張り強さ（極限強さ）が許容応力の大きさの何倍か」を表した数値をいい，次式で表されます。

$$安全率＝\frac{引張り強さ（極限強さ）}{許容応力}$$

5. はりの種類と形状

① はりの種類

はりは，建物の屋根などの上からの荷重を支えるために柱と柱の間に渡した

横木で，次のような種類があります。

(ア)　**片持ばり**…………一端のみ固定し，他端を自由にしたはり

(イ)　**固定ばり**…………両端とも固定支持されているはり

(ウ)　**張出しばり**………支点の外側に荷重が加わっているはり

(エ)　**両端支持ばり**……両端とも自由に動くようにしたはりで，単純ばりともいう。

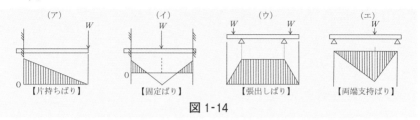

図 1-14

　なお，各図の下にある縦のシマが入っている図は，荷重が作用したときに働く曲げモーメントの大きさを表した「**曲げモーメント線図**」です。

　上の図にある W は，はりの一点に加わる**集中荷重**を表しているんじゃ。しかし，荷重には単位長あたりの荷重が一定な右のような**等分布荷重**もあり，試験では，この荷重の曲げモーメント図がよく出題されているので，注意が必要だ。

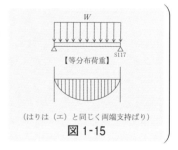

（はりは (エ) と同じく両端支持ばり）

図 1-15

②　はりの形状

　材質，断面積が同じ場合において，はりの形状による上下の曲げ荷重に対する強さは，右から左へ行くに従って強くなります。

圧力と液体・気体

1. 絶対圧力とゲージ圧力

　物体に圧力がかかっている場合，**大気圧**（＝空気の重さによる圧力）も含めた圧力を**絶対圧力**といい，大気圧を含めない圧力を**ゲージ圧力**といいます。

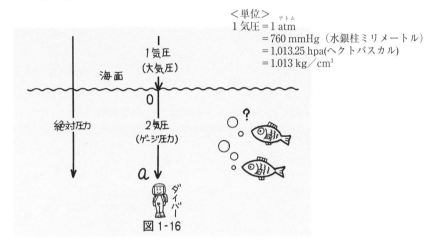

＜単位＞
1 気圧 ＝ 1 atm（アトム）
　　　　＝ 760 mmHg（水銀柱ミリメートル）
　　　　＝ 1,013.25 hpa（ヘクトパスカル）
　　　　＝ 1.013 kg／cm³

図 1-16

　たとえば，図のような海面下の a 点ですが，海面上の 0 点から測った圧力（水圧）である 2 気圧がゲージ圧力で，0 点における空気の重さである大気圧も含めた 3 気圧が絶対圧力ということになります。a 点に，もしダイバーがいれば，この 3 気圧がかかっていることになります（ダイビングでは，一般的にこの絶対圧力が使われるそうです）

 絶対圧力＝大気圧力（約 0.1 MPa）＋ゲージ圧力

　なお，圧力計の表示は，一般的にゲージ圧力を表示しており，単位は **Pa**（パスカル：実際にはその 10^6 倍のメガパスカル **MPa** が用いられている）を用い，「$1 m^2$ に 1 N の力が作用する時の圧力」，すなわち 1〔N/m^2〕が 1〔Pa〕となります。

 **1〔N/m^2〕＝ 1〔Pa〕**　（⇒ 1〔N/mm^2〕＝ 1〔MPa〕）

2. ボイル・シャルルの法則（圧力と気体）

気体には，次の①と②の性質があり，それらをまとめたのが③のボイル・シャルルの法則となります。

① ボイルの法則

温度（T）が一定なら，体積（V）は圧力（P）に**反比例**する。

これを式で表すと，

$$PV = 一定$$　　　となります。

② シャルルの法則

圧力（P）が一定なら，体積（V）は絶対温度（T）に**比例**する。

これを式で表すと

$$\frac{V}{T} = 一定$$　　　となります。

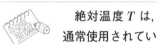

絶対温度 T は，通常使用されているセ氏温度 t℃に 273 度を足した温度で，

$$T = t + 273$$

となります。

③ ボイル・シャルルの法則

①と②の法則を総合すると

$$\frac{PV}{T} = 一定$$　　　という式になります。

すなわち，

「一定量の気体の体積（V）は，圧力（P）に反比例し，絶対温度（T）に比例する。」　　となります。

問題にチャレンジ！
（第 1 章　機械に関する基礎知識）

<力について　→P. 18>

重要 【問題 1】　図のような鋼製の棒において，回転軸 O から 40 cm の点 A を握って 50 N の力を加えた場合，この棒が受けるモーメントの値として，次のうち正しいのはどれか。

(1)　10 N・m

(2)　20 N・m

(3)　40 N・m

(4)　200 N・m

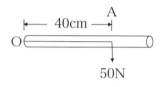

　　モーメント M は，力 F に回転軸から作用点 A までの距離 ℓ を掛けたもの，すなわち $M = F \times \ell$ だから，計算すると，$M = 50 \times 0.4 = 20$ N・m となります。（注：モーメントはトルクともいい，計算式も同じです。）

　　なお，単位は力を N（ニュートン），距離を m（メートル）にして計算をします。従って，この問題の場合，40 cm を 0.4 m に変換しておく必要があります。

類題

　　問題 1 の棒の直径を 100 mm，断面係数 (Z) を $\pi d^3/32$ mm³ とした場合の最大曲げ応力（単位は MPa）を求めよ。

〔解説・解答〕

　　断面係数 (Z) を用いて最大曲げ応力（σ_{max}）を求める式は，$\sigma_{max} = M/Z$ となります。本問では直径と断面係数が mm 単位で示されているので，上記下線部の $M = 20$ N・m をミリ単位に換算します。従って，1 m $= 10^3$ mm だから，20 N・m は，$20 \times 10^3 = 2 \times 10^4$ N・mm となります。

　　また，直径 $d = 100$ mm だから，$Z = 3.14 \times 100^3/32 = 98,125$ mm³

解　答

解答は次ページの下欄にあります。

よって，$\sigma_{max} = M/Z = 2 \times 10^4\,\mathrm{N \cdot mm}/98,125\,\mathrm{mm}^3 \fallingdotseq 0.2\,\mathrm{N/mm}^2 = 0.2\,\mathrm{MPa}$ となります。（注：$\mathrm{N/mm}^2 = \mathrm{MPa}$）

【問題2】 最大曲げモーメント **1,000 N・m** が生じている図の片持ちばりの自由端の荷重 **F** の値として，次のうち正しいものはどれか。

(1) 100 N　　(2) 200 N　　(3) 500 N　　(4) 1,000 N

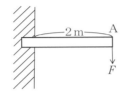

問題1の解説の式，$M = F \times \ell$　で，$M = 1,000\,\mathrm{N \cdot m}$，$\ell = 2$ となるので，式を $F =$ の形に変形して，$F = M/\ell = 1,000/2 = 500\,\mathrm{N}$ となります。

重要 **【問題3】** 図のような位置に，**100 N** と **200 N** の力が加わっている。R_A と R_B の値をいくらにすれば，つりあいの状態を保てるか。

	R_A	R_B
(1)	50 N	100 N
(2)	100 N	100 N
(3)	100 N	200 N
(4)	200 N	100 N

① まず，a 点を基準にして，右まわりと左まわりのモーメントを求めます（「力×a 点までの距離」の和を求める）。

a 点を基準にすると，100〔N〕と 200〔N〕が右回りのモーメント，R_B〔N〕が左回りのモーメントになります。

また，200 mm は 0.2 m，400 mm は 0.4 m なので，各モーメントは次の

ようになります．

$$右まわりのモーメント = 100 \times 0.2 + 200 \times 0.4$$
$$= 100 \text{ (N·m)}$$

$$左まわりのモーメント = R_B \times 0.5 \text{ (N·m)}$$

つりあっているとき，両者は等しいので，

$$100 = R_B \times 0.5$$

$$R_B = \textbf{200 N} \qquad となります．$$

（注：左の100Nのみしか
ない出題もありますが，
その場合は，右の200N
=0として計算すれば
よいだけです．）

② 次に，b点を基準にして，右まわりと左まわりのモーメントを求めると，

①とは逆に，R_A が右回り，100〔N〕と200〔N〕が左回りになるので，

$$右まわりのモーメント = R_A \times 0.5 \text{ (N·m)}$$

$$左まわりのモーメント = 100 \times 0.3 + 200 \times 0.1$$
$$= 50 \text{ (N·m)} （注：0.3と0.1はb点からの距離です．）$$

両者は等しいので，

$$R_A \times 0.5 = 50 \qquad R_A = \textbf{100 N} \qquad となります．$$

【問題4】　図のように，300 N の集中荷重を受けている両端支持ばりがある。
支点 R_B の反力がいくらの値であればつり合いの状態を保てるか，次のうち
から適切な値を選べ。

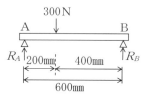

(1) 20 N　　(2) 40 N　　(3) 60 N　　(4) 100 N

前問の 200 N を 0 にして，R_B を求める式と同じようにして求めればよい
ので，A点を基準にした式を作成します。

右まわりの式 = 300×0.2

左まわりのモーメント = $R_B \times 0.6$

つりあっているとき，両者は等しいので，

解　答

【2】…(3)　　　　　　　　　　　　【3】…(3)

$60 = R_B \times 0.6$

よって，$R_B = 100\,\text{N}$　となります。

<仕事と摩擦　→P.22>

重要　【問題5】　ある物体を $250\,\text{N}$ の力で，水平に $5\,\text{m}$ 移動させたときの仕事量 W はいくらか。また，この仕事量を 10 秒間で行った場合，その仕事率（動力）P はいくらになるか。

	仕事量 W	仕事率（動力）P
(1)	50 J	500 W
(2)	12.5 J	125 W
(3)	1.25 kJ	125 W
(4)	500 J	50 W

　　仕事量を W，力を F，移動した距離を S とすると，仕事量 W は，

$$W = F \times S$$

で求められます。よって，

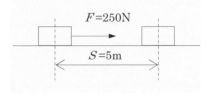

$$W = 250\,\text{N} \times 5\,\text{m} = 1{,}250\,[\text{N}\cdot\text{m}]$$
$$= 1{,}250\,[\text{J}]$$
$$= \mathbf{1.25}\,[\textbf{kJ}]$$

となります。

　　また，仕事率（動力）P は仕事量 W をそれに要した時間 t〔秒〕で割ったものだから，$P = 1{,}250\,\text{J} \div 10\,\text{秒} = \mathbf{125\,W}$ となります。

　　なお，仕事率（動力）P の**単位**である〔W：ワット〕と仕事量を表すときの**記号** W（$W = F \times S$）は，同じ W を使うので間違わないようにして下さい。

類題　次の文の（　）内に当てはまる適切な語句を答えよ。
　「仕事率とは，物体に対する（　）あたりの仕事のことをいう」

解　答
【4】…(4)

最重要【問題 6 】　ある物体を水平な面の上に置き，水平方向に 400 N の力を加えたとき初めてこの物体を動かすことができた。この物体が水平な面を垂直に押しつける力として，次のうち正しいものはどれか。ただし，摩擦係数は 0.2 とする。

(1)　500 N

(2)　1,250 N

(3)　2,000 N

(4)　3,750 N

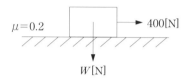

　　この物体を初めて動かすことができた水平方向の力 400 N が最大摩擦力 F〔N〕で，面を垂直に押しつける力を W とすると，$F = \mu W$ 〔N〕という式が成り立ちます。

　　従って，式を変形して，$W = F / \mu = 400 / 0.2 = 2,000$ N となります。

類題　上記の問題で，面を垂直に押しつける力が 1,000N の物体を水平方向に 100 N の力を加えたときに初めて動いたときの摩擦係数 μ を求めよ。

【問題 7 】　次の文中の（A）（B）に当てはまる語句を答えよ。

「物体に対する単位時間あたりの仕事を動力または（A）といい，記号 P で表す。また，仕事量を W とすると，$P =$（B）〔W：ワット〕という式で表される。」

	（A）	（B）
(1)	仕事率	W/t
(2)	機動効率	t/W
(3)	仕事率	t/W
(4)	機動効率	W/t

　　物体に対する単位時間あたりの仕事を動力または（A：**仕事率**）といい，

解　答

【5】…(3)　　　　　　　　　　　　［5 の類題］…単位時間

記号 P で表します。また，仕事量を W，時間を t（秒）とすると，$P =$（B：W/t）〔W：ワット〕という式で表されます。

第1章

問題演習（滑車）

<滑車　→P.24>

【**問題8**】　図のように，荷重が **1,600 N** の物体を動滑車を組み合わせて引き上げようとしている。図の定滑車でのロープの張力 F_5 は最低何 N 以上必要となるか。

(1)　100 N

(2)　200 N

(3)　400 N

(4)　800 N

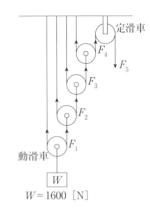

定滑車
F_4
F_5
F_3
F_2
動滑車　F_1
W
$W = 1600$〔N〕

P.24, 3. 滑車より，動滑車が n 個の場合，ロープにかかる張力 F は次式で表わされます。

$$F = \frac{W}{2^n}$$

これより，問題の張力を考えると，定滑車では荷重は $\frac{1}{2}$ にならず，そのままなので，$F_4 = F_5$（注：F_5 は F_4 の $\frac{1}{2}$ ではないので注意！）。

つまり，定滑車でのロープの張力 F_5 は，F_4 の張力を求めればよい，ということになります。

従って，1,600 N から F_4 までは動滑車が4つあるので，上の式より，

$$F_4 = \frac{1,600}{2^4} = \frac{1,600}{16} = 100 \text{ N}$$

となります。

つまり，1,600 N の荷重が，動滑車4個により 100 N に軽減された，ということになります。

解　答

【6】…(3)　〔6の類題〕…0.1　（$F = \mu W$ より $\mu = F/W = 100/1,000 = 0.1$）　【7】…(1)

（冒頭の式を使わない場合は，1,600 N を順に $\frac{1}{2}$ にしていきます。

$\Rightarrow$　$F_1 = \frac{1,600}{2} = 800$ N。$F_2 = \frac{800}{2} = 400$ N。$F_3 = \frac{400}{2} = 200$ N, $F_4 = \frac{200}{2} = 100$ N。）

【問題9】　図のような滑車においてつり合うための力 F の大きさを求めよ。

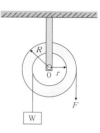

(1)　$F = \dfrac{RW}{r}$　　　　(2)　$F = (r + R)W$

(3)　$F = \dfrac{W}{r} + R$　　　　(4)　$F = \dfrac{rW}{R}$

点Oを中心とした際の右回りのモーメントは $F \times R$，左回りのモーメントは $W \times r$（⇒P. 21 参照）

つり合っているとき両者は等しいので，$F \times R = W \times r$。$F = \dfrac{rW}{R}$

＜金属材料　→P. 26＞

【問題10】　鉄鋼材料について，次のうち誤っているものはどれか。

A　合金鋼は，特殊鋼ともいい，炭素鋼に1種又は数種の元素を加えたもので，ステンレス鋼や耐熱鋼などがある。

B　鉄鋼は，炭素鋼と合金鋼に分類される。

C　鉄鋼は水中ではさびない。

D　炭素鋼は，炭素量が多くなると引っ張り強さや硬さが増す。

E　炭素鋼は，炭素量が多くなると伸びや絞りも増加し，展性や延性も大きくなる。

(1)　A，C　　　(2)　B，E　　　(3)　C，D　　　(4)　C，E

C　鉄鋼は水中で，さびを生じます。

なお，鉄鋼のような金属の棒を水中に途中まで差し込んだ状態の場合，**水**

解　答

【8】…(1)

面の境界付近が最もさびやすくなります。

　E　炭素鋼は，炭素量が多くなると伸びや絞りが**減少**し，展性や延性が**小**さくなります。

> **類題**　次の文中の（A）（B）に「増加する」「減少する」のいずれかを入れなさい。
> 　「鉄に炭素を加えると硬さや引張強さが（A）が，伸び率は（B）。」
> 〔解説〕
> 　（⇒P.26，炭素鋼参照）

【問題11】　合金について，次のうち正しいものはどれか。

(1)　黄銅は，亜鉛を含んだ銅の合金である。

(2)　ステンレス鋼は，ニッケルとマンガンの合金である。

(3)　炭素鋼は，鉄にクロムとニッケルを加えた合金である。

(4)　青銅は，銅とマンガンの合金である。

(1)　黄銅は**銅**と**亜鉛**の合金で，一般に**真ちゅう**と呼ばれています。

(2)　ステンレス鋼は，**鉄**に**クロム**や**ニッケル**を加えた合金です。

(3)　炭素鋼は，鉄に**炭素**を加えた合金です。

　　なお，炭素鋼に1種または2種以上の元素を添加したものを**合金鋼**（特殊鋼ともいう）といいますが（⇒P.27），炭素鋼に**クロム**や**ニッケル**などを加えた合金鋼には，**耐熱鋼**（高温で酸化しにくくし，機械的性質を改善したもの）などがあります **重要**。

(4)　青銅は別名**砲金**とも言い，銅に**すず**を加えた合金です。

重要 **【問題12】**　金属材料に関する次の記述のうち，不適当なものはどれか。

(1)　耐熱鋼とは，炭素鋼に10〜20％程度のクロムやニッケルを加えて，高温で酸化しにくくし，機械的性質を改善したものである。

(2)　黄銅は，鉄鋼材料である。

解　答

【9】…(4)　　　　　　　　　　【10】…(4)

(3) アルミニウムの密度は鉄の約 $\frac{1}{3}$ と軽い材料であり，ち密な酸化皮膜を
つくると，耐食性のよい金属材料として使用できる。

(4) ジュラルミンは，アルミニウムに銅やマグネシウム等を加えた合金であ
る。

(1) 耐熱鋼は，鉄鋼のもつ，高温では酸化しやすく強度が低下するという欠
点を補うために，10〜20% 程度の**クロム**や**ニッケル**などを加えて，その
機械的性質を改善した合金鋼です。

(2) 黄銅は，リン青銅や砲金などと同じく，**銅**の合金です。

(3) 密度は，アルミニウムが 2.68 g/cm³，鉄が 7.86 g/cm³ なので，アルミニ
ウムの密度は，鉄の約 $\frac{1}{3}$ になります。

　[類題] ……（○×で答える）「アルミニウムは鉄と同等の密度を持つ」

(4) アルミニウムに銅やマグネシウムを加えることにより，鉄よりも軽く，
鉄と同等の強度がある合金，ジュラルミンが得られます。

【問題13】 次の文中の（A）（B）に当てはまる語句として，次のうち，正
しいものを組合せたものはどれか。

「18−8ステンレスは，鉄に（A）を18%，（B）を8% 加えた合金鋼である」

　　　　（A）　　　　（B）

(1) クロム　　　　マンガン

(2) 炭素　　　　　クロム

(3) クロム　　　　ニッケル

(4) ニッケル　　　炭素

　18−8ステンレスは，鉄にクロムを18%，ニッケルを8% 加えた合金鋼
です。

　なお，下線部⇒「鉄にモリブデンの他，クロムやニッケルを加えたもの」

　解　答

[10の類題]…（A）：増加する　（B）：減少する　　　　【11】…(1)

は誤りなので，注意。

【**問題**14】　次の文中の（　）内に当てはまる語句として，次のうち正しいものはどれか。

「ステンレス鋼は，耐熱性や加工性は優れているが（　）が悪いという特徴がある」

(1)　熱伝導性

(2)　強度

(3)　耐衝撃性

(4)　耐食性

　　ステンレス鋼は，問題文にあるように，耐熱性や加工性の他，(2)から(4)のような利点がありますが，熱伝導については，金属結晶中の自由電子の働きによるものなので，この働きをステンレス鋼に含まれるクロムやニッケルが邪魔するため，熱伝導性が悪くなります。

【**問題**15】　金属材料の防食方法について，次のうち正しいものはどれか。

(1)　炭素鋼にクロムメッキを行う。　　(2)　エポキシ樹脂塗装を行う。

(3)　鋼材に銅メッキを行う。　　　　　(4)　下塗りに水性塗料を用いる。

　　防食というのは腐食を防ぐ，という意味で，腐食とは要するに「サビ」のことです。そのサビを防ぐ方法には，「塗装」「メッキ」「耐食材料を用いる」方法などがあり，そのうち塗装が一般によく用いられています。

　　その塗装には，油性塗料と合成樹脂塗料とが用いられ，中でも合成樹脂塗料の**エポキシ樹脂塗料**は耐水性，耐薬品性，機械的強度などに非常に優れた塗料です。従って，(2)が正しく，(4)が誤りです。

　　一方，メッキもよく用いられている防食方法で，一般的には鋼材（鉄）に対して行います。その方法も**亜鉛メッキ**が圧倒的に多く，(1)や(3)のように，銅

解　答

【12】…(2)　　　　[12の(3)の類題]…×　((3)の解説より鉄の約$\frac{1}{3}$)　　　　【13】…(3)

やニッケル，クロムなどをメッキに用いると，ピンホールや傷などが存在した場合，腐食が促進されるので，鋼材（鉄）の防食方法としては不適当です。

【問題16】 金属材料の防食の方法として，次のうち誤っているものはどれか。
(1) めっき　　(2) 脱脂洗浄　　(3) 塗装　　(4) ライニング

　脱脂洗浄は，防食の前段階に行うもので，表面の油脂を洗浄により取り除くことにより，防錆力や塗料などの密着性を向上させるために行います。なお，(4)のライニングは，排管等の内部をエポキシ樹脂などで塗装することをいいます。

重要 **【問題17】** 鋼などの金属を加熱，または冷却することによって，必要な性質の材料に変化させることを熱処理と言うが，次の表において，その熱処理の内容（説明），及び目的として，(A)から(D)のうち正しいのはいくつあるか。

	内　　容	目　　的
(A)焼入れ	高温に加熱後,徐々に冷却する。	・硬度を増す。 ・組織がマルテンサイトからオーステナイトに変わる。
(B)焼戻し	焼入れした鋼を，それより高温で再加熱後，急冷する。	焼入れにより低下したねばり強さを回復する。
(C)焼なまし	一定時間加熱後，炉内や空気中などで徐々に冷却する。	・組織を安定させ，また，軟化させて加工しやすくする。 ・組織がオーステナイトからパーライトになる。
(D)焼ならし	加熱後，大気中で徐々に冷却する。	ひずみを取り除いて組織を均一にする。
(E)浸炭（しんたん）	金属の表層から炭素を固溶させる	表面のみを軟化させる

(1) 1つ　　　(2) 2つ　　　(3) 3つ　　　(4) 4つ

解　答

【14】…(1)　　　　　　　　　　【15】…(2)

(A)の焼入れは，高温に加熱後，徐々にではなく，（油中又は水中で）**急冷**します（目的の「硬度を増す」については正しい）。また，織織は**オーステナイト**から**マルテンサイト**に変わります。

　(B)の焼戻しについては，焼入れした鋼を，それより**低温**で再加熱後，急冷ではなく**徐々に冷却**します（目的は正しい）。

　(C)(D)については正しい。

　(E)の浸炭については，耐摩耗性を向上させるために，鋼の表面に炭素を拡散浸透させて表面のみを硬化する熱処理のことをいうので，誤りです。なお，浸炭を行った後には一般的に焼入れを行います。

　従って，正しいのは(C)，(D)の2つということになります。

【問題18】　炭素鋼の熱処理について，次のうち誤っているものはどれか。

(1)　焼き入れは，鋼を加熱してマルテンサイトに変化させ，それを急冷してオーステナイトにする熱処理をいい，硬度が増す。

(2)　焼き戻しは，焼き入れによるもろさを回復し，ねばり強さを増すために行う。

(3)　焼きなましは，一定時間加熱してオーステナイトの状態に変化させ，それを炉内で徐々に冷却して内部のひずみを取り除き，組織を軟化させるために行う。

(4)　焼きならしは，加熱してオーステナイトの状態に変化させた後，空気中で徐々に冷却して，ひずみを取り除き，組織を均一にするために行う。

　(1)のマルテンサイトとオーステナイトが逆になっており，焼入れは，「オーステナイトをマルテンサイトにする熱処理」をいいます。

　なお，オーステナイトやマルテンサイトというのは，たとえば，同じ卵でも「半熟」という状態があるように，鉄鋼がある種の結晶構造になっている状態のことを表しています。

解　答

【16】…(2)　　　　　　　　　　　　【17】…(2)

【問題19】　次のうち，転がり軸受でないものはどれか。

(1)　円筒ころ軸受

(2)　円錐ころ軸受

(3)　自動調心ころ軸受

(4)　うす軸受

　　P.30の③より，うす軸受は滑り軸受になります。

【問題20】　図のa，bで示す部分の名称として，次のうち，正しい組合せは
どれか。

　　　　　　　　　a　　　　　　　　b

(1)　呼び径　　　　リード角

(2)　テーパ　　　　ピッチ

(3)　ピッチ　　　　リード角

(4)　リード　　　　呼び角

　　図のaはピッチで，隣接するねじ山の距離を表し，bはリード角で，ねじ
山の水平面に対する角度を表します。

【問題21】　日本産業規格上，「M 10」で表されるねじがある。このねじの種
別として，次のうち正しいものはどれか。

(1)　管用テーパねじ　　　　(2)　管用平行ねじ

(3)　メートル並目ねじ　　　(4)　ユニファイ並目ねじ

　　ねじの種類を表す記号は次のようになっています。

解　答

【18】…(1)

種　類	記　号
① メートルねじ	M（メートル並目ねじとメートル細目ねじがある）
② 管用平行ねじ	G
③ 管用テーパねじ	R（雄ねじの場合，なお，雌ねじは Rc で表す）
④ ユニファイ並目ねじ	UNC（ユニファイ細目ねじは UNF）

以上より，M 10 は，外径 10 mm の**メートルねじ**を表しているので，(3)が正解です。

【問題22】 ねじが機械の振動などによって緩むことを防ぐ方法で，次のうち誤っているものはどれか。
(1) 止めナットを用いる方法　　(2) リード角が異なるねじを用いる方法
(3) 座金を用いる方法　　　　　(4) ピン，小ねじ，止めねじを用いる方法

リード角が異なるねじを無理に使用するとねじ山が破損します。

【問題23】 ねじに関する次の記述のうち，誤っているものはどれか。
(1) ねじの大きさは，おねじの内径で表すが，これをねじの呼び径という。
(2) ボルトを設計する際，引張荷重やせん断荷重及びねじり荷重などは考慮しなければならないが，圧縮荷重は考慮する必要はない。
(3) ねじを 1 回転させて，ねじが軸方向に動く距離をリードといい，ねじの軸に平行に測って隣り合うねじ山の対応する点の距離をピッチという。
(4) 一般的に，ピッチとリードが等しいねじを一条ねじという。

(1) ねじの呼び径は，おねじの**外径**で表します。
(2) 【問題20】参照
(4) 正しい。なお，リードがピッチの 2 倍であるねじを二条ねじといいます。

解　答

【19】…(4)　　　　　　　　　　　　【20】…(3)　　　　　　　　　　　　【21】…(3)

<材料の強さ　→P.32>

重要 【問題24】　図のようなフックに，軸線と直角に **1,000 N** のせん断荷重
が働いている。この時のせん断応力（τ）として次のうち正しいものはどれか。

(1)　10 MPa

(2)　20 MPa

(3)　50 MPa

(4)　100 MPa

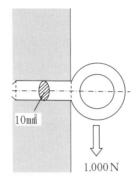

10 mm²

1,000 N

フックの断面積 A が 10 mm²，せん断荷重が 1,000 N だから，

$\tau = W〔N〕/A〔mm^2〕$

　　$= 1,000/10 = 100〔MPa〕$　となります。

【問題25】　せん断応力（τ）を求める式として，次のうち正しいものはどれ
か。

(1)　せん断応力＝せん断ひずみ÷断面積

(2)　せん断応力＝せん断荷重÷断面積

(3)　せん断応力＝せん断ひずみ×断面積

(4)　せん断応力＝せん断荷重×断面積

応力は，荷重 W を断面積 A で割って求めます。

従って，$\tau = W/A$ だから，せん断応力＝せん断荷重÷断面積となります。

なお，応力は荷重を断面積で割ったものなので，問題の荷重が引っ張り荷
重，応力が引っ張り応力と出題されていても，計算方法は同じで，引っ張り
応力＝引っ張り荷重÷断面積と計算すればよいだけです。

解　答

【問題26】 長さ ℓ_1 のある材料に外力が働き ℓ_2 になった。このときのひずみを表す式として，正しいものは次のうちどれか。ただし，$\ell_2 > \ell_1$ とする。

(1) $\dfrac{\ell_1 - \ell_2}{\ell_2}$ (2) $\dfrac{\ell_2 - \ell_1}{\ell_1}$ (3) $\dfrac{\ell_1}{\ell_2 - \ell_1}$ (4) $\dfrac{\ell_1 + \ell_2}{\ell_1}$

ひずみは，「**変形量($\ell_2 - \ell_1$)と元の長さ ℓ_1 の比**」なので，(2)が正解です。

[重要] **【問題27】** 図は，鋼材に荷重を加えた場合の荷重と伸びの関係を表したものである。次の説明のうち，**誤っている**ものはどれか。

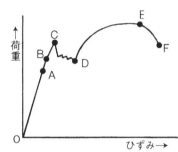

(1) A点まではフックの法則が成立し，応力とひずみが比例する。このA点の応力を比例限度という。

(2) B点までは，荷重を取り除くと応力やひずみもなくなる。このひずみを弾性ひずみといい，このひずみの生じない応力の最大限度B点を弾性限度という。従って，B点以降は，荷重を除去してもひずみが残るので，このひずみを永久ひずみという。

(3) C点を過ぎると，荷重は増加しないのにひずみが急激に増加してD点まで達する。このC点を上降伏点，D点を下降伏点という。

(4) D点よりさらに荷重を加えると，荷重に比べてひずみが大きくなり，材料が耐えうる極限の強さE点に達し，F点で破断する。このF点を引張り強さという。

(1)のフックの法則とは，荷重（応力）ひずみが**比例**して変化することをいい，図のO〜A間ではこの法則が成り立つので正しい。

(4)のF点は「破断点」であり，また引張強さはE点なので誤りです。

| 解 答 |

【問題28】 「はりの種類」を示した下図のうち，名称が誤っているものはどれか。

なお，W は「はり」に加わる荷重を，△は支点を表している。

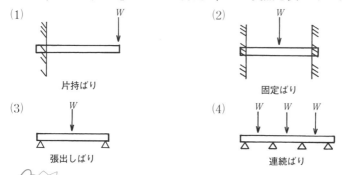

(1) 片持ばり

(2) 固定ばり

(3) 張出しばり

(4) 連続ばり

　(1)は**片持ばり**で，一端のみ固定し，他端を自由にしたはりで，(2)は，両端とも固定支持されている**固定ばり**，(3)は，張出しばりではなく**両端支持ばり**なので，誤りです。なお，(4)の**連続ばり**は，**3個以上**の支点で支えられているはりのことをいいます。

【問題29】 下図のような「はり」の断面のうち，上下の曲げ作用に対して，次のうち，最も強い形状のものはどれか。

ただし，はりの長さ，材質及び断面積は，いずれも同一のものとする。

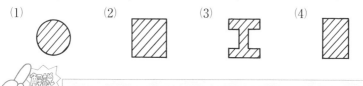

(1)　　　　(2)　　　　(3)　　　　(4)

　圧縮力と引張力の最もかかる部分を厚く，ほとんど応力のかからない部分を薄くした(3)の形状が，上下の曲げ作用（荷重）に対して最も強い形状ということになります。（強い順に(3)＞(4)＞(2)＞(1)となります。）

解　答

【26】…(2) 　　　　　　　　　　　【27】…(4)

【問題30】 金属材料のクリープについて，次のうち誤っているものはどれか。

(1) 弾性限度内の応力でもクリープは発生する。

(2) クリープの発生は応力の値によって変化する。

(3) 一定の応力におけるクリープの発生は温度によって変化する。

(4) 一定の応力及び一定の温度におけるクリープは時間に関係なく一定である。

　クリープとは，高温状態で材料に**一定の静荷重（応力）** を加えた場合，時間とともに**ひずみが増加する現象**のことをいいます。従って，一定の応力でもひずみは増加するので，(4)が誤りです。なお，クリープによるひずみを**クリープひずみ**，ある温度において，一定のクリープに収束させる応力の最大値をその温度における**クリープ限度**といいます。

[最重要]**【問題31】** 材料の安全率を表す式として，次のうち正しいものはどれか。

(1) 安全率 ＝ $\dfrac{引張強さ}{許容応力}$　　(2) 安全率 ＝ $\dfrac{引張強さ}{弾性限度}$

(3) 安全率 ＝ $\dfrac{許容応力}{引張強さ}$　　(4) 安全率 ＝ $\dfrac{ひずみ}{比例限度}$

　安全率とは，引張強さが許容応力の何倍かというのを表した数値で，引張強さを許容応力で割った値，すなわち(1)の式が正解です。

　なお，(1)の分数を引張強さを求める式で表すと，「**引張強さ＝許容応力×安全率**」となり，この式を求める出題もあるので，注意してください。

　ちなみに，材料を安全に使用できる応力の最大値を**許容応力**と言い，問題27の図でいうと，B点（弾性限度）より低い値に設定する必要があります。

[類題] 次の文中の(ア), (イ)に適切な語句を入れなさい。

　「金属材料の基準強さと許容応力の比を(ア)といい，加わる荷重が動的荷重の場合の方が静的荷重の場合よりも一般に(イ)く設定される。」

[解　答]
【28】…(3)　　　　　　　　　　【29】…(3)

【問題32】　基準強さが 340 MPa，安全率を 5 とした場合の許容応力として，正しいものは次のうちどれか。

(1)　34 MPa　　(2)　68 MPa

(3)　136 MPa　　(4)　1,700 MPa

　基準強さというのは，設計の際に基準として採用する強さのことで，一般的には**引張強さ**の値を用います。

　従って，前問の式，**安全率＝引張強さ／許容応力**より，5＝340/許容応力 ⇒　許容応力＝340/5＝68 MPa となります。

【問題33】　1 気圧について表した次のうち，誤っているものはどれか。

(1)　1 atm　　(2)　1.033 kgf/cm²

(3)　101.325 KPa　　(4)　720 mmHg

　(1)の 1 atm は 1 気圧を表し，(2)の単位は工学単位と呼ばれる単位で，正しい。(3)は，1 気圧をパスカルの単位で表したもので（1 Pa は，1 m² に 1 N の力がかかる圧力），正しい。なお，100 Pa＝1 hPa（ヘクトパスカル）なので，1 気圧は 101.325 KPa＝101,325 Pa＝**1,013.25 hPa** とも表すことができます。

　(4)は，1 気圧で水銀柱が押し上がる高さを表したもので，**760 mmHg** となるので，誤りです。

【問題34】　ある一定質量の気体の圧力を 10 倍，絶対温度を 5 倍にすると，体積は何倍になるか。

(1)　$\frac{1}{2}$ 倍　　(2)　2 倍　　(3)　5 倍　　(4)　10 倍

　「一定量の気体の体積は，圧力に反比例し，絶対温度に比例する」。これを

解　答

ボイル・シャルルの法則といい，圧力を P，絶対温度を T，体積を V とすると，

$$\frac{PV}{T}=\text{一定}\quad\text{という式で表されます。}$$

問題の場合，元の気体の圧力を P_1，絶対温度を T_1，体積を V_1，変化後の圧力を P_2，絶対温度を T_2，体積を V_2 とすると

$$\frac{P_1V_1}{T_1}=\frac{P_2V_2}{T_2}\quad\text{の式が成り立ちます。}$$

問題の条件より，$P_2=10\,P_1$　$T_2=5\,T_1$ となるので，この条件をこの式に代入して変化後の体積 V_2 を元の体積 V_1 の式で表せば，V_2 が V_1 の何倍か，という答が求められます。

従って，$\dfrac{P_1V_1}{T_1}=\dfrac{10\,P_1V_2}{5\,T_1}\;\Rightarrow\;\dfrac{\cancel{P_1}V_1}{\cancel{T_1}}=\dfrac{\overset{2}{\cancel{10}}\,\cancel{P_1}V_2}{\underset{1}{\cancel{5}}\,\cancel{T_1}}\quad V_1=2\,V_2$

∴ $V_2=\dfrac{1}{2}V_1$　つまり，元の体積の $\dfrac{1}{2}$ になった，というわけです。

【**問題35**】　気体の性質について，次のうち正しいものはどれか。

なお，**圧力は一定とする。**

(1)　273℃ を超えると，すべての物質が気体になる。

(2)　液体が気体になると，体積は 273 倍になる。

(3)　温度が1℃ 上昇するごとに，0℃ のときの体積の 1/273　膨張する。

(4)　温度が1℃ 降下するごとに，0℃ のときの体積の 1/273　液化する。

気体の法則には，ボイルの法則とシャルルの法則がありますが，このうち，シャルルの法則をセ氏温度で表現したのが(3)になります。

（絶対温度で表現すると，「（圧力一定の場合）気体の体積は絶対温度に比例する」となります。）

> <**ボイル・シャルルの法則**>
> ●気体の圧力は，絶対温度に比例し，体積に反比例する。

解　答

【32】…(2)　　　　【33】…(4)　　　　【34】…(1)　　　　【35】…(3)

第2章

消防関係法令

I 共通部分

さぁ がんばって
登るぞぉ〜

学習のポイント

①「用語」については，**特定防火対象物や無窓階についての説明**や**特定防火対象物に該当する防火対象物はどれか**，という出題がよくあります。

②「基準法令の適用除外」については，用途変更時の適用除外とともに比較的よく出題されています。従って，**そ及適用される条件**などをよく覚えておく必要があります。

③「消防用設備等を設置した際の届出，検査」についても，よく出題されているので，**届出，検査の必要な防火対象物や届出を行う者，届出期間**などについてよく把握しておいてください。

④「定期点検」も，よく出題されており，**消防設備士等が点検する防火対象物の点検頻度**が最重要ポイントです（「予防規定」にも要注意）。

⑤「消防設備士」については，免状に関する出題が頻繁にあります。従って，免状の書換えや再交付の申請先などについて把握するとともに，**工事整備対象設備等の工事又は整備に関する講習**についても頻繁に出題されているので，**講習の実施者や期間**などを把握しておく必要があります。また，「工事整備対象設備等の着工届出義務」についても，頻繁に出題されているので，**届出を行う者や届出先，届出期間**などをよく把握しておく必要があります。

その他，P.65の統括防火管理者の選任が必要な防火対象物やP.70の1棟の建物でも別の防火対象物と見なされる条件，P.79の検定制度についての出題がたまにあるので，注意が必要です。

関係法令の分類

消防設備士に関係する法令およびその構成は次のようになっています。

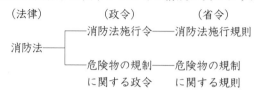

　このうち，政令や省令というのは消防法の内容を更に具体的な細則として定めたものです。

　　　　法令の表し方じゃが，
　　　・消防法施行令を「令」
　　　・消防法施行規則を「規則」
　　　・危険物の規制に関する政令を「危政令」
　　　・危険物の規制に関する規則を「危規則」
　　と短縮して書いてある場合があるので，
　　気をつけるように！
　　　　わかったかね？

2 用語について

① 防火対象物と消防対象物

この両者は下線部以外は同じ文言なので，注意するようにして下さい。

(ア) 防火対象物

　山林または＊舟車，船きょ（ドックのこと）若しくはふ頭に繋留された船舶，建築物その他の工作物<u>若しくはこれらに属する物をいう</u>。

　⇒(イ)とは下線部分のみ異なります。

(イ) 消防対象物

　山林または舟車，船きょ若しくはふ頭に繋留された船舶，建築物その他の工作物<u>または物件をいう</u>。

　⇒(ア)とは下線部分のみ異なります。

＊舟車　船舶（一部除く）
　　　　や車両のこと

こうして覚えよう！　＜防火対象物と消防対象物＞

　このケースのように，似たような二つのものを覚える場合，同時に二つ覚えるよりも片方を強調して覚えた方が暗記の効率がよい場合があります。

　このケースの場合，(イ)の「物件」に着目します。

　つまり，法律用語的な「物件」という，かた苦しい言い方をしている方が「消防対象物」だと覚えるのです。

　よって，「防火と消防」⇒「消防の方がかた苦しい」⇒

「物件」の付いている方が「消防対象物」

と，連想して思い出すわけです。

② 特定防火対象物

　デパートや劇場など，不特定多数の者が出入りする防火対象物で，火災が発生した場合に，より人命が危険にさらされたり延焼が拡大する恐れの大きいも

のをいいます。

　ただし，多数の者が出入りする施設でも，次のものは特定防火対象物ではありません。

　7項（学校関係），8項（図書館や美術館など）。

③　特定1階段等防火対象物

　避難がしにくい**地下階**または**3階以上の階**に特定用途部分があり，**屋内階段が1つしかない建物**のことをいいます。

　これは，屋内階段が一つしかない場合，火災時にはその屋内階段が煙突となって延焼経路となるので，その階段を使って避難ができなくなる危険性が高くなるため，そのような建物を**面積に関係なく**特定1階段等防火対象物として指定したわけです。

　なお，煙突になって延焼経路となるのは屋内階段の場合なので，たとえ階段が1つであっても，屋外階段や特別避難階段（火や煙が入らないようにした避難階段）の場合は，この特定1階段等防火対象物には該当しません。

④　複合用途防火対象物

　令別表第1（巻末のP.346）の(1)から(15)までの用途のうち，異なる2以上の用途を含む防火対象物，いわゆる「雑居ビル」のことをいいます。

⑤　関係者

　関係者とは，防火対象物または消防対象物の**所有者**，**管理者**または**占有者**をいいます。具体的に賃貸ビルを例にすると，所有者はオーナー，管理者はビル管理会社など。そして占有者はテナントということになります。

⑥　危険物

　危険物とは，「法別表第1の品名欄に掲げる物品で，同表に定める区分に応じ同表の性質欄に掲げる性状を有するもの」となっています。

⑦　無窓階

　建築物の地上階のうち，**避難上または消火活動上有効な開口部のない階**のことをいいます。（「窓が無い階」のことではないので注意！）

⑧　特殊消防用設備等

　通常用いられる消防用設備等に代えて同等以上の性能を有する新しい技術を用いた特殊な消防用設備等のことを言います。

消防の組織について （参考資料）

消防法には消防長や消防署長，あるいは消防吏員や消防職員，消防団員などの名称が出てきて少々まぎらわしいので，その構成や相互関係をよく把握しておく必要があります。

1. 消防の機関とその長，およびその構成員

市町村に設置される消防の機関としては，「消防本部」「消防署」および「消防団」があり，その長や構成員は次のようになっています。

（機関）　　　　（機関の長）　　　　（機関の構成員）

消防本部 ── 消防長 ──── 消防吏員や消防職員

消防署 ──── 消防署長 ── 消防吏員や消防職員

消防団 ──── 消防団長 ── 消防団員

（注：消防吏員とは，消防本部や消防署に勤務する消防職員のうち，階級を有する者のことで，実際に消防活動を行う消防士も消防吏員です。）

2. 機関の設置義務

① 消防本部と消防署

消防本部とは，管内にある消防署を統括する消防機関で，一定規模以上の市町村には必ず設置する必要があります。

② 消防団

消防団は，他の消防機関である消防本部や消防署とは異なり，一般市民（非常勤の特別職地方公務員）から構成される消防機関で，消防本部と消防署がない市町村には必ず設置する必要があります。

防火管理者 (法第8条)

一定の防火対象物の「管理について**権原を有する者**（所有者や会社の社長など）」は，一定の資格を有する者のうちから防火管理者を**選任**して，防火管理上必要な業務を行わせなければなりません。

1. 防火管理者を置かなければならない防火対象物

① 防火管理者を置かなければならない防火対象物

令別表第1に掲げる防火対象物のうち，次の収容人員（防火対象物に出入りし，勤務し，または居住する者の数）の場合に防火管理者を置く必要があります。

(ア) 特定防火対象物 　：**30人以上** （＜例外＞　6項ロの要介護老人福祉施設等は**10人以上**）

(イ) 非特定防火対象物：**50人以上**

その他：収容人員**50人以上**の新築工事中の建築物で，①地階が**5千㎡以上**，②地階除く**11階以上**の建物で**1万㎡以上**，③延べ**5万㎡以上**の建物，のいずれかに該当すれば設置義務がある

② 同じ敷地内に防火対象物が二つ以上ある場合 (図2-2)

防火管理者は防火対象物1個につき1人置くのが原則ですが，同じ敷地内に「管理権原を有するものが同一の防火対象物」が二つ以上ある場合は，それらを一つの防火対象物とみなして収容人員を合計します。

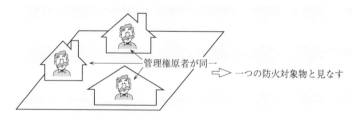

管理権原者が同一　⇨　一つの防火対象物と見なす

図2-1　一つの防火対象物とみなす場合

③ 防火管理者が不要な防火対象物

(ア) 準地下街

(イ) アーケード(延長50m以上のもの)

(ウ) 山林（市町村長が指定したもの）

(エ) 舟車（総務省令で定めたもの）

以上の防火対象物は，人数に関係なく防火管理者は不要です。

2. 防火管理者の業務内容

防火管理者が行う業務の内容については，次のとおりになっています。
（下線部は，次の「こうして覚えよう」に使う部分です）

① 消防計画に基づく消火，通報および避難訓練の実施
② 火気の使用または取扱いに関する監督
③ 消防計画の作成
④ 消防の用に供する設備，消防用水又は消火活動上必要な施設の**点検及び整備**（工事は含まない！）
⑤ 避難又は防火上必要な構造及び設備の維持管理並びに収容人員の管理
⑥ その他，防火管理上必要な業務

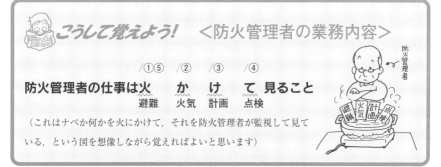

こうして覚えよう！ ＜防火管理者の業務内容＞

　　　　　　/①⑤　　/②　　/③　　/④
防火管理者の仕事は火　　か　　け　　て　見ること
　　　　　　　　避難　火気　計画　点検

（これはナベか何かを火にかけて，それを防火管理者が監視して見ている，という図を想像しながら覚えればよいと思います）

防火管理者

3. 統括防火管理者（法第 8 条の 2）

次の防火対象物で，管理権原者（＝テナント）が複数いる場合は，協議して**統括防火管理者**を選任し，**消防長**または**消防署長**に届け出る必要があります。
（下線部は，「こうして覚えよう」に使う部分です）

① 高層建築物（高さ**31 m** を超える建築物）
② 特定防火対象物（特定用途を含む複合用途防火対象物を含む）
　　地階を除く階数が**3** 以上で，かつ，収容人員が＊**30** 人以上のもの。
　　（＊ ⇒ 6 項ロ（養護老人ホーム等），6 項ロの用途部分が存する複合用途
　　　　防火対象物の場合は **10 人以上** ⇒ 前頁①の(ｱ)の＜例外＞と同じ）
③ 特定用途部分を含まない複合用途防火対象物
　　地階を除く階数が**5** 以上で，かつ，収容人員が**50** 人以上のもの。
④ 準地下街
⑤ 地下街（ただし，消防長または消防署長が指定したものに限る。）

⇒ 指定が必要なのはこの地下街だけです。

　　従って，指定のない地下街には統括防火管理者は必要ありません。

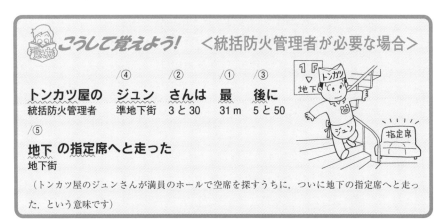

　なお統括防火管理者には，テナントごとに選任された防火管理者に対して必要な措置を講じるよう**指示する権限**が与えられており，また，建物全体の防火防災管理を推進するため，次のような業務を行う必要があります。

① 　**全体についての消防計画の作成**

② 　**全体についての消防計画に基づく避難訓練などの実施**

③ 　廊下，階段等の共用部分の管理　　　　など

防火対象物の定期点検制度（法第 8 条の 2 の 2）

　一定の防火対象物の管理権原者は，**防火対象物点検資格者**に防火管理上の業務や消防用設備等の設置・維持，その他火災予防上必要な事項について定期的に点検させ，**消防長または消防署長**に報告する必要があります（P.76 の消防用設備等の定期点検と混同しないように！）

① 　防火対象物点検資格者について

　　防火管理者，消防設備士，消防設備点検資格者の場合は，**3 年以上**の実務経験を有し，かつ，**登録講習機関**の行う講習を修了した者

② 　防火対象物点検資格者に点検させる必要がある防火対象物

　　・特定防火対象物（準地下街は除く）で収容人員が **300 人以上**のもの。

　　・特定 1 階段等防火対象物

③ 　点検および報告期間：**1 年に 1 回**

④ 　点検基準に適合している場合：利用者に当該防火対象物が消防法令に適合しているという情報を提供するために，点検済証を付すことができます。

⑤ 消防用設備等の種類 (法第17条)

1. 消防用設備等を設置すべき防火対象物

令別表第1（巻末のP.346）の防火対象物

2. 消防用設備等の種類 (施行令第7条)

表2-1　消防用設備等の種類

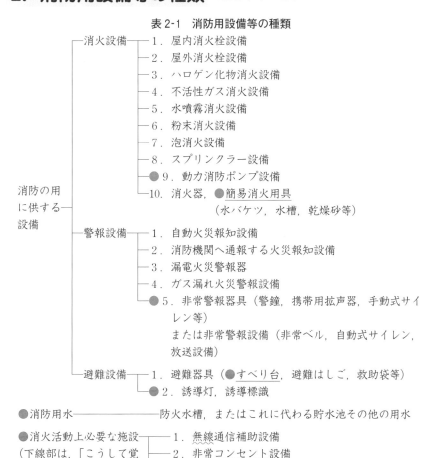

```
消防の用       消火設備 ┬─1. 屋内消火栓設備
に供する         │   2. 屋外消火栓設備
設備            │   3. ハロゲン化物消火設備
                │   4. 不活性ガス消火設備
                │   5. 水噴霧消火設備
                │   6. 粉末消火設備
                │   7. 泡消火設備
                │   8. スプリンクラー設備
                │ ●9. 動力消防ポンプ設備
                └─10. 消火器, ●簡易消火用具
                        （水バケツ，水槽，乾燥砂等）

            警報設備 ┬─1. 自動火災報知設備
                │   2. 消防機関へ通報する火災報知設備
                │   3. 漏電火災警報器
                │   4. ガス漏れ火災警報設備
                └ ●5. 非常警報器具（警鐘，携帯用拡声器，手動式サイ
                        レン等）
                        または非常警報設備（非常ベル，自動式サイレン，
                        放送設備）

            避難設備 ┬─1. 避難器具（●すべり台，避難はしご，救助袋等）
                └ ●2. 誘導灯，誘導標識
```

●消防用水────────────防火水槽，またはこれに代わる貯水池その他の用水

●消火活動上必要な施設 ┬─1. 無線通信補助設備
（下線部は，「こうして覚　│　2. 非常コンセント設備
えよう」に使う部分です）　│　3. 排煙設備
　　　　　　　　　　　　│　4. 連結散水設備
　　　　　　　　　　　　└　5. 連結送水管

パッケージ型（自動）消火設備も「消防用設備等」に含まれるんだよ

＊　消火活動上必要な施設とは，消防隊の活動に際して必要となる施設のことを
いいます。

●印の付いたものは（注：下線の付いたものは，その設備のみが対象です）消
防設備士でなくても工事や整備などが行える設備等です（P. 82, **12** の 1 参照）。

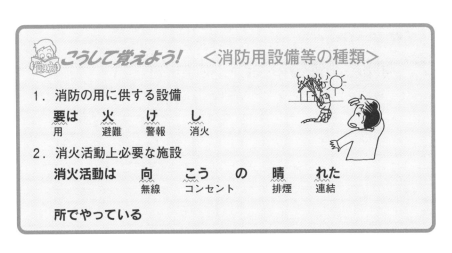

P. 67 の **5** の 1. では消防用設備等を設置すべき防火対象物ということで，設
置される方の防火対象物を示してありますが，ここではその防火対象物に設置
する方の消防用設備等について説明したいと思います。

その消防用設備等ですが，大別すると表 2-1 のように，「消防の用に供する
設備」「消防用水」「消火活動上必要な施設」に分類され，「消防の用に供す
る設備」は，さらに消火設備，警報設備，避難設備に分かれています（なお，
消防用設備等の「等」についてですが，単に消防用設備だけではなく「消防用
水」と「消火活動上必要な施設」も含まれているという意味での「等」です）。

消防用設備等の設置単位（令第8〜9条等）

　消防用設備等の設置単位は，特段の規定がない限り棟単位に基準を適用するのが原則です。しかし，次のような例外もあります。

① **開口部のない耐火構造の床または壁で区画されている場合** 重要

　⇒ その区画された部分は，それぞれ別の防火対象物とみなします。

　　従って，たとえ全体としては1棟の防火対象物であっても，その様な区画があれば，その区画された防火対象物ごとに基準が適用されることになります。

　図2-3の場合，(b)のように開口部のない耐火構造の壁で区画されてしまうと，もはや500 m² の防火対象物ではなく200 m² と300 m² の別々の防火対象物とみなされる，というわけです。

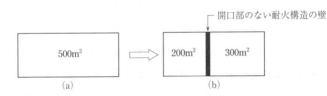

図2-2　1棟の防火対象物を区画した場合

② **複合用途防火対象物の場合**

　複合用途防火対象物の場合，その防火対象物内に2種類以上の用途部分が存在していますが，その場合も原則として同じ用途部分を1つの防火対象物とみなして基準を適用します。

　たとえば，1階と2階がマーケットで3階から5階までが共同住宅の場合，1階と2階で1つの防火対象物，3階から5階までで1つの防火対象物とみなして床面積を計算し，基準を適用します。

　ただし，(参)ある特定の設備の基準を適用する場合は1棟を単位として適用します（＝棟単位に適用する）。

共同住宅	5 F
共同住宅	4 F
共同住宅	3 F
マーケット	2 F
マーケット	1 F

図2-3　複合用途防火対象物の場合

> **ある特定の設備**とは次の設備のことです。
> ・スプリンクラー設備　　・避難器具
> ・自動火災報知設備　　　・誘導灯
> ・ガス漏れ火災警報設備
> ・漏電火災警報器
> ・非常警報設備

③　地下街の場合

　地下街の場合，いくつかの用途に供されていても全体を1つの地下街（1つの防火対象物）として基準を適用します。

④　特定防火対象物の地階で，地下街と一体を成すものとして，消防長または消防署長が指定したもの

　(参)ある特定の設備の基準を適用する場合は，地下街の一部とみなされます。

> **ある特定の設備**とは次の設備のことです。
> ・スプリンクラー設備　　・非常警報設備
> ・自動火災報知設備　　　・ガス漏れ火災警報設備

⑤　渡り廊下などで防火対象物を接続した場合の取り扱い

　原則として1棟として取り扱います。ただし，一定の防火措置を講じた場合は，別棟として取り扱うことができます。

⑥　同一敷地内にある2以上の防火対象物（16項および**耐火構造，準耐火構造を除く**）で，外壁間の中心線からの水平距離が**1階は3m以下，2階は5m以下**で近接する場合は1棟とみなされます（施行令第19条第2項⇒下線部出題例あり）。

法令の変更及び用途変更の場合における特例

① **既存の防火対象物に対する基準法令の適用除外（法第 17 条の 2 の 5 ）**

⇒ この規定を簡単に言うと，防火対象物が作られたあとに法律が変わった場合，その法律をさかのぼって（＝そ及して）適用をするかしないか，ということに関する規定です。

　　変わったあとの法律を「**現行の基準法令**」と言い，変わる前の法律を「**従前の基準法令**」という言い方をします。

㋐　**特定防火対象物の場合**…………そ及適用の必要あり

　　常に現行の基準法令に適合させる必要があります。

㋑　**特定防火対象物以外の場合**……そ及適用の必要なし（例外あり）

　　既存の防火対象物（現に存在するかまたは新築や増築等の工事中である防火対象物のこと）の場合，原則として従前の基準法令（防火対象物が建てられた時点の基準法令）に適合していればよいとされています。

⇒ これは，既存の防火対象物の場合，従前の基準法令に適合させて建築や工事を行っており，これを現行の基準法令に適合させようとすると防火対象物の構造自体に手を加える必要が出てくるし，また経済的負担も大きくなるからです。

＜例外＞……そ及適用の必要あり 最重要

　　次の場合は，たとえ既存の防火対象物であっても，常に現行の基準法令に適合させる必要があります（⇒ そ及適用されます）。

1．改正前の基準法令に適合していない場合

⇒ 改正前の基準法令に違反していたら，（改正前ではなく）改正後の基準法令に適合するように設置しなさい，ということです。

2．現行の基準法令に適合するに至った場合（関係者が自発的に設置や変更をして改正後の基準に適合することとなった場合）。

3．改正後に一定規模以上の増改築等を行なった場合

　　現行の基準法令の規定の施行または適用後に次の工事を行った場合

○　床面積 **1,000 m² 以上**，または

　　従前の延べ面積の **2 分の 1 以上**の

・増改築

・主要構造部である**壁**の大規模な（＝ **2 分の 1 超**）修繕や模様替えの工事

4．一定の消防用設備等が設置されている場合

　　次の消防用設備等については，常に現行の基準に適合させる必要があります（下線部は，「こうして覚えよう」に使う部分です）。

○　漏電火災警報器

○　避難器具

○　消火器または簡易消火用具

○　自動火災報知設備（ただし，特定防火対象物と重要文化財等のみ）

○　ガス漏れ火災警報設備（特定防火対象物と法で定める温泉採取設備のみ）

○　誘導灯または誘導標識

○　非常警報器具または非常警報設備

こうして覚えよう！　＜常に現行の基準に適合させる消防用設備等＞

新基準発令！

老	秘	書	爺(じい)	が	ゆ	け
漏電	避難	消火	自火報	ガス	誘導	警報

（新しい法律が発令されたので秘書に見に行ってもらう，という意味です）

②　用途変更の場合における基準法令の適用除外

　用途変更の場合も①と同様に取り扱います。

　すなわち，「原則として変更前の用途での基準法令に適合していればよい」とされています。

＜そ及適用される場合＞

　ただし，これもまた①と同様，次の1から5の場合には常に現行の基準法令に適合させる必要があります。

　すなわち，変更後の用途における基準法令に適合させなければならないのです（⇒そ及適用をする）。

　（①の条件を用途変更の場合で書き直したもの）。

1．変更後の用途が特定防火対象物となる場合

2．用途変更前の基準に違反していた場合

　（⇒変更前の基準に違反していたら変更後の基準に従って設置する）

3．用途変更後の基準法令に適合するに至った場合

4．用途を変更後（変更時を含む）に一定規模以上の増改築等を行った場合

5．一定の消防用設備等が設置されている場合

となります。

📖 **こうして覚えよう！** ＜用途変更のそ及適用＞

　基本的に①の条件と同じです。ただ，「法令の変更」が「用途の変更」になった，と思って読み替えればよいだけです。

第2章

消防関係法令（共通部分）

消防用設備等の届出および検査 (法第17条の3の2)

⇒ 表2−5参照（P.77）

① 消防用設備等を設置した時，届け出て検査を受けなければならない防火対象物（施行令第35条）

表2-2

(a)特定防火対象物	延べ面積が300 m² 以上のもの
(b)非特定防火対象物	延べ面積が300 m² 以上で，かつ，消防長または消防署長が指定したもの
(c)・2項ニ（カラオケボックス等）　（注：下線⇒覚え方で使う部分） 　・5項イ（旅館，ホテル等） 　・6項イ（病院，診療所等）で入院施設のあるもの 　・6項ロ（要介護の老人ホーム，老人短期入所施設等） 　・6項ハ（要介護除く老人ホーム，保育所等）で宿泊施設のあるもの 　・上記の用途部分を含む複合用途防火対象物，地下街，準地下街 　・特定1階段等防火対象物 　　（覚え方⇒ホテル から 病院へ行く老人は 全て 届出が必要（特1省略） 　　　　　　5項イ 2項ニ 6項イ　　6項ロ 　　　　　　　　　　　　　　　　　6項ハ	すべて

例題 **次の文章について，正誤を答えなさい。**

「延べ面積が 250 m² の特別支援学校に消防用設備等を設置等技術基準に従って設置した場合,消防長又は消防署長に届け出て検査を受けなければならない。」

〔解説〕

　特別支援学校は，6項ニの特定防火対象物であり，表の (a) に該当するので，延べ面積が**300 m² 以上**でなければ届出義務はありません。

(答)…誤

② 設置しても届け出て検査を受けなくてもよい消防用設備等（令第35条）

簡易消火用具（⇒水バケツ，水槽，乾燥砂，膨張ひる石，膨張真珠岩）
非常警報器具（⇒警鐘，携帯用拡声器，手動式サイレン）

③ 届出を行う者（規則第31条の3）
防火対象物の関係者（所有者，管理者または占有者）（施行令第35条）

④ 届出先（規則第31条の3）
消防長（消防本部を置かない市町村はその市町村長）または**消防署長**

⑤　届出期間（規則第31条の3）

　　工事完了後**4日以内**

［関連］　なお，設置をする際の**設置工事**については法第17条の14に規定が
　　　　　あり，それによると，工事の着工10日前までに着工届を甲種消防設
　　　　　備士が消防機関に提出しなければならないことになっています。
　　　　　（⇒ P. 86 の③「消防用設備等の着工届義務」参照）

消防用設備等の定期点検（法第17条の3の3）

　防火対象物の関係者は消防用設備等または特殊消防用設備等についての点検結果を定期的に消防長等に報告する**義務**があります。

（注：任意に設置された消防用設備等については，点検や報告の義務はありません。）

① 点検の種類および点検の期間

表2-3

点検の種類	点検の期間	点検の内容
機器点検	6か月に1回	外観や機能などの点検
総合点検	1年に1回	総合的な機能の確認

② 点検を行う者および点検を行う防火対象物

㋐ **消防設備士または消防設備点検資格者**が点検するもの

表2-4　　　（表2-2と比較してみよう！）

(a)	特定防火対象物	延べ面積が**1,000 m²以上**のもの
(b)	非特定防火対象物	延べ面積が**1,000 m²以上**でかつ消防長または消防署長が指定したもの
(c)	特定1階段等防火対象物	すべて

　⇒ 火災時に，より人命危険度が高い防火対象物なので有資格者に点検をさせるのです。

　（注）　この場合でも点検結果の報告は**防火対象物の関係者**が行います（③の(ウ)，および表2-5参照）

㋑ **防火対象物の関係者**（防火管理者など）が点検を行うもの
　上記以外の防火対象物

 なお，点検できる消防用設備等の種類については，その免状の種類に応じて，「消防庁長官が告示により定める」となっています。

③　点検結果の報告

(ア)　報告期間

　　・特定防火対象物　　：**1年に1回**

　　・非特定防火対象物　：**3年に1回**

(イ)　報告先

　　消防長（消防本部を置かない市町村はその市町村長）または**消防署長**

(ウ)　報告を行う者

　　防火対象物の関係者

 なお，報告するのは**義務**であり，「報告を求められたとき　に報告すればよい」という記述は誤りなので注意しよう！

表2-5　届出および報告のまとめ

	届出を行う者	届出先	期限
消防用設備等を設置した時	防火対象物の関係者	消防長等	工事完了後**4日以内**
工事の着工届	甲種消防設備士	消防長等	工事着工**10日前**まで
消防用設備等の点検結果の報告	（報告を行う者）防火対象物の関係者	（報告先）消防長等	（報告期間） ・特防　：**1年に1回** ・非特防：**3年に1回**

10 消防用設備等に関するその他の規定

① 消防用設備等の設置維持命令（法第17条の4）重要

消防長又は消防署長は，消防用設備等が技術上の基準に従って設置され，または維持されていないと認めるときは，**防火対象物の関係者で権原を有する者**に対して，設置すべきことや維持のために必要な措置をなすべきことを命ずることができます（⇒罰則の適用あり）。

命令を発する者	命令を受ける者
消防長又は消防署長	防火対象物の関係者で権原を有する者

② 附加条例（法第17条第2項）重要

国で定めた基準とは別に，その地方の気候や風土の特殊性を加味した基準を**市町村条例**によって定めることができます。ただし，基準を緩和することはできません。

検定制度 (法第21条の2)

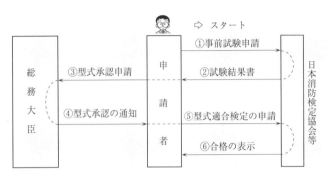

図2-4　検定の手続き

　検定制度というのは，火災時に消防用機械器具等（ただし，検定の対象となっている品目のみ）が確実にその機能を発揮するということを国が検定して保証する制度であり，これ（型式適合検定）に合格した旨の表示がしてあるものでなければ販売したり，販売の目的で陳列することはできません。

　また，「消防の用に供する機械器具又は設備」についてはその上に，設置，変更や修理の請負工事に使用する際にも，この検定合格証の表示が必要です。

　その検定の方法ですが，型式承認と型式適合検定の2段階があります。

1. 型式承認

① 承認の方法

　検定対象機械器具等の型式に係る形状等＊が総務省令で定める検定対象機械器具等に係る技術上の規格に適合している旨の承認のことをいいます（⇒規格に適合しているかをそのサンプルや書類から確認して，適合していれば承認をする，ということ）。

（＊形状等：形状や構造，および性能など）

② 承認をする人

　総務大臣

　ただし，承認を受けるためには，あらかじめ日本消防検定協会（または登録検定機関）が行う試験を受ける必要があります（その試験結果書と型式承認申請書を総務大臣に提出します。図2-4の①②③）。

2. 型式適合検定 (図2-4の⑤⑥)

① 検定の方法

　検定対象機械器具等の形状等が型式承認を受けた検定対象機械器具等の型式に係る形状等に適合しているかどうかについて総務省令で定める方法により行う検定のことをいいます。

② 検定を行う者

　日本消防検定協会（または登録検定機関）

③ 合格の表示

　合格をした検定対象機械器具等には，日本消防検定協会（または登録検定機関）が刻印やラベルの貼り付け等の表示を行います。

図 2-5　検定合格証
消火薬剤等は「合格之印」となっているので要注意！

消火器に表示すべき事項
（＝消火器ラベルの表示
⇒規格の P.248）

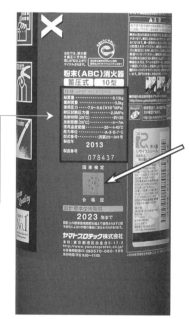

検定合格表示（矢印部分）

④　型式承認の失効

規格の改正等により**型式承認**の効力が失われた検定対象機械器具等については，防火対象物にすでに設置されているものであっても，**型式適合検定合格**の効力は失われます。

 型式承認が失効する⇒**型式適合検定合格の効力**も失われる。

3. 検定の対象となっている品目について

検定の対象となっている品目について参考までに表示しておきます。

表2-6　検定対象機械器具等（参考資料）

1．消火器
2．消火器用消火薬剤（二酸化炭素を除く）
3．泡消火薬剤（水溶性液体用のものを除く）
4．感知器または発信機（火災報知設備用）
5．中継器（火災報知設備またはガス漏れ火災警報設備用）
6．受信機（火災報知設備またはガス漏れ火災警報設備用）
7．住宅用防災警報器
8．閉鎖型スプリンクラーヘッド
9．流水検知装置
10．一斉開放弁
　　（大口径のものを除く）
11．金属製避難はしご
12．緩降機

 これらの器具の材質，成分及び性能は「総務省令で定める技術上の規格」で定められているので覚えておこう！

⑫ 消防設備士制度 <small>(法第17条の5など)</small>

1. 消防設備士の業務独占 <small>(注：点検は整備に準じます。)</small>

　表2-7における消防用設備等または特殊消防用設備等（以下「**工事整備対象設備等**」という）の工事や整備は，消防設備士でなければ行えません（「**電源や水源，および配管部分**」および「**任意に設置した消防用設備等**」は除く。→**対象とはならない**）

表2-7　消防設備士の業務の対象となるもの（免許の種類）

区分	工事整備対象設備等の種類（太線内は甲種，乙種とも）		
特類	特殊消防用設備等（注：この特類と下の太枠部分は**着工届**が必要です）		
第1類	屋内消火栓設備，屋外消火栓設備，水噴霧消火設備，スプリンクラー設備，Ⓟⓐ		
第2類	泡消火設備，Ⓟⓐ		
第3類	ハロゲン化物消火設備，粉末消火設備，不活性ガス消火設備，Ⓟⓐ		
第4類	自動火災報知設備，消防機関へ通報する火災報知設備，ガス漏れ火災警報設備		
第5類	金属製避難はしご（固定式に限る），救助袋，緩降機		
第6類	消火器	第7類	漏電火災警報器

（注：Ⓟⓐはパッケージ型消火設備，パッケージ型自動消火設備を表す）
甲種消防設備士：特類及び第1類から第5類の**工事**と**整備**
乙種消防設備士：第1類から第7類の**整備のみ**（注：特類は含みません）
　但し，軽微な整備（**屋内消火栓設備**の表示灯の交換や**ホース，ねじ**等の交換など総務省令で定めるもの）は消防設備士でなくても行えます（令第36条の2）。

　こうして覚えよう！　<業務独占の対象外のもの（消防設備士でなくても工事や整備などが行える場合）>

1. 軽微な整備（総務省令で定めるもの）
2. 電源や水源，および配管部分
3. 任意に設置した消防用設備等
4. 表2-1（P.67）の●印の付いた設備等（動力消防ポンプに要注意！）

例題 1　消防設備士が行う工事又は整備について，次のうち消防法令上誤っているものはどれか。

　A　甲種第5類の消防設備士免状の交付を受けているものは，緩降機及び救助袋の工事を行うことができる。

　B　乙種第4類の消防設備士免状の交付を受けているものは，ガス漏れ火災警報設備や漏電火災警報器整備を行うことができる。

　C　乙種第2類の消防設備士免状の交付を受けているものは，泡消火設備の整備を行うことができる。

　D　乙種第1類の消防設備士免状の交付を受けているものは，水噴霧消火設備の工事を行うことができる。

　(1)　A，C　　(2)　A，D　　(3)　B，C　　(4)　B，D

〔解説〕

　B　漏電火災警報機は第7類でないと整備を行えません。

　D　乙種消防設備士は整備のみしかできません。　　　　（答）…(4)

例題2　次の消防用設備等のうち，着工届出書による届出が必要なものはどれか。

　(1)　動力消防ポンプ設備　　　　　　(2)　漏電火災警報器

　(3)　消防機関へ通報する火災報知設備　(4)　非常警報設備

〔解説〕

　着工届は<u>工事を行う際に届け出る</u>もので，P.82 の表の太枠の部分と特類が対象です。従って，そこに含まれている(3)が正解です（漏電火災警報器は整備のみなので，届出は不要）。　　　　（答）…(3)

2.　消防設備士の免状

①　免状の種類（法第 17 条の 6 の 1）

表 2-8

甲種消防設備士	・工事と整備の両方を行うことができる ・特類及び **1 類**から **5 類**までに分類されている
乙種消防設備士	・整備のみ行うことができる ・ **1 類**から **7 類**までに分類されている

●甲種⇒ 工事と整備
●乙種⇒ 整備のみ

② 免状の交付 （法第 17 条の 7 の 1 ）

都道府県が行う消防設備士試験に合格したものに対し，**都道府県知事**が交付します。

 免状を交付する者⇒ 知事

③ 免状の効力

免状の効力は，その交付を受けた都道府県内に限らず**全国どこでも有効**です。

④ 免状の記載事項

　　1　免状の交付年月日及び交付番号　　2　氏名および生年月日
　　3　**本籍地の属する都道府県**　　　　　4　免状の種類

（その他，総務省令で定める事項：過去 10 年以内に撮影した写真など）

（3 は「現住所」ではないので注意が必要だよ。）

⑤ 免状の書換え （令第 36 条の 5 ）

免状の記載事項に変更が生じた場合は，免状を交付した都道府県知事または**居住地**若しくは**勤務地**を管轄する都道府県知事に書換えを申請します。

 免状の書換え⇒ 免状を交付した知事，
**　　　　　　　または**
**　　　　　　　居住地か勤務地を管轄する知事**

⑥ 免状の再交付 （令第 36 条の 6 ）

何らかの原因で免状の再交付を申請する場合は，免状の交付または書換えをした都道府県知事に申請をします。（注：申請義務はありません）

　⇒ ⑤とは逆に，居住地または勤務地を管轄する知事は申請先ではありませんので注意して下さい。

 免状の再交付⇒ 免状を交付した知事
**　　　　　　　または**
**　　　　　　　免状を書換えた知事**

なお，消防設備士免状を亡失して再交付を受けた者が，その後，亡失した免状を発見した場合は，これを **10日以内**に**再交付**を受けた都道府県知事に提出する必要があります。

⑦ 免状の不交付

消防設備士試験に合格しても，次のような場合は都道府県知事が免状を交付しないことがあります。

1. 消防設備士免状の返納を命ぜられた日から **1年**を経過しない者
2. 消防法令に違反して罰金以上の刑に処せられた者で，その執行が終わり，または執行を受けることがなくなった日から起算して **2年**を経過しない者

⑧ 免状の返納命令

消防設備士が法令の規定に違反した場合は，**都道府県知事**が免状の返納を命じることができます。なお，返納命令に違反した場合は，罰金や拘留に処せられることがあります。

3. 消防設備士の講習 （法 17 条の 10） 最重要

「免状の交付を受けた日以後における最初の 4 月 1 日から **2 年以内**」，
その後は

「講習を受けた日以後における最初の 4 月 1 日から **5 年以内**」

に都道府県知事の行う講習を受講する必要があります（下図参照）。

＜講習について＞

・免状の交付を	受けた日以後における最初の 4 月 1 日から	2 年以内
・講習を		5 年以内

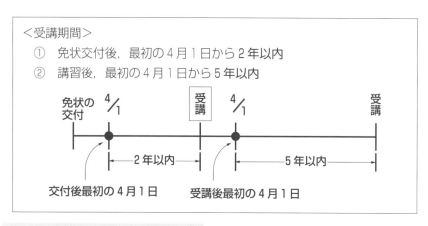

＜受講期間＞
① 免状交付後，最初の 4 月 1 日から 2 年以内
② 講習後，最初の 4 月 1 日から 5 年以内

4. 消防設備士の責務等

① 消防設備士の責務 （法第 17 条の 12）

「消防設備士は，その業務を誠実に行い，工事整備対象設備等の質の向上に
努めなければならない」となっています。

② 免状の携帯義務 （法第 17 条の 13）

「消防設備士は，その業務に従事する時は，消防設備士免状を携帯していな
ければならない」となっています。

③　消防用設備等の着工届義務 （法 17 条の 14）

　甲種消防設備士は，消防設備士でなければ行ってはならない消防用設備等(**特類と第 1 類～第 5 類の消防用設備**) の工事をしようとする時は，その工事に着手しようとする日の **10 日前**までに**消防長**（消防本部のない市町村はその市町村長）または**消防署長**に届け出なければならないことになっています。

　これらを整理すると

表 2-9　着工届について

ⓐ着工届が必要な場合	工事をしようとする時（整備の場合は不要）
ⓑ着工届が必要な設備	第 5 類から第 5 類の消防用設備等と特殊消防用設備等（P. 82 の表参照）（出題例あり）
ⓒ届出を行う者	甲種消防設備士 注）　乙種消防設備士が整備を行う場合には届出は不要です。
ⓓ届出期限	工事に着手しようとする日の **10 日前**まで
ⓔ届出先	消防長（消防本部のない市町村はその市町村長） または 消防署長

【関連】「8. 消防用設備等の届出および検査」（P. 74）参照

　なお，消防設備士の業務上の違反となる主な行為については，次のようなものがあるので，覚えておこう！
1．講習の受講義務違反
2．免状の携帯義務違反
3．設置工事着手届出（着工届出）違反
など

問題にチャレンジ！
（第2章　法令共通部分）

<用語　→P.61>

[重要]【問題1】　消防法に規定する用語について，次のうち誤っているのはどれか。

(1) 関係者とは，防火対象物または消防対象物の所有者，管理者または占有者をいう。

(2) 防火対象物とは，山林または舟車，船きょ若しくはふ頭に繋留された船舶，建築物その他の工作物または物件をいう。

(3) 複合用途防火対象物とは，同じ防火対象物に政令で定める2以上の用途が存するものをいう。

(4) 消防用設備等とは，消防の用に供する設備，消防用水及び消火活動上必要な施設をいう。

　(1)「防火対象物の防火管理者」は関係者に含まれていないので，注意してください。

　(2)　防火対象物は「山林または舟車，船きょ若しくはふ頭に繋留された船舶，建築物その他の工作物若しくはこれらに属する物」をいい，問題の文は**消防対象物**の説明です。P.61の「こうして覚えよう！」から，「防火と消防」⇒「消防の方がかた苦しい」⇒「物件」の付いてる方が「消防対象物」，となります。

　(4)　消防の用に供する設備には，**消火設備，警報設備，避難設備**がありますが，このうち消火設備には，**パッケージ型消火設備**は含まれていないので注意してください。

【問題2】　消防法に規定する用語について，次のうち正しいのはどれか。

(1) 高さ34mの建築物は，法令でいう高層建築物である。

(2) 図書館や博物館など，不特定多数の者が出入りする防火対象物を特定防

解　答

解答は次ページの下欄にあります。

火対象物という。

(3) 廊下に面する部分に有効な窓がない階を無窓階という。

(4) 防火対象物に出入りする業者は，法令でいう「関係者」である。

　(1) 高層建築物とは，高さ**31 m**を超える建築物のことなので正しい。

　(2) デパートや劇場など，不特定多数の者が出入りする防火対象物を特定防火対象物といいますが，図書館や博物館などは含まれていません。

　(3) 無窓階とは，建築物の地上階のうち，**避難上または消火活動上有効な開口部のない階**のことをいいます。

　(4) 出入りする業者は「関係者」ではありません（問題1の(1)参照）。

[重要]**【問題3】** 消防法令上，特定防火対象物に該当するものは，次のうちどれか。

(1) 小学校　　(2) テレビスタジオ　　(3) 映画館　　(4) 共同住宅

　特定防火対象物というのは，デパートや劇場など，不特定多数の者が出入りする防火対象物なので，(3)の映画館が正解となります。なお，(1)，(2)，(4)も多数の者が出入りする防火対象物ですが，その場合は不特定ではなく「特定」の多数が出入りする防火対象物となります。

【問題4】 消防法令上，特定防火対象物に該当しないものの組合せは，次のうちどれか。

(1) 劇場，映画館，キャバレー

(2) 旅館，ホテル及び蒸気浴場

(3) 小学校，図書館及び美術館

(4) 病院，診療所及び集会場

[解　答]

【1】…(2)

令別表第1より，特定防火対象物でないのは，⑶の小学校（7項）と図書館及び美術館（8項）のみになります。

⑷の診療所は，「診療所に併設する助産施設」であっても同じく特定防火対象物だよ。

<防火管理者　→P.64＞

【問題5】 法令上，防火管理に関する次の文の（A），（B）に当てはまる語句の組合せとして，正しいものはどれか。

「（A）は（B）に基づき適正に行われているかを確認する。」

	（A）	（B）
⑴	消防長又は消防署長	防火管理に係る消防計画
⑵	消防長又は消防署長	防火管理に係る消防法
⑶	都道府県知事	防火管理に係る消防計画
⑷	都道府県知事	防火管理に係る消防法

消防法第8条第4項からの出題です。なお，消防計画に従って行われていないと認める場合は，権原を有する者に対し，業務が法令の規定や消防計画に従って行われるように必要な措置を講ずべきことを命ずることができます。

【問題6】 防火管理について，次の文中の（　）内に当てはまる消防法令に定められている語句として，正しいものはどれか。

「（ア）は，消防の用に供する設備，消防用水若しくは消火活動上必要な施設の（イ）及び整備又は火気の使用若しくは取扱いに関する監督を行うときは，火元責任者その他の防火管理の業務に従事する者に対し，必要な指示を与えなければならない。」

	（ア）	（イ）
⑴	防火管理者	点検
⑵	防火管理者	工事
⑶	管理について権原を有する者	点検
⑷	管理について権原を有する者	工事

解　答
【2】…⑴　　　　　　　【3】…⑶　　　　　　　【4】…⑶

本問は，消防法施行令第3条の2第4項をそのまま問題にしたもので，正しくは，次のようになります。

「（ア：**防火管理者**）は，消防の用に供する設備，消防用水若しくは消火活動上必要な施設の（イ：**点検**）及び整備又は火気の使用若しくは取扱いに関する監督を行うときは，火元責任者その他の防火管理の業務に従事する者に対し，必要な指示を与えなければならない。」

従って，アは防火管理者，イは点検となるので，正解は(1)になります。

【問題7】 防火管理者が行う業務の内容として，次のうち誤っているのはどれか。

(1) 消防計画の作成

(2) 避難又は防火上必要な構造及び設備の維持管理並びに収容人員の管理

(3) 危険物の使用または取扱いに関する監督

(4) 消防の用に供する設備，消防用水又は消火活動上必要な施設の**点検及び整備**

本文（P.65）の【こうして覚えよう！】より，

防火管理者の仕事は　火　か　け　て　見ること
　　　　　　　　　　　　避難　火気　計画　点検

この中に(3)の「危険物」というのが含まれていませんので，従って(3)が誤りとなります（正しくは「火気の使用または取扱いに関する監督」）。

なお，(1)，(2)，(4)以外には「消防計画に基づく消火，通報および避難訓練の実施」「その他の防火管理上必要な業務」などがあります。

【問題8】 次の防火対象物のうち，防火管理者を選任する必要がない防火対象物はどれか。

(1) 老人短期入所施設で収容人員が15人のもの

(2) 事務所で収容人員が50人のもの

(3) 同じ敷地内に所有者が同じで，収容人員が20人と収容人員が25人の2

解　答
【5】…(1)　　　　　　　　　　　　【6】…(1)

棟の共同住宅がある場合

⑷　2 階をカラオケボックスとして使用する地階を除く階数が 3 の複合用途
　防火対象物で，収容人員が 50 人のもの。

　　P. 64，1 の①より，⑴は㈦の例外より **10 人以上**，⑵は㈭より **50 人以上**
で防火管理者を定めなければならないので，選任する必要があります。

　　しかし，⑶の共同住宅は㈭に該当するので，**50 人以上**で防火管理者を定
める必要があり，20＋25＝45 人では定める必要はありません（「所有者が同
じ」に注意））。なお，⑷は①の㈦なので，30 人以上で選任義務が生じます。

＜統括防火管理者　→ P. 65 ＞

【**問題 9**】　管理について権原が分かれている（＝複数の管理権原者がいる）
　次の防火対象物のうち，統括防火管理者を選任する必要があるものはどれか。
　　ただし，防火対象物は，高層建築物（高さ 31 m を超える建築物）ではな
　いものとする。

⑴　2 階をカラオケボックスとして使用する地階を除く階数が 2 の複合用途
　防火対象物で，収容人員が 50 人のもの。
⑵　地階を除く階数が 3 の特別養護老人ホームで，収容人員が 20 人のもの。
⑶　駐車場と共同住宅からなる複合用途防火対象物で，収容人員が 110 人で，
　かつ，地階を除く階数が 4 のもの。
⑷　料理店と映画館からなる複合用途防火対象物で，収容人員が 550 人で，
　かつ，地階を除く階数が 2 のもの。

　　（P. 65 の 3 統括防火管理者参照）⑴は②の条件になるので，階数が 2 では，
選任する必要はありません。⑵は同じく②の条件の特例になり，特別養護老
人ホームなどの 6 項ロでは，収容人員が **10 人以上**で選任する必要がありま
す。⑶駐車場と共同住宅なので，③の特定用途部分を含まない複合用途防火
対象物ということになり，その場合，地階を除く階数が 5 以上で統括防火管

解　答

【 7 】…⑶

理者を選任する必要があるので，4ではその必要はありません。(4)の料理店と映画館は特定用途部分なので，②の条件となりますが，その場合，地階を除く階数が3以上である必要があるので，2では統括防火管理者を選任する必要はありません。

【問題10】 防火対象物の定期点検制度について，次のうち誤っているのはどれか。

(1) 報告先は，消防長又は消防署長である。

(2) 消防設備士，消防設備点検資格者のほか，防火管理者も3年以上の実務経験があり，かつ，登録講習機関の行う講習を修了すれば，防火対象物点検資格者になることができる。

(3) 点検および報告の期間は1年に1回である。

(4) 点検結果を報告するのは防火対象物点検資格者である。

(4) 点検結果を報告するのは**防火対象物の管理権原者**です。

【問題11】 いずれも収容人員が550人の次の防火対象物において，防火対象物点検資格者が点検を行わなければならないものはどれか。

(1) 映画館　　(2) 共同住宅

(3) 小学校　　(4) 図書館

(1) P.66下の②より，防火対象物点検資格者が点検をするのは，収容人員が**300人以上の特定防火対象物**なので，(1)が正解となります。

<消防用設備等の種類　→P.67>

【問題12】 消防法第17条において規定されている「消防の用に供する設備」について，次のうち正しいのはどれか。

(1) 消防の用に供する設備には，大きく分けて消火設備，警報設備，消防用

解　答

　水がある。

(2)　動力消防ポンプ設備は，消防の用に供する設備に含まれている。

(3)　無線通信補助設備は，非常警報設備と同じく警報設備に含まれる。

(4)　水バケツや水槽は，消防用水のひとつである。

　【こうして覚えよう！】（P.68）より，　要は　　火　　け　　し
　　　　　　　　　　　　　　　　　　　　　　用　　避難　警報　消火

　(1)　消防の用に供する設備には，消火設備，警報設備，避難設備があります。従って，消防用水は含まれていません。(3)　無線通信補助設備は，**消火活動上必要な施設**に含まれています（⇒P.67の表参照）。(4)　**消火設備**のひとつです（簡易消火用具）。

|類題|　次の消防用設備等の設置に関する記述について，○×で答えなさい。

　(1)　設置することが義務付けられている防火対象物は，百貨店，病院，
　　旅館等不特定多数の者が出入りする防火対象物に限られている。

　(2)　戸建て一般住宅についても一定の規模を超える場合，消防用設備等
　　の設置を義務付けられる場合がある。

〔解説〕

　(1)　設置することが義務付けられている防火対象物は，百貨店等の特定防
　　火対象物に限らず，令別表第1(P.346)に掲げられている防火対象物です。

　(2)　戸建て一般住宅については，その規模に関わらず設置義務はあり
　　ません。　　　　　　　　　　　　　　　　　　　　（答は次頁下）

【問題13】　次のうち，消防法第17条において規定されている「消火活動上必要な施設」として不適当なものはどれか。

(1)　連結送水管と連結散水設備

(2)　無線通信補助設備

(3)　避難はしご

(4)　排煙設備

|解　答|

【こうして覚えよう！】（P. 68）より，

消火活動は　向　　こう　の　晴　れ　た所でやっている
　　　　　　　無線　コンセント　　　排煙　連結

これより消火活動上必要な施設には「無線通信補助設備，非常コンセント設備，排煙設備，連結散水設備，連結送水管」があります。従って，(3)の避難はしごは含まれていません。（避難はしごは**避難設備**です。）

【**問題14**】　消防法令上，警報設備として，次のうち誤っているものはどれか。
(1)　ガス漏れ火災警報設備
(2)　自動式サイレン
(3)　非常電話
(4)　漏電火災警報器

非常電話や発煙筒などは警報設備には含まれません。

<消防用設備等の設置単位　→P. 69>

最重要 【**問題15**】　1棟の防火対象物であっても別棟として扱われる部分として次のうち消防法令上正しいのはどれか。
(1)　特定防火設備である防火戸及び耐火構造の床又は壁で区画された場合。
(2)　2つの防火対象物において，外壁間の中心線からの水平距離が1階は3m以下，2階以上は5m以下で近接する場合。
(3)　耐火構造の床または壁で区画され，かつ，開口部に特定防火設備またはドレンチャーが設けられてある，その区画された部分。
(4)　開口部のない耐火構造の床または壁で区画されている部分。

(1)　防火戸を設けても，開口部があれば同じ棟として扱われます。

解　答

【12】…(2)　　　　　　　　[12の類題]…(1)×，(2)×　　　　　　　【13】…(3)

⑵　この基準は屋外消火栓設備のみが対象です。

⑶　開口部があるので，別の棟としては扱われません。

【問題16】　消防用設備等の設置単位について，次のうち誤っているのはどれか。

A　複合用途防火対象物の場合，原則として各用途部分を1つの防火対象物とみなして基準を適用する。

B　1階と2階が耐火建築物の床又は壁で区画され，かつ，開口部に特定防火設備である防火戸が設けられていれば，それぞれ別の防火対象物とみなされる。

C　地下街の場合，いくつかの用途に供されていても全体を1つの地下街（1つの防火対象物）として基準を適用する。

D　複合用途防火対象物に自動火災報知設備の基準を適用する場合は，全体を1つの設置単位とみなして基準を適用する。

E　複合用途防火対象物に屋内消火栓設備と消火器を設置する場合，1棟を単位として基準を適用する。

⑴　A，C　　⑵　A，E　　⑶　B，E　　⑷　C，D

　A　正しい。用途部分が異なれば別の防火対象物と見なします。

　B　別の防火対象物とみなされるためには，「**開口部のない**耐火構造の床または壁で完全に区画されている」必要があるので，「開口部」があれば，別の防火対象物とはみなされません。C　地下街の中に令別表第1第⑴項から⒂項までに掲げる用途に供される建築物があるとき，これらの建築物は地下街の部分とみなされます。なお，D，Eの複合用途防火対象物の場合，原則として各用途部分を1つの防火対象物とみなして基準を適用しますが，自動火災報知設備など特定の消防用設備等の基準を適用する場合は，全体を1つの設置単位とみなして基準を適用します（⇒P.70の参考）。

　よって，Dは○で，Eは両方とも含まれておらず，×になります。

―――――――
解　答
―――――――
【14】…⑶　　　　　　　　　　　　　　【15】…⑷

重要 【問題17】　1階がマーケットで2階以上が共同住宅の耐火建築物に，消防用設備等を設置する場合，それぞれが別の防火対象物とみなされる条件として，次のうち消防法令上正しいものはどれか。

(1)　マーケットの出入り口部分と共同住宅の玄関入り口部分は共用であるが，その他の部分は耐火構造で完全に区画されている。

(2)　マーケットと共同住宅とは耐火構造で開口部のない床及び壁で完全に区画されている。

(3)　マーケットの事務所への廊下と共同住宅のエレベーターホールは，つながっているが，特定防火設備である防火戸で区画されている。その他の部分は，耐火構造で完全に区画されている。

(4)　共同住宅の居住者の利便性を考慮して，マーケットへの専用の出入り口がある。しかし，特定防火設備である防火戸で完全に区画されている。

　前問の解説でも説明しましたように，別の防火対象物としてみなされるためには，「開口部のない耐火構造の床または壁で区画されている」必要があります。従って，(1)のように入り口部分を共用にしたり，(3)のように廊下とホールがつながっていたり，また，(4)のように共同住宅からマーケットへの出入り口があるような場合は別の防火対象物とはみなされません。

<そ及適用　→P.71>

最重要 【問題18】　消防用設備等の技術上の基準の改正と，その適用について，次のうち消防法令上正しいものはどれか。

(1)　現に新築中又は増改築工事中の防火対象物の場合は，すべて新しい基準に適合する消防用設備等を設置しなければならない。

(2)　現に新築中の特定防火対象物の場合は，従前の規定に適合していれば改正基準を適用する必要はない。

(3)　原則として既存の防火対象物に設置されている消防用設備等には適用しなくてよいが，政令で定める一部の消防用設備等の場合は例外とされている。

(4)　既存の防火対象物に設置されている消防用設備等が，設置されたときの

解　答

【16】…(3)

基準に違反している場合は，設置したときの基準に適合するよう設置しなければならない。

(1) 新築中や増改築工事中の防火対象物は，既存の防火対象物（現に存在する防火対象物）の扱いを受けます。従って，既存の防火対象物の場合は，原則としては**従前の基準に適合していればよい**，とされているので，誤りです。

(2) 特定防火対象物の場合は，常に改正基準（現行の基準）に適用させる必要があるので，誤りです。

(3) 問題文の前半は，(1)の解説より正しく，また，P.72 の 4 の消防用設備等はその例外とされているので，これも正しい。

(4) 既存の防火対象物に設置されている消防用設備等が，設置されたときの基準に違反している場合は，「設置したときの基準」ではなく，「改正後の基準」に適合するよう設置しなければならないので，誤りです。

最重要 【**問題**19】 既存の防火対象物を消防用設備等の技術上の基準が改正された後に増築又は改築した場合，消防用設備等を改正後の基準に適合させなければならない増築又は改築の規模として，次のうち消防法令上正しいものはどれか。

(1) 延べ面積が 1,100 m² の倉庫を 1,500 m² に増築した場合

(2) 延べ面積が 1,500 m² の図書館を 2,500 m² に増築した場合

(3) 延べ面積が 2,000 m² の事務所のうち 800 m² を改築した場合

(4) 延べ面積が 3,000 m² の工場のうち 900 m² を改築した場合

現行の基準法令（改正後の基準）に適合させなければならない「増改築」は，① **床面積 1,000 m² 以上**

② **従前の延べ面積の 2 分の 1 以上**

のどちらかの条件を満たしている場合です。

解 答

【17】…(2)

順に検討すると，

(1) 増築した床面積は，1,500−1,100＝400 m² なので①の条件は×で，また，400 m² は，従前の延べ面積 1,100 m² の 2 分の 1 以上でもないので，②の条件も×です。

(2) 増築した床面積は，2,500−1,500＝1,000 m² なので①の条件が○なので，これが正解です。なお，1,000 m² は，従前の延べ面積 1,500 m² の 2 分の 1 以上でもあるので，こちらの条件でも○です。

(3) 改築した床面積は，800 m² なので①の条件は×で，また，800 m² は従前の延べ面積 2,000 m² の 2 分の 1 以上でもないので，②の条件も×です。

(4) 改築した床面積は，900 m² なので①の条件は×で，また，900 m² は従前の延べ面積 3,000 m² の 2 分の 1 以上でもないので，②の条件も×です。

第2章
問題演習（そ及適用）

最重要 【問題20】 既存の防火対象物を消防用設備等の技術上の基準が改正された後に大規模な修繕若しくは模様替えをした場合，消防用設備等を改正後の基準に適合させなければならない修繕若しくは模様替えに該当するものとして，次のうち消防法令上正しいものはどれか。

(1) 延べ面積が 2,000 m² の共同住宅の主要構造部である壁を 3 分の 1 にわたって模様替えをする。

(2) 延べ面積が 1,200 m² の倉庫の屋根を 3 分の 2 にわたって模様替えをする。

(3) 延べ面積が 3,300 m² の図書館の階段を 3 分の 2 にわたって修繕をする。

(4) 延べ面積が 2,500 m² の工場の主要構造部である壁を 3 分の 2 にわたって修繕する。

そ及適用される「大規模な修繕若しくは模様替え」は，過半，つまり，「**2 分の 1 超の修繕若しくは模様替え**」であり，また，対象となるのは，「**主要構造部である壁**」について行った場合です。

従って，(1)は，主要構造部である壁ではありますが，3 分の 1 は過半ではないので，誤り。(2)の屋根と(3)の階段は**主要構造部**ではあっても「壁」ではないので，これも誤り。(4)は，主要構造部である壁であり，また，3 分の 2

は過半なので，これが正解です。

重要 【**問題21**】　既存の防火対象物において，消防用設備等の技術上の基準
が改正された場合に改正後の基準が適用される場合として，次のうち誤って
いるのはどれか。

(1)　既存の延べ面積の $\frac{1}{4}$ で 1,200 m² の増改築

(2)　延べ面積が 2,000 m² の事務所の主要構造部である壁を $\frac{2}{3}$ にわたって修
繕した場合

(3)　屋根について大規模な修繕を行った場合

(4)　特定防火対象物の場合

　　(1)　増改築でそ及適用されるのは，「床面積 **1,000 m² 以上**または従前の床

面積の $\frac{1}{2}$ **以上**」なので，$\frac{1}{2}$ 以上ではありませんが，床面積が 1,000 m² 以上

なのでそ及適用されます。(2)　修繕や模様替えについては，「主要構造部で

ある**壁**の**過半**（＝$\frac{1}{2}$**超**）について行う大規模な**修繕**若しくは**模様替え**の工

事」なので，$\frac{1}{2}$ 以上となり，そ及適用されます。(3)　屋根は**主要構造部**で

はあっても「壁」ではないので改正後の基準は適用されません。

重要 【**問題22**】　消防用設備等の設置に関する基準が改正された場合，原則
として既存の防火対象物には適用されないが，消防法令上，すべての防火対
象物に改正後の規定が適用される消防用設備等は，次のうちどれか。

(1)　工場に設置されている自動火災報知設備

(2)　屋内または屋外消火栓設備

(3)　倉庫に設置されている非常警報器具

(4)　消防機関へ通報する火災報知設備

解　答

【20】…(4)

改正後の規定が適用される消防用設備等は P.72 の【こうして覚えよう！】より，

老　秘　書　爺　（じい）　が　ゆ　け
漏電　避難　消火　自火報　　　　ガス　誘導　警報

⇒ **漏電火災警報器**，**避難器具**，**消火器**または**簡易消火用具**，**自動火災報知設備**（ただし，特定防火対象物と重要文化財等のみ），**ガス漏れ火災警報設備**（特定防火対象物と法で定める温泉採取設備のみ），**誘導灯**または**誘導標識**，**非常警報器具**，**非常警報設備**，となっています。

　従って，改正後の規定がすべての防火対象物に適用されるのは，(3)の非常警報器具になります（注：自動火災報知設備とガス漏れ火災報知設備は「全ての防火対象物」が対象ではないので，注意。⇒(1)は非特定なので×）。

<そ及適用（用途変更）　→P.72>

[重要]【問題23】　防火対象物の用途の変更について，次のうち誤っているのはどれか。

(1)　防火対象物の用途を変更後に，延べ面積2分の1以上の改築工事を行った場合，常に変更後の基準に適合するよう措置しなければならない。

(2)　漏電火災警報器は，防火対象物の用途を変更した場合，常に変更後の用途に関する基準に適合させる必要がある。

(3)　変更後の用途が特定防火対象物に該当する場合は，常に変更後の用途区分に適合する消防用設備等を設置しなければならない。

(4)　用途変更後に不要となった消防用設備等については，撤去するなどして，確実に機構を停止させなければならない。

　用途変更後に消防用設備等が不要となっても，そのまま「任意に設置した消防用設備等」として設置しておけばよいだけで，撤去や機構を停止させなければならない，というような規定はありません。

[解　答]

重要 【問題24】　既存の防火対象物における用途変更と消防用設備等の技術上の基準の関係について，次のうち正しいのはどれか。

(1)　倉庫を工場に用途変更後，1,000 m² 以上の増築を行った場合に必要とする消防用設備等は，従前の基準法令に適合させる必要がある。

(2)　寄宿舎を飲食店に用途変更した場合，既存の屋内消火栓設備は現行の技術上の基準法令に適合させる必要がある。

(3)　倉庫を改造して飲食店に用途を変更した場合，必要とする消防用設備等は，従前の倉庫における基準法令に適合させればよい。

(4)　ホテルを共同住宅に用途変更した場合，既存の避難器具は共同住宅における基準法令に適合させる必要はない。

　本問も前問同様，基準法令の改正と同様に取り扱います。（なお，文中，特定防火対象物を「特定」，非特定防火対象物を「非特定」と表示しています）。

(1)　工場は「非特定」ですが，用途変更後に 1,000 m² 以上の増築を行っているので，現行の基準法令に適合させる必要があります。

(2)　飲食店は「特定」なので，P. 72 のそ及適用の条件1「変更後の用途が特定防火対象物となる場合」に該当し，よって現行の基準法令に適合させる必要があります。

(3)　飲食店は「特定」なので，(2)同様，現行（飲食店）の基準法令に適合させる必要があります。

(4)　共同住宅は「非特定」ですが，避難器具は現行の基準に常に適合させる消防用設備等（P. 72 の4参照）に含まれているので，現行（共同住宅）の基準法令に適合させる必要があります。

<届出・検査　→P. 74>

【問題25】　消防用設備等を設置等技術基準に従って設置した場合，消防長又は消防署長に届け出て検査を受けなければならない防火対象物として，消防法令上，正しいものは次のうちどれか。

解　答

【23】…(4)

(1)　延べ面積が 250 m² のキャバレー

(2)　延べ面積が 1200 m² の図書館で，消防長又は消防署長の指定がないもの

(3)　延べ面積が 250 m² のカラオケボックス

(4)　延べ面積が 250 m² で入院施設がない診療所

　消防用設備等を設置した時，届け出て検査を受けなければならない防火対象物は，P.74 の表のとおりであり，この表から判断します。

　(1)は特定防火対象物で延べ面積が**300 m² 未満**なので，届け出て検査を受ける必要はありません。また(2)は非特定防火対象物で延べ面積が**300 m² 以上**ですが，**消防長または消防署長の指定がないので**，届け出て検査を受ける必要はありません。

　(3)のカラオケボックスですが，**延べ面積にかかわらず**届出義務があるので，これが正解です。

　(4)の診療所については，入院施設があるものは**延べ面積にかかわらず**届出義務がありますが，入院施設がないものは，他の一般の特定防火対象物と同様，**300 m² 以上**で届出義務が生じるので，250 m² ではその義務はありません。

　なお，本問は防火対象物に関する問題ですが，検査対象となる消防用設備等の方については，P.67 にある消防用設備等が検査対象であり，「消防用水，連結送水管は検査対象ではない」と問題文にあれば誤りなので，注意してください（⇒出題例あり）。

重要 **【問題26】**　消防法第 17 条の 3 の 2 の規定に基づき，消防用設備等又は特殊消防用設備等を設置した時の届け出，および検査について，次のうち正しいのはどれか。

(1)　延べ面積が 800 m² のホテルに簡易消火用具を設置した場合は，消防長等に届け出て検査を受ける必要はない。

(2)　延べ面積が 600 m² で消防署長が指定した倉庫に自動火災報知設備を設置した場合は，その工事を請け負った消防設備士が消防長等に届け出て検査を受けなければならない。

解　答

【24】…(2)

(3)　避難階が 1 階にあり，地上に直通する屋内階段が 2 つある延べ面積が 250 m² の 3 階建ての倉庫にスプリンクラー設備を設置した場合は，消防長等に届け出て検査を受けなければならない。

(4)　延べ面積が 1,200 m² のマーケットに非常警報器具を設置した場合は，設置工事完了後 7 日以内に指定消防機関に届け出て検査を受けなければならない。

(1)　簡易消火用具は対象外となっているので正しい。

(2)　**300 m² 以上の非特定防火対象物**で**消防長等の指定**があれば届け出る必要がありますが，届け出を行う者は**防火対象物の関係者**（所有者，管理者または占有者）となっています。

(3)　P. 62 の③より，屋内階段が 2 つあるので，特定 1 階段等防火対象物ではなく，また，P. 74 の表の(b)より，300 m² 未満なので，届出義務はありません。

(4)　たとえ防火対象物が 300 m² 以上の特定防火対象物であっても，非常警報器具は簡易消火用具と同様，届出が不要な消防用設備等です。また，届出期間も 7 日以内ではなく **4 日以内**です（7 日以内というのは消防同意の期限です）。

重要 **【問題27】**　消防用設備等の工事着工届について，次のうち正しいのはどれか。

(1)　届出を行う者は甲種消防設備士，または乙種消防設備士である。

(2)　工事に着手しようとする場合，消防用設備等の種類，工事場所，その他必要な事項を消防長又は消防署長に届け出なければならない。

(3)　着工届けが必要な設備は，第 1 類から第 5 類の消防用設備等である。

(4)　着工届は，工事を着工しようとする日の 4 日前までに届け出る必要がある。

(1)　**甲種消防設備士**のみです。(2)　正しい。(3)　特類も必要です。(4)　**10 日前**までに届け出る必要があります（⇒　消防用設備等を設置した場合の届

解　答

【25】…(3)

出期間～工事完了後4日以内に届け出る～と間違わないように！）

　なお，着工届を怠った場合は，罰金又は拘留に処せられる場合があります。

＜定期点検　→P.76＞

重要 【問題28】　消防用設備等の定期点検及び報告について，次のうち消防法令上正しいものはどれか。

(1)　消防用設備等の点検は，消防設備士免状の交付を受けていない者が行ってはならない。

(2)　消防設備士は消防用設備等の点検を行ったとき，その結果を消防長又は消防署長に報告しなければならない。

(3)　すべての特定防火対象物の関係者は，当該防火対象物の消防用設備等について法令に定める資格を有する者に点検させ，その結果を報告しなければならない。

(4)　特定防火対象物以外の防火対象物であっても，延べ面積が $1,000\,\mathrm{m^2}$ 以上で，かつ，消防長又は消防署長が指定するものについては，法令に定める資格を有する者に点検をさせ，その結果を報告しなければならない。

(1)　**消防設備士または消防設備点検資格者**が行わなければならない点検は，P.76 の表2-4 に表示してある表に該当する防火対象物のみであり，それ以外の防火対象物の場合は，たとえ消防設備士免状の交付を受けていなくても**防火対象物の関係者**が点検を行えばよいので，誤りです。

(2)　点検の結果は，**防火対象物の関係者**が報告を行うので，誤りです。

(3)　特定防火対象物であっても，法令に定める資格を有する者に点検させる必要があるのは，延べ面積が **$1,000\,\mathrm{m^2}$ 以上**の場合だけなので，誤りです。

(4)　特定防火対象物以外の防火対象物であっても，P.76，表2-4（b）に示す条件の防火対象物であれば，法令に定める資格を有する者に点検をさせ，その結果を**消防長又は消防署長**に報告しなければならないので，正しい。

　なお，「特定防火対象物以外の防火対象物にあっては，点検を行った結果を維持台帳に記録し，消防長，又は消防署長に報告を求められたとき報告す

解　答

【26】…(1)　　　　　　　　　　　　【27】…(2)

ればよい。」は誤りです（定められた点検と報告は**義務**です）。

重要 **【問題29】**　消防用設備等の定期点検を消防設備士，または消防設備点検資格者にさせなければならない防火対象物は次のうちどれか。ただし，消防長または消防署長が指定したものを除く。

⑴　ホテルで，延べ面積が 500 ㎡のもの

⑵　病院で，延べ面積が 1,200 ㎡のもの

⑶　図書館で，延べ面積が 1,500 ㎡のもの

⑷　飲食店で，延べ面積が 800 ㎡のもの

　　消防設備士または消防設備点検資格者に点検させる必要があるのは，「**1,000 ㎡ 以上の特定防火対象物または消防長等の指定がある防火対象物及び特定 1 階段等防火対象物**」に限られているので，⑵の病院が正解です。

　　なお，⑴と⑷は特定防火対象物ですが，1,000 ㎡ 未満なので対象外。また，⑶は 1,000 ㎡ 以上ですが，消防長等の指定がない非特定防火対象物なので，やはり対象外です（⇒これら⑴⑶⑷の点検は**防火対象物の関係者**が行います。）

【問題30】　消防用設備等の定期点検の結果について，消防長又は消防署長への報告期間として，次のうち正しいものはどれか。

⑴　映画館‥‥‥‥‥‥‥‥‥ 3 年に 1 回

⑵　小学校‥‥‥‥‥‥‥‥‥ 1 年に 1 回

⑶　養護老人ホーム‥‥‥‥ 1 年に 1 回

⑷　百貨店‥‥‥‥‥‥‥‥‥ 6 ヶ月に 1 回

　　報告期間は，特定防火対象物が 1 年に 1 回，非特定防火対象物が 3 年に 1 回なので，⑴は 1 年に 1 回，⑵は 3 年に 1 回，⑶は 1 年に 1 回で正しい。⑷は 1 年に 1 回になります。

解　答

【28】…⑷

＜消防用設備等に関するその他の規定　→P.78＞

【問題31】　消防用設備等の設置維持命令に関する次の記述について，文中の（A），（B）に当てはまる語句として，正しい組合せのものはどれか。

　「（A）は，防火対象物における消防用設備等が設備等技術基準に従って設置され，又は維持されていないと認めるときは，当該防火対象物の関係者で（B）に対し，当該設備等技術基準に従つてこれを設置や維持のため必要な措置をなすべき事を命ずることができる。」

	（A）	（B）
(1)	市町村長等	権原を有する者
(2)	消防長又は消防署長	防火管理者
(3)	都道府県知事	防火管理者
(4)	消防長又は消防署長	権原を有する者

　P.78の①より，**消防長又は消防署長**が，防火対象物の関係者で<u>権原を有する者</u>に対して必要な措置を命じることができます。

重要 【問題32】　消防用設備等の設置維持命令に関する記述について，次のうち消防法令上誤っているものはどれか。

(1)　命令を発することができる者は，消防長又は消防署長である。

(2)　命令の相手方は，防火対象物の関係者であれば当該消防用設備等について権原を有しなくてもよい。

(3)　命令は，任意に設置した消防用設備等までは及ばない。

(4)　消防用設備等の設置義務のある防火対象物に消防用設備等の一部が設置されていない場合であっても命令の対象となる。

　設置維持命令を発するのは消防長又は消防署長で，命令を受ける者は，<u>消防用設備等を設置し，維持する義務を負う者</u>，すなわち，**防火対象物の関係者で権原を有する者**です。

重要 【問題33】　消防用設備等の設置又は維持に関する命令について，次のうち消防法令上正しいものはどれか。

(1)　消防長又は消防署長は，防火対象物における消防用設備等が技術上の基準に従って維持されていないと認めるときは，当該工事に当たった消防設備士に対し，工事の手直しを命ずることができる。

(2)　消防用設備等の設置の命令に違反して消防用設備等を設置しなかった者は，罰金又は拘留に処せられることがある。

(3)　消防用設備等の維持の命令に違反して必要な措置をしなかった者は，懲役又は罰金に処せられることがある。

(4)　消防長又は消防署長は，消防用設備等が技術上の基準に従って設置され，又は維持されていないと認めるときは，当該防火対象物の関係者で権原を有する者に対し，技術上の基準に従って設置すべきこと，又は維持のために必要な措置をなすべきことを命ずることができる。

(1)　命令の相手方は**防火対象物の関係者**であり，その関係者に工事に当たった消防設備士は含まれていないので，誤りです。

(2)と(3)は少々細かい規定なので，参考程度に目を通せばよいかと思いますが，**設置**命令に違反した場合は，「<u>懲役又は罰金</u>」で，**維持**命令に違反した場合は，「<u>罰金又は拘留</u>」に処せられることがあります。

従って，(2)と(3)は逆なので，誤りです。

【問題34】　消防法第17条において，消防用設備等を設置し，維持する義務を負うものは次のうちどれか。

(1)　消防設備士　　　　　(2)　防火対象物の管理を行う者
(3)　危険物保安統括管理者　(4)　防火管理者

問題32の解説より，消防用設備等を設置し，維持する義務を負うのは，防火対象物の関係者（所有者，**管理者**，占有者）です。従って，(2)が正解と

解　答
【31】…(4)　　　　　　　　　　　　　　　　【32】…(2)

なります。なお，⑴，⑶，⑷の場合でも防火対象物の関係者が兼任している場合は，義務を負う場合があります。

<附加条例　→P.78>

【**問題35**】　消防法により定められている消防用設備等の技術上の基準について，次のうち正しいのはどれか。

⑴　消防長の認可を得れば技術上の基準とは別の基準を設けることができる。

⑵　市町村の条例によって技術上の基準以上の基準を設けることができる。

⑶　知事の認可を得れば技術上の基準とは別の基準を設けることができる。

⑷　市町村の条例によって技術上の基準以下の基準を設けることができる。

　市町村は気候や風土の特殊性により，政令で定める技術上の基準だけでは火災予防の目的を達し難い場合は，**市町村条例によって技術上の基準以上の基準を付加することができる**，となっています。従って，⑵が正解となります。

　なお，<u>以上</u>，というのは，"強化する"という意味であり，従って，政令の基準を強化する内容の規定を附加することはできますが，緩和する内容の規定を附加することはできません。

<検定制度　→P.79>

最重要【**問題36**】　消防法で定める「型式承認」と「型式適合検定」について，次のうち誤っているのはどれか。

⑴　型式承認とは，検定対象機械器具等の型式に係る形状等が，総務省令で定める検定対象機械器具等に係る技術上の規格に適合している旨の承認をいう。

⑵　型式適合検定とは，検定対象機械器具等の形状等が型式承認を受けた検定対象機械器具等の型式に係る形状等に適合しているかどうかについて総務省令で定める方法により行う検定をいう。

⑶　型式承認は総務大臣が行う。

⑷　型式適合検定は日本消防検定協会または法人であって総務大臣の登録を

　解　答

【33】…⑷　　　　　　　　　　　　　【34】…⑵

受けた者が行うが，検定に合格した旨の表示は総務大臣が行う。

　型式適合検定の場合，検定に合格した旨の表示は検定を行った**日本消防検定協会**（または**登録検定機関**）が行います。

[重要]**【問題37】**　検定対象機械器具等の検定に関する記述のうち，正しいのは次のうちどれか。

(1)　型式承認を受けていれば型式適合検定に合格しなくとも，検定の対象となっている消防用機械器具等を販売することができる。

(2)　型式承認の効力が失われた検定対象機械器具等については，日本消防検定協会又は法人であって総務大臣の登録を受けたものが既に行った型式適合検定の合格の効力も失われることになる。

(3)　型式承認の効力は，技術上の規格が変更されると自動的に失われる。

(4)　型式適合検定を受けようとする者は，あらかじめ日本消防検定協会（または登録検定機関）が行う検定対象機械器具等についての試験を受ける必要がある。

　(1)　型式承認を受けたあと，**型式適合検定を受けて合格した旨の表示が付**されていなければ，**検定対象機械器具等を販売し，または販売の目的で陳列してはならない，**となっています。

　(2)(3)　規格の改正等により型式承認の効力が失われた検定対象機械器具等については，防火対象物にすでに設置されているものであっても，型式適合検定合格の効力が失われますが，その際，その効力は，(3)のように自動的に失われるのではなく，総務大臣が<u>公示や当該型式承認を受けた者に</u>**通知**を<u>する</u>ことによって失われるので，(2)が正解です。この他に船舶安全法，および航空法の検査または試験に合格したものも検定を受ける必要はありません。

　(4)　型式適合検定ではなく型式承認における手続きです。

[解　答]

【35】…(2)

【問題38】 消防の用に供する機械器具等の検定について，消防法令上，誤っているものは次のうちどれか。

(1) 型式承認を受け，かつ，型式適合検定に合格したものである旨の表示が付されていなければ販売の目的で陳列してはならない。

(2) 検定対象機械器具等のうち消防の用に供する機械器具等は，型式承認を受けた形状等と同じものであれば，設置や変更又は修理の請負に係る工事に使用できる。

(3) 検定対象機械器具等には，消火器，火災報知設備の感知器又は発信機，閉鎖型スプリンクラーヘッド，金属製避難はしごなどがある。

(4) 検定対象機械器具等の材質や成分及び性能等は，総務省で定める技術上の規格により定められている。

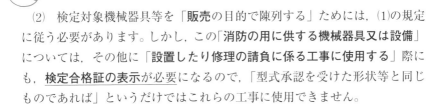

(2) 検定対象機械器具等を「**販売の目的で陳列する**」ためには，(1)の規定に従う必要があります。しかし，この「**消防の用に供する機械器具又は設備**」については，その他に「**設置したり修理の請負に係る工事に使用する**」際にも，**検定合格証の表示**が必要になるので，「**型式承認を受けた形状等と同じものであれば**」というだけではこれらの工事に使用できません。

<消防設備士の兼務独占　→P.82>

重要 **【問題39】** 消防設備士でなければ工事又は整備を行うことができないと定められている消防用設備等の組合せとして，次のうち消防法令上誤っているものはどれか。

(1) 自動火災報知設備，ガス漏れ火災警報設備，漏電火災警報器

(2) 粉末消火設備，屋内消火栓設備，パッケージ型消火設備

(3) 不活性ガス消火設備，泡消火設備，動力消防ポンプ設備

(4) 救助袋，緩降機，消火器

P.82の表2-7より，(3)の動力消防ポンプ設備が含まれていません。

解　答

【36】…(4)　　　　　　　　　　【37】…(2)

【**問題40**】　消防設備士が行う工事又は整備について，次のうち消防法令上誤っているものはどれか。

(1)　乙種第1類の消防設備士免状の交付を受けているものは，水噴霧消火設備の工事を行うことができる。

(2)　乙種第2類の消防設備士免状の交付を受けているものは，泡消火設備の整備を行うことができる。

(3)　甲種第4類消防設備士免状の交付を受けている者は，危険物製造所等に設置する自動火災報知設備の工事を行うことができる。

(4)　乙種第5類消防設備士免状の交付を受けている者は，救助袋の取り付け具の整備を行うことができる。

　　P.82の表より，乙種第1類の消防設備士免状の交付を受けているものは，水噴霧消火設備の**整備**を行うことができますが**工事**は行うことができません。

【**問題41**】　次の設置義務のある消防用設備等の設置工事のうち，消防設備士でなければ行ってはならない工事はどれか。

(1)　図書館に設置する誘導灯の設置工事

(2)　店舗に設置する消火器の設置工事

(3)　工場に設置する屋内消火栓設備の設置工事

(4)　病院に設置する非常コンセント設備の設置工事

　　(1)から(4)のうち，表2-1（P.67）において●印の付いていない設備等（消防設備士でなければ工事や整備を行うことができない設備等）は(2)と(3)だけですが，(2)の消火器の場合，設置工事は消防設備士でなくても行うことができるので，(3)が，消防設備士でなければ行ってはならない工事ということになります。

　　なお，この場合「移設」であっても工事になるので，答えは同じです。

解　答

【38】…(2)　　　　　　　　　　　　　　　【39】…(3)

【**問題42**】　次のうち，消防設備士でなければ行えない**整備**はどれか。

(1)　屋内消火栓設備の表示灯の交換

(2)　屋内または屋外消火栓設備のホースまたはノズルの交換

(3)　スプリンクラー設備の水源に水を補給するための給水管の交換

(4)　パッケージ型消火設備の整備

(1)，(2)　軽微な整備に該当するので，消防設備士でなくても整備は行えます。

(3)　施行令第36条の2に，「電源，**水源及び配管の部分を除く**」とあるので，下線部に関しては，消防設備士でなくても整備を行うことができます。

(4)　パッケージ型消火設備の整備は，P.82の表に ㋻ とあるように，消防設備士でなければ工事，整備が行えない消防用設備等になります。

【**問題43**】　次のうち，消防設備士でなくても行うことができる消防用設備等の整備の範囲として，**誤っている**ものはどれか。

(1)　給水装置工事主任技術者であるAは，屋外消火栓設備の開閉弁を新品と交換した。

(2)　電気工事士であるBは，屋内消火栓設備の表示灯の電球を新品と交換した。

(3)　電気主任技術者であるCは，自動火災報知設備の電源のヒューズとネジの交換を行った。

(4)　水道工事業者であるDは，設置義務のある屋内消火栓設備の水源の補修工事を行った。

屋内消火栓設備，屋外消火栓設備とも，**弁（バルブ）の交換**は消防設備士でなければ行うことができません。

【**問題44**】　消防設備士が行う工事又は整備について，消防法令上，**誤っている**ものは次のうちどれか。

(1)　甲種第 1 類の消防設備士は，スプリンクラー設備の整備を行うことがで
　きる。
(2)　甲種第 2 類の消防設備士は，泡消火設備の工事を行うことができる。
(3)　甲種第 4 類の消防設備士は，漏電火災警報器の整備を行うことができる。
(4)　乙種第 3 類の消防設備士は，粉末消火設備の整備を行うことができる。

　　P.82 の表より，(1)，(2)，(4)は正しい。しかし，(3)の漏電火災警報器の整
備を行うことができるのは乙種第 7 類の消防設備士なので，誤りです。

<消防設備士の免状　→P.83>

重要 【問題45】　消防設備士について，次のうち正しいものはいくつあるか。
　A　乙種消防設備士には 1 類から 5 類まであり，それぞれ工事と整備の両方
　　を行うことができる。
　B　甲種消防設備士の免状を所有する者は，あらゆる種類の消防用設備等の
　　工事及び整備を行うことができる。
　C　免状の記載事項に変更が生じた場合は，免状を交付した都道府県知事ま
　　たは居住地もしくは勤務地を管轄する都道府県知事に書換えを申請する。
　D　消防設備士免状を亡失したときは，亡失に気付いた日から 10 日以内に
　　免状を交付した都道府県知事に免状の再交付を申請しなければならない。
　E　免状の再交付を申請する場合は，居住地または勤務地を管轄する都道府
　　県知事に申請する。
　(1)　1 つ　　　　(2)　2 つ　　　　(3)　3 つ　　　　(4)　4 つ

　A　誤り。乙種消防設備士には **1 類**から **7 類**まであり，免状に指定された消
　　防用設備等について**整備**のみしか行うことができません。
　B　誤り。甲種消防設備士の場合は，**免状に指定された**消防用設備等につい
　　ての工事及び整備を行うことができるので，「あらゆる種類」というのは
　　誤りです。

解　答
【42】…(4)　　　　　　　　　　　　　　【43】…(1)

C　正しい。なお，免状の**返納**を命じるのは，「免状を**交付**した都道府県知事」なので，注意してください。

D　誤り。免状の再交付は，「〜しなければならない。」というような義務ではありません（再交付の申請先は**交付**か**書換え**をした都道府県知事です）。

E　誤り。免状を亡失，滅失，または破損した場合には**再交付**を申請することができますが，申請先は免状の**交付または書換え**をした都道府県知事です。なお，免状の再交付を受けたものが亡失した免状を発見した場合には，これを **10日以内**に**再交付**をした都道府県知事に提出する必要があります。従って，正しいのは，Cの1つのみとなります。

【**問題46**】　消防設備士免状の書き換え又は再交付を行う場合の申請先について，次のうち消防法令上誤っているのはどれか。

	書き換え又は再交付	申請先
1	書き換え	居住地又は勤務地を管轄する都道府県知事
2	再交付	免状を交付した都道府県知事
3	書き換え	免状を交付した都道府県知事
4	再交付	居住地又は勤務地を管轄する都道府県知事

免状の書き換え又は再交付の申請先については，次のようになっています。

①　書き換えの申請先
　　・**免状を交付**した都道府県知事
　　・**居住地又は勤務地**を管轄する都道府県知事

②　再交付の申請先
　　・**免状を交付**した都道府県知事
　　・**免状を書き換え**た都道府県知事

従って，(4)の再交付の申請先には，「居住地又は勤務地を管轄する都道府県知事」は含まれていないので，これが誤りです。

―――
解　答
―――

【44】…(3)　　　　　　　　　　　【45】…(1)

<消防設備士の義務（講習等）　→P.86>

重要 **【問題47】** 消防設備士の義務等に関する次の記述について，次のうち正しいのはどれか。

(1) 甲種消防設備士が，その業務に従事する時は消防設備士免状を携帯していなければならないが，乙種消防設備士が整備を行う時はその必要はない。

(2) 消防用設備等の整備において，たとえそれが軽微な整備であっても消防設備士が行わなければならない。

(3) 消防設備士は免状の交付を受けた日以後における最初の4月1日から2年以内，その後は講習を受けた日以後における最初の4月1日から5年以内ごとに消防長（消防本部のない市町村の場合は当該市町村長）または消防署長が行う講習を受講しなければならない。

(4) 乙種消防設備士が整備を行う場合には，届け出は不要である。

(1) 免状を携帯する義務は乙種消防設備士にもあります。

(2) 消防用設備等の整備は原則として消防設備士が行う必要がありますが，**軽微なもの**（屋内消火栓設備の表示灯の交換，その他総務省令で定める軽微な整備～令36条の2）は除かれています。

(3) 講習は**都道府県知事**が行います。なお，定められた期間内に受講しなければ，消防設備士免状の返納を命ぜられることがあります。また，返納を命じるのも**都道府県知事**なので，間違えないように！

(4) 届け出が必要なのは，**甲種消防設備士**が消防設備士でなければ行ってはならない消防用設備等（P.87の表ⓑ参照）の工事をする場合であり（**着工届**），その場合，工事に着手しようとする日の**10日前**までに**消防長**（消防本部のない市町村はその市町村長）または**消防署長**に届け出る必要があります。従って，乙種消防設備士が整備を行う場合には届け出は不要なので，正しい。

　なお，「消防設備士は，消防用設備等が技術上の基準に違反して設置されている場合は，消防長又は消防署長に届け出なければならない。」という出題例もありますが，そのような義務はないので，注意してください。

解　答

【46】…(4)　　　　　　　　　　**【47】**…(4)

第2章

消防関係法令

II 第6類

さぁ がんばって 登るぞぉ〜

学習のポイント

　まず,【消火器の設置義務】については,**消火器具を設置する必要がある延べ面積と防火対象物の組み合わせは必ず暗記**する必要があります。また,その延べ面積と防火対象物の能力単位を求める際の**算定基準面積が異なる**ので,こちらの方も注意が必要です。

　一方,【消火器の設置基準】については,**設置する消火設備の種類**と,その結果**減少できる消火器具の能力単位の数値**を「こうして覚えよう！」も利用するなどして確実に把握する必要があります。

　その他,【消火器具の適応火災】については，P. 126〜127 の①②③に書かれている程度は覚えておく必要があるでしょう。

　なお，消火器と簡易消火用具を合わせて消火器具というので，注意してください。

❶ 消火器の設置義務

1. 防火対象物の延べ面積などにより設置義務が生じる場合 （令第10条）

　防火対象物は,次の延べ面積のときに消火器具（消火器および簡易消火用具）を設置する必要があります。

＜防火対象物の種類による場合＞

① （延べ面積に関係なく）設置する必要があるもの（注：算定基準面積は**50m²**⇒P. 121）
（但し,3項イ,ロ6項イ,ロは100m²）

表2-10　令別表第1（一部のみ）

1	イ	劇場, 映画館, 演芸場等
2	イ	キャバレー, ナイトクラブ等
	ロ	遊技場, ダンスホール
	ハ	性風俗営業店舗等
	ニ	カラオケボックス, インターネットカフェ等
3	イ	料理店, 待合等
※	ロ	飲食店
6	イ	病院,診療所,または助産所
	ロ	老人短期入所施設,(特別)養護老人ホーム等
16の2		地下街
16の3		準地下街
17		重要文化財等
20		舟車（総務省令で定めるもの）

（注：6項イのうち,無床診療所,無床助産所は150m²以上で設置義務が生じます。）

こうして覚えよう！

府　営　Ｂ　団　地　内,
舟車　映画館　病院　ダンス　地下街　ナイト

カラオケ　　老人の　　飲　料水は
カラオケボックス　老人短期入所施設　飲食　料理

全て　重要
　　　重要文化財

（府営団地とは一般の県で言うと,県営団地,東京なら都営団地といったところです。）

（※3項イとロについては「火を使用する設備や器具」を設けたものが対象であり,設けていないものについては②のグループに入ります。）

② 150 m² 以上の場合に設置する必要があるもの（算定基準面積は 100 m²）
規則第6条より⤴

表2-11　令別表第1（一部のみ）

1	ロ	公会堂, 集会場	12	イ	工場, 作業場
4		百貨店, マーケット, 店舗, 展示場		ロ	映画およびテレビスタジオ
5	イ	旅館, ホテル等	13	イ	自動車車庫, 駐車場
	ロ	寄宿舎, 下宿, 共同住宅		ロ	格納庫(飛行機,ヘリコプタ)
6	ハ	有料老人ホーム(要介護除く),保育所等	14		倉庫
	ニ	幼稚園, 特別支援学校			
9	イ	蒸気浴場, 熱気浴場等			
	ロ	イ以外の公衆浴場			

＜覚え方＞

①と③以外のもの　と覚える

③　**300 m² 以上の場合に設置する必要があるもの**（算定基準面積は 200 m²）

表 2-12　令別表第 1（一部）

7	学校（大学，専修，専門学校含む）
8	図書館，博物館，美術館等
10	車両の停車場，船舶，航空機の発着場
11	神社，寺院，教会等
15	1 項から 14 項までに該当しない事業場（事務所や銀行等）

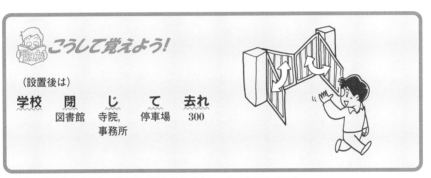

（学校に消火器を設置して去る時は門を閉じて去れ，という意味です。）

＜階数による場合＞

・②と③の条件以外の防火対象物であっても（⇒②で 150 m² 未満，③で 300 m² 未満の防火対象物），**地階，無窓階，3 階以上の階**にあり，床面積が **50 m² 以上**あれば消火器の設置義務が生じます（注：①はこれらの条件に関係なく，すべて設置義務がある）。

 地階，無窓階，3 階以上で 50 m² 以上
⇒消火器の設置義務あり

2. 防火対象物内の設備等により設置義務が生じる場合 （規則第6条）

　防火対象物内に次の設備などがある場合は，防火対象物の用途で計算した全体の設置個数（⇒P.122の例題参照）の他に，次の計算式で求めた設置個数の消火器具を別個に設置する必要があります。

(1) 電気設備（変圧器や配電盤など）がある防火対象物の場合

　床面積 **100 m²** **以下ごとに1個**の**消火器**（電気設備の消火に適応したもの）を設ける必要があります。

$$\text{消火器の設置個数} \geq \frac{\text{床面積}}{100\ \text{m}^2}$$
（小数点以下は切り上げ）

(2) 多量の火気を使用する場所（鍛造場，ボイラー室，乾燥室など）がある防火対象物の場合

　その場所の床面積を **25 m²** で割った値以上の**能力単位**の**消火器具**（建築物その他の工作物の消火に適応したもの）を設ける必要があります。

$$\text{消火器具の能力単位の合計} \geq \frac{\text{床面積}}{25\ \text{m}^2}$$

(3) 少量危険物または指定可燃物を貯蔵し，または取り扱う場合

　① **少量危険物*の場合**（＊指定数量の1/5以上，かつ，指定数量未満の危険物のこと）

　　危険物の数量を，その危険物の**指定数量**で割った値以上の**能力単位**の**消火器具**（その危険物の消火に適応したもの）を設ける必要があります。

$$\text{消火器具の能力単位の合計} \geq \frac{\text{危険物の数量}}{\text{指定数量}} \quad \left(\begin{array}{l}\text{必ず1}\\\text{未満に}\\\text{なる}\end{array}\right)$$

　② **指定可燃物の場合**

　　指定可燃物の数量を，危政令別表第4（P.347）で規定する数量の **50倍**の数量で割った値以上の**能力単位**の**消火器具**（その危険物の消火に適応したもの）を設ける必要があります。

$$\text{消火器具の能力単位の合計} \geq$$
$$\frac{\text{指定可燃物の数量}}{\text{危政令別表第四で定める数量} \times 50}$$

第2章

消防関係法令（第6類）

3. その他の規定について

(1) 能力単位について

　能力単位というのは，消火能力の基準となる単位のことで，各消火設備には，それぞれこの数値が定められています。

　たとえば，簡易消火用具の水バケツの場合，「8ℓ以上のもの3個」をもって能力単位1とする，となっています。

　一方，建物の方もこれから説明する算定式によって，必要とする能力単位が求められます。たとえば，ある建築物（Aとする）の能力単位を算定式で求めたら4単位であった，などという具合です。

ここで問題，

○　この建築物Aに水バケツを設置する場合，どれだけ設置すればよいか？

　⇒　建築物Aの能力単位は4なので，1単位の水バケツ（8ℓ以上のもの<u>3個</u>）を4つ，つまり，「8ℓ以上のものを<u>12個</u>以上」設置すればよい，ということになります。

(2) 算定基準面積について

　P.118の1に出てきた防火対象物の表のグループごとに，次のような**算定基準面積**（分母の数値）が定められていて，その建物の床面積をその数値（分母の数値）で割れば**建物の能力単位**が求められます。

表2-13

防火対象物の種類	算定基準面積
①の防火対象物（延べ面積に関係なく設置する防火対象物のうち**3項イ，ロ，6項イ，ロ**，舟車を除く）	**50 m²**
②の防火対象物（150 m²以上で設置する防火対象物に**3項イ，ロ，6項イ，ロ**を含む）	**100 m²**
③の防火対象物（300 m²以上で設置する防火対象物）	**200 m²**

 建物の能力単位 = $\dfrac{\text{延べ面積または床面積}}{\text{算定基準面積}}$

　従って，建物にはこの能力単位以上の消火設備（建築物や工作物の消火に適応したもの）を設ければよい，ということになります。

★　ただし，主要構造部を**耐火構造**とし，かつ，壁や天井などの室内に面する

部分（内装部分）の仕上げを**難燃材料**とした場合

⇒　上記の算定基準面積を **2 倍**にします（分母が 2 倍になると，能力単位は $\frac{1}{2}$ になるので，緩和されていることになります）。

注）難燃材料には不燃材料，準不燃材料も含みます。

> ┌─ 例題 ─
> 　　延べ面積が **2,000 m²** の旅館（主要構造部が耐火構造で，壁や天井などの内装部分の仕上げが**不燃材料であるもの**）に能力単位が **2** の消火器を設置する場合，何本設置すればよいか。
>
> 〔解説・解答〕　旅館は P. 118 の表2-11 にあり，②の**150m²** 以上の場合に設置，となっているので，設置義務が生じることをまずは確認しておきます。
>
> 　　また，算定基準面積は上記より **100 m²** となっていますが，主要構造部が耐火構造で，内装部分が不燃材料であるので倍の **200 m²** となります。
>
> 　　従って，延べ面積の 2,000 m² を倍になった算定基準面積の 200 m² で割れば，旅館が必要とする能力単位が求められます。
>
> 　　　　2,000 m² ÷ 200 m² = 10（単位）
>
> 消火器の能力単位が 2 なので，旅館の単位の 10 をこの 2 で割れば，必要とする消火器の本数が求められます。
>
> 　　　∴　$\frac{10}{2} = 5$ 本
>
> すなわち，5 本設置すればよい，ということになります。（答）

＜簡易消火用具の能力単位について＞

簡易消火用具の能力単位は次のようになっています。

① 　**水バケツ**：容量 **8 ℓ** 以上の水バケツ **3 個**で **1.0 単位**

② 　**乾燥砂**（スコップを有するもの）：**50 ℓ** 以上のもの **1 塊**が **0.5 単位**

③ 　**膨張ひる石，膨張真珠岩**（スコップを有するもの）：**160 ℓ** 以上のもの **1 塊**が **1.0 単位**

④ 　**水槽**：容量 **80 ℓ** 以上の水槽と消火専用バケツ **3 個**以上で **1.5 単位**
　　　　 ：容量 **190 ℓ** 以上の水槽と消火専用バケツ **6 個**以上で **2.5 単位**

---

(3)　大型消火器の設置（規則第 7 条）

　　防火対象物またはその部分で，指定可燃物を（危政令別表第 4 ＊で定める数

量の）**500 倍以上貯蔵し**，または取り扱うものには，（令別表第 2 ＊＊において指定可燃物の種類ごとにその消火に適応するものとされる）**大型消火器を設置**する必要があります。（ ⇒ **まずはカッコ内を外して覚えよう。**）

＊P. 347 参照　＊＊P. 348 参照

(4) 消火設備の区分

消火設備には，消火の対象となる施設の規模や貯蔵または取り扱う危険物などに応じて，次のように第 1 種から第 5 種まで区分されています。

表 2-14

種別	消火設備の種類	消火設備の内容
第 1 種	屋内**消火栓**設備 屋外**消火栓**設備	
第 2 種	**スプリンクラー**設備	
第 3 種	固定式消火設備 （名称の最後が 「消火設備」で 終る）	水蒸気**消火設備** 水噴霧**消火設備** 泡**消火設備** 不活性ガス**消火設備** ハロゲン化物**消火設備** 粉末**消火設備**
第 4 種	**大型**消火器	（第 4 種，第 5 種共通）　右の（ ）内は第 5 種の場合 水（棒状，霧状）を放射する大型(小型)消火器 強化液（棒状，霧状）を放射する大型(小型)消火器 泡を放射する大型(小型)消火器
第 5 種	**小型**消火器 水バケツ，水槽，乾燥砂など	二酸化炭素を放射する大型(小型)消火器 ハロゲン化物を放射する大型(小型)消火器 消火粉末を放射する大型(小型)消火器

なお，P. 82 の業務対象となる消防用設備の分類と少々紛らわしいですが，P. 82 の方は消防設備士が業務を行う上での「消防用設備等」としての分類であり，この消火設備の区分は，消火を行う設備を適応性に応じて区分したものになります。

(5) その他

移動タンク貯蔵所には，薬剤の質量が **3.5 kg 以上の粉末消火器**（第 5 種消火設備）を **2 本以上設置**しなければならない（注：粉末消火器は加圧式，蓄圧式を問わない）

消火器の設置基準 最重要

1. 設置基準

① 消火器具の配置間隔について （規則第 6 条，第 7 条）

1．防火対象物の**階**ごとに設ける。
2．防火対象物の各部分から**歩行距離**が
20 m（大型消火器は **30 m**）以下とな
るように設ける。

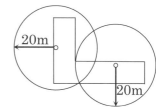

② 設置基準の細目 （規則第 9 条）

1．床面からの高さが**1.5 m 以下**となるように設ける。
2．水や消火剤が凍結し，変質し，または噴出するおそれが少ない箇所に設ける。
3．地震による震動等による**転倒を防止する為の適当な措置**を講じること。
　　ただし，**粉末消火器**その他転倒により消火剤が漏出するおそれのない消火器にあっては，この限りではありません。
4．消火器具を設置した箇所には，次の標識（**8 cm×24 cm 以上**）を設けること（全て，「消火○○」という表示になっている）。

・消火器　→　消火器　　・水槽　　→　消火水槽　　※青色の部分
・乾燥砂　→　消火砂　　・水バケツ　→　消火バケツ　　は本来は**赤色**，文字は
・膨張ひる石，または膨張真珠岩　　→　消火ひる石　　**白色**です。

2. 消火器具の設置個数を減少できる場合 （規則第 7, 8 条）

　次の①，②の消火設備が設置されている防火対象物に，その消火設備と適応性が同じ消火器具を設置する場合，消火器具の能力単位の合計を次のように減少することができます（ただし，消火設備の**有効範囲内**のみ）。

表 2-15

設置する消火設備	減少できる能力単位の数値
① 大型消火器	1/2 まで
② 屋内消火栓設備またはスプリンクラー設備 水噴霧消火設備,泡消火設備,粉末消火設備, 不活性ガス消火設備,ハロゲン化物消火設備	1/3 まで

（注）

1. ②の消火設備の適応性がそこに設置すべき大型消火器の適応性と同じ場合は，その消火設備の有効範囲内の部分について大型消火器を省略できます。

2. これらの消火設備が **11 階以上**に設置されている場合は，消火器具の能力単位は減少できません（①を除く）。

3. **屋外消火栓設備**や**水蒸気消火設備**，連結散水設備が設置されていても消火器具の能力単位は減少できないので注意！

　　たとえば，必要な能力単位が 12 の建物に②の屋内消火栓設備が設置されている場合，その 3 分の 1，すなわち，4 単位を減らすことができます。

　　従って，8 単位で済むことになり，能力単位が 2 の消火器なら **4 本**で済むわけです（本来なら 12 ÷ 2 ＝ 6 本必要なので，2 本を減らすことができる）。

まず，減少できる能力単位の数値は $\frac{1}{3}$ までと覚える。(大型消火器のみ $\frac{1}{2}$ まで)

次に，**屋外消火栓設備**と**水蒸気消火設備**，**連結散水設備**は消火器具の能力単位を減少できない，と覚える。

3. 地下街等に設置できない消火器について （令第 10 条, 規則第 11 条）

　　　二酸化炭素消火器，または**ハロゲン化物消火器**（ハロン 1211 及びハロン 2402）は次の場所には設置できないことになっています。（注：**ハロン 1301 は設置可能**）

1. **地下街**

2. **準地下街**

3. **地階，無窓階，居室**

（ただし，換気について有効な開口部の面積が床面積の $\frac{1}{30}$ 以下で，かつ床面積が **20 m²** 以下のもの）

4. 消火器具の適応性について

消火器具がどういう対象物の火災に適応しているかは令別表第2に示されていますが，内容が複雑なので，概要を記すと（令別表第2⇒P.348参照）次のようになります。

① 「建築物，その他の工作物」に使用できない消火器具（消火設備）

（⇒普通火災に使用できない消火器具）

・二酸化炭素，ハロゲン化物
・乾燥砂，膨張ひる石または膨張真珠岩
・消火粉末のうち炭酸水素塩類等を使用するもの

② 電気設備に使用できない消火器具

・棒状の水を放射する消火器
・棒状の強化液を放射する消火器
・泡を放射する消火器
・水バケツまたは水槽，乾燥砂，膨張ひる石または膨張真珠岩

こうして覚えよう！ ＜電気設備に使用できない消火器具＞

電気系統が悪いアワーボート ＋水バケツ＋＊砂類
　　　　　　　　　泡　　棒状

（＊砂類には，乾燥砂，膨張ひる石，膨張真珠岩を含む）

③　第4類危険物（油類）に使用できない消火器具

（ガソリンや灯油などによる火災に使用できない消火器具）

- ・**棒状の水**を放射する消火器
- ・**棒状の強化液**を放射する消火器
- ・**霧状の水**を放射する消火器
- ・水バケツまたは水槽，炭酸水素塩類等及びりん酸塩類等以外の消火粉末

こうして覚えよう!　＜第4類に使用できない消火器具＞

老いる	といやがる	凶	暴な	水
油（＝第4類）	強化液	棒状	棒状，霧状の水，水バケツ，水槽	

例題　次のうち，棒状の強化液消火器が適応しないものはどれか。

- (1)　第2類危険物の引火性固体
- (2)　第3類危険物
- (3)　第5類危険物
- (4)　第6類危険物

〔解説〕

　P.348の令別表第2を見てください。上の欄にある②の「強化液を放射する消火器」の棒状のところを見て行くと，(1)，(3)，(4)は適応していますが，第3類危険物については，すべてが適応というわけではなく，禁水性物品（水との接触により発火などするもの）が適応していません。

（答）…(2)

問題にチャレンジ！
（第2章 法令 第6類）

<設置義務　→P.118>

【問題1】　延べ面積に関係なく消火器具を設置しなければならない防火対象
物として，次のうち消防法令上誤っているものはどれか。

(1)　重要文化財　　　　(2)　保育所　　　(3)　劇場　　　(4)　地下街

　(1)の「重要文化財」と(4)の「地下街」は，
P.118の①の「こうして覚えよう！」に入
っているので，延べ面積に関係なく設置す
る必要があります。

　また，(3)の「劇場」は直接ゴロには入っ
ていませんが，「映画館」のグループの中
に入っている防火対象物として頭の中にイ
ンプットしておいて下さい。

府 営　Ｂ　団　地　内,
舟車　映画館　病院　ダンス　地下街　ナイト
カラオケ　　　老人の　　　飲料水は
カラオケボックス 老人短期入所施設 飲食 料理
全て　重要
重要文化財

　(2)の「保育所」は，延べ面積が**150 m² 以上**の場合に設置する必要がある
防火対象物なので（P.118，②の6項ハ），これが誤りです。

【問題2】　延べ面積が 300 m² 以上の場合に消火器具を設置しなければならな
い防火対象物として，次のうち消防法令上誤っているものはどれか。

(1)　ホテル　　　(2)　小学校
(3)　事務所　　　(4)　神社

　P.119の③の「こうして覚えよう！」から，(2)の小学校は「学校」，(3)の
事務所と(4)の神社は「じ」としてゴロの中に出てくるので，**300 m² 以上**の

──── 解　答 ────
解答は次ページにあります。

場合に消火器具を設置する必要があります。しかし，(1)のホテルはその中に無く，また延べ面積に関係なく設置するグループ（P. 118 の①のグループ）にもありません。従ってそ

（設置後は）学校	閉	じ
図書館		寺院, 事務所
て	去れ	
停車場	300	

れ以外のグループ，すなわち**150 m² 以上**で設置するグループ（P. 118 の②）の中に入っている防火対象物と判断できるので，これが誤りとなります。

【**問題3**】　延べ面積が **150 m² 以上**の場合に消火器具を設置しなければならない防火対象物として，次のうち消防法令上誤っているものはどれか。

(1)　マーケット　　　(2)　博物館

(3)　幼稚園　　　　(4)　工場

　　延べ面積が **150 m² 以上**の場合に設置しなければならない防火対象物は，延べ面積が **300 m² 以上**の場合に設置するグループと，延べ面積に関係なく設置するグループ以外の防火対象物となります。従って，(2)の博物館は P. 119 の③のグループ（300 m² 以上の場合に設置するグループ　⇒　問題2参照）に属するので，これが誤りです。

【**問題4**】　次の防火対象物のうち，消火器具を設けなくてよいのはどれか。なお，面積は延べ面積とする。

(1)　160 m² の公会堂　　　(2)　140 m² のダンスホール

(3)　290 m² の蒸気サウナ　　(4)　160 m² の図書館

　　(1)の公会堂は，**150 m² 以上**の場合に設置する必要があるので，160 m² では設ける必要があります。(2)のダンスホールは遊技場とともに延べ面積に関係なくすべて設置する必要があります。(3)の蒸気サウナは **150 m² 以上**の場合に設置する必要があるので，290 m² では設ける必要があります。(4)の図

解　答

【1】…(2)　　　　　　　　　　　　　　【2】…(1)

書館は，博物館や美術館などと同じく **300 m² 以上**の場合に設置する必要があるので，160 m² ではその必要はありません。よって，これが正解です。

【問題5】　次のうち，消火器具を設置しなければならない防火対象物はどれか。

(1)　共同住宅で延べ面積が 140 m² のもの

(2)　集会場で延べ面積が 110 m² のもの

(3)　倉庫で延べ面積が 110 m² のもの

(4)　3 階部分にある飲食店（火を使用する設備あり）で床面積が 40 m² のもの

(1)　共同住宅は下宿や旅館等と同様，**150 m² 以上**の場合に設置義務が生じるので，140 m² では設置する必要はありません。

(2)　集会場は公会堂と同じく，**150 m² 以上**の場合に設置義務が生じます。

(3)　倉庫は **150 m² 以上**の場合に設置義務が生じるので，110 m² では設置する必要はありません。

(4)　飲食店は延べ面積に関係なく設置義務が生じるので（P.118，①のグループ），たとえ 3 階部分の床面積が 50 m² 未満であっても階数による条件は関係なく，設置義務が生じます。

【問題6】　次のア～オまでの防火対象物のうち，消火器具を設置しなければならないものの組合せとして，消防法令上正しいものはどれか。

　　ただし，当該防火対象物はすべて平屋建てとする。

ア　地階または無窓階にある延べ面積が 90 m² の事務所

イ　美術館で延べ面積が 500 m²

ウ　熱気浴場で延べ面積が 220 m²

エ　公衆浴場で延べ面積が 100 m²

オ　教会で延べ面積が 250 m²

(1)　ア，イ　　　(2)　ア，イ，ウ

(3)　イ，エ　　　(4)　イ，ウ，オ

解　答

【3】…(2)　　　　　　　　　　　【4】…(4)

第2章

問題演習（防火対象物内の設備などにより設置義務が生じる場合）

この問題は，問題１から問題５までのまとめとして出題しました。

さて，P. 118，P. 119の①，②，③の表を参照しながら，それぞれの防火対象物の設置義務を検討すると，アは③のグループですが地階無窓階の場合は 50 m² 以上で設置義務が生じます。

次に，ウの熱気浴場，およびエの公衆浴場は，②のグループなので，延べ面積が 150 m² 以上の場合に設置義務が生じます。従って，エの公衆浴場には設置義務は生じませんが，ウの熱気浴場は 150 m² 以上なので，設置義務が生じます。

次に，イの美術館とオの教会ですが，これらは③のグループなので，延べ面積が 300 m² 以上の場合に設置義務が生じます。従って，イの美術館には設置義務が生じますが，オの教会には生じません。

よって，設置義務が生じるのは，ア，イ，ウの(2)ということになります。

<防火対象物内の設備などにより設置義務が生じる場合　→P. 120>

【問題7】　防火対象物内に次に掲げる設備等がある場合，それぞれの消火に適応した消火器具を設置する必要があるが，その際の算定基準として，次のうち誤っているものはどれか。

(1) 指定数量が５分の１以上の少量危険物を貯蔵している場合，危険物の数量を，その危険物の指定数量で除して得た数値以上の能力単位の消火器具を設ける必要がある。

(2) 指定可燃物を取り扱っている場合，指定可燃物の数量を，危政令別表第四で規定する数量の 50 倍の数量で除して得た数値以上の能力単位の消火器具を設ける必要がある。

(3) 変圧器が設置してある防火対象物の場合，変圧器が設置してある場所の床面積 300 m² 以下ごとに１個となるように消火器を設ける必要がある。

(4) ボイラー室の場合，その床面積を 25 m² で除して得た数値以上の能力単位の消火器具を設ける必要がある。

解　答

【5】…(4)　　　　　　　　　　　【6】…(2)

(1)や(2)などの細かい規定については，参考程度に目を通すくらいでもかまいませんが，(3)や(4)の数値については，覚えるようにしてください。

　さて，その(3)ですが，変圧器や配電盤などの電気設備の場合は，床面積**100 m² 以下**ごとに消火器を１個設ける必要があるので，これが誤りです。

　(4)は P. 120 の(2)参照。

＜算定基準面積など　→P. 121＞

【問題８】　消火器具を設置する際の算定基準面積として，次のうち正しいものはいくつあるか。ただし，いずれも耐火構造でないものとする。

A　店舗………50 m²　　　　B　ホテル……100 m²

C　映画館……100 m²　　　　D　工場………200 m²

E　病院（入院施設を有するもの）………150 m²

(1)　１つ　　　　(2)　２つ　　　　(3)　３つ　　　　(4)　４つ

　Aの店舗，Bのホテル，Dの工場は，P. 118 の②に属する防火対象物で，いずれも算定基準面積は**100 m²**なので，Bのホテルのみ正しい。また，Cの映画館は同じページの①に属する防火対象物なので，算定基準面積は**50 m²**となり，誤り。Eの**病院（入院施設を有するもの）**については，**延べ面積に関係なく設置義務が生じる防火対象物**であり，算定基準面積は**100 m²**となるので，誤りです（Bのみ正しい。）。

重要　**【問題９】**　次のA～Cに当てはまる語句として，正しいものは次のうちどれか。

　「防火対象物またはその部分に設置する消火器具の必要な能力単位数を算出する際は，延べ面積または床面積を一定の面積で除して得た数以上の数値となるように定められている。この，一定の面積を２倍の数値で計算することができるのは，主要構造部を（A）構造とし，かつ，壁および天井の室内

解　答

【７】…(3)

に面する部分の（B）を（C）とした場合である。」

	A	B	C
(1)	準耐火	下地	準不燃材料
(2)	耐火	仕上げ	断熱材料
(3)	準耐火	下地	不燃材料
(4)	耐火	仕上げ	不燃材料

　P. 121 の★参照（注：不燃材料は難燃材料の中に含まれています）。

【問題10】　消火器具を設置する際の算定基準面積として，適切なものは次のうちどれか。ただし，いずれも主要構造部を耐火構造とし，かつ内装仕上げを不燃材料とした場合とする。

(1)　料理店…………50 m²　　　(2)　学校………100 m²

(3)　マーケット……200 m²　　　(4)　図書館……100 m²

　前問の本文より，主要構造部を耐火構造とし，かつ内装仕上げを不燃材料とした場合は，算定基準面積を2倍にすることができます。従って，(1)の料理店と(3)のマーケットは，P. 118 より 100 m² なので，**100×2＝200 m²**，(2)の学校と(4)の図書館は P. 119 の③に属するので **200×2＝400 m²** となります。よって，(3)のマーケットの 200 m² が適切となります。

【問題11】　消火器具を設置する際の算定基準面積として，次のうち誤っているものはどれか。ただし，いずれも壁や天井などの内装部分を準不燃材料で仕上げてあるものとする。

(1)　耐火構造のキャバレー………100 m²

(2)　防火構造の集会場……………200 m²

(3)　耐火構造の特別支援学校……200 m²

(4)　木造の共同住宅………………100 m²

解 　答

【8】…(1)

算定基準面積は，P.118の①の防火対象物が **50 m²**，②の防火対象物が **100 m²**，③の防火対象物が **200 m²** となっていますが，耐火構造で内装を難燃材料とした場合は，**2倍** にすることができます。

　従って，(1)のキャバレーは，①の防火対象物で耐火構造なので，**50×2 = 100 m²**，(2)の集会場は，②の防火対象物ですが，耐火構造ではなく防火構造なので，そのままの **100 m²** とする必要があり，よってこれが誤りです。(3)の特別支援学校は，②の防火対象物で耐火構造なので **100×2 = 200 m²**，(4)の共同住宅も，②の防火対象物ですが，木造なので，そのままの **100 m²** となります。

【問題12】 延べ面積が **600 m²** の木造の作業場に消火器具を設置する場合，必要な能力単位の数値として，次のうち正しいものはどれか。

(1)　4　　　　(2)　6　　　　(3)　8　　　　(4)　10

　作業場（P.118の②）の算定基準面積は工場と同じく **100 m²** です（P.121参照）。本問の場合，木造なので2倍にする必要はなく，従って，延べ面積の **600 m²** を **100 m²** で割ればよいだけです。よって，**600÷100 = 6**，となり，能力単位6以上の消火器具を設置すればよい，ということになります。

【問題13】 次のA～Cに当てはまる数値，または語句として，正しいものは次のうちどれか。

　「防火対象物又はその部分で，指定可燃物を危険物の規制に関する政令別表第4で定める数量の（A）倍以上貯蔵し，又は取り扱うものには，令別表第2において指定可燃物の種類ごとにその消火に適応するものとされる大型消火器を，防火対象物の階ごとに，指定可燃物を貯蔵し，又は取り扱う場所の各部分から1の大型消火器に至る（B）が（C）メートル以下となるように設けなければならない。」

解　答

【9】…(4)　　　　　　　　　　【10】…(3)　　　　　　　　　　【11】…(2)

	A	B	C
(1)	100	歩行距離	20
(2)	100	水平距離	20
(3)	500	歩行距離	30
(4)	500	水平距離	30

　規則第7条の条文をそのまま問題にしたものです（P.122の(3)）。このまますべて覚える必要はありませんが，大まかな意味と数値くらいは頭の隅にでも入れておいてください。

（概略⇒指定可燃物を500倍以上貯蔵し，又は取り扱うものには，大型消火器を，歩行距離が30メートル以下となるように設ける）

<設置基準　→P.124>

【問題14】　簡易消火用具の消火能力単位について，次のうち誤っているものはどれか。

(1)　容量8ℓの水バケツ5個　…………………1単位

(2)　80ℓの水槽と消火専用バケツ3個　……1.5単位

(3)　50ℓの乾燥砂1塊とスコップ　…………0.5単位

(4)　160ℓの膨張ひる石1塊とスコップ……1単位

　主な簡易消火用具の能力単位は，P.122のとおりであり，そのうち，水バケツについては，容量8ℓ以上の水バケツ3個で1.0単位となっています。

【問題15】　消火器具を防火対象物等に設置する際の基準として，次のうち正しいものはどれか。

A　床面からの高さが1.6m以下となるように設けること。

B　小型消火器の場合，防火対象物の各部分から歩行距離が20m以下となるように設けること。

解　答

【12】…(2)

C　大型消火器の場合，防火対象物の各部分から水平距離が30m以下となるように設けること。

D　粉末消火器その他消火薬剤が漏れ出るおそれがない場合でも，地震による震動等による転倒を防止する為の適当な措置を講じなければならない。

E　消火器具は，水その他消火剤が凍結し，変質し，又は噴出するおそれが少ない箇所に必ず設けなければならない。

⑴　A，C　　　　⑵　B　　　　⑶　B，E　　　　⑷　D

　Aの床面からの高さは**1.5m以下**です。Cは正しいように思えますが，距離のところが水平距離となっているので誤りです（正しくは**歩行**距離）。

　Dは，粉末消火器は除外されています（⇒P.124，**1.**②の3参照）。

　Eについては，「ただし，保護の為の有効な措置を講じたときは，この限りでない。」という例外規定もあるので「必ず」の部分が誤りです。

┌─────────────────────────────────────
│ 類題1 　……（○×で答える）
│
│　⑴　蒸気，ガス等の発生する恐れのある場所に設置してあるものには保
│　　　持装置により壁体に支持するか架台を設ける等の措置を講じること。
│　⑵　消火器と簡易消火用具を併設した場合にあっては，消火器の能力単
│　　　位の数値が簡易消火用具の能力単位の合計数の2倍以上であること。
│
│　〔解説〕
│　　⑴蒸気，ガス等の発生する恐れのある場所に設置してあるものには「格
│　納箱などに収納するなどの防護措置をすること」となっているので，誤
│　りです。なお，「**保持装置により壁体に支持するか架台を設ける等の措
│　置を講じること。**」というのは，水を流す場所等に設置してある消火器
│　に対する必要な措置です。　　　　　　　　　　　　　　（答は次頁下）
└─────────────────────────────────────
┌─────────────────────────────────────
│ 類題2 　**小型の消火器具の設置に関して，防火対象物の階ごとに1の消
│　火器具に至る距離として，次のうち正しいものはどれか。**
│
│　⑴　電気設備がある場所の各部分……歩行距離が20m以下
│　⑵　ボイラー室がある場所……………歩行距離が30m以下
│　⑶　少量危険物を貯蔵する場所………水平距離が20m以下
└─────────────────────────────────────

　(4)　指定可燃物を取り扱う場所‥‥‥‥水平距離が 30 m 以下

〔解説〕

　⑴～⑷すべて，小型の消火器具は，「**歩行距離が 20 m 以下**」に設置

します（大型の消火器なら「歩行距離が 30 m 以下」で判断します）。

【問題16】　消火器具を設置した箇所に設ける標識について，次のうち正しい

ものはどれか。

(1)　消火器　　→　「消火器具」　　　　(2)　水槽　　→　「防火水槽」

(3)　水バケツ　→　「防火バケツ」　　　(4)　乾燥砂　→　「消火砂」

　消火器の標識は「**消火器**」，水槽の標識は「**消火水槽**」，水バケツは「**消火

バケツ**」です。その他，膨張ひる石，または膨張真珠岩には「**消火ひる石**」

の標識を設ける必要があります。

　なお，標識の地の色は**赤**，文字は**白**で，サイズは短辺が **8 cm 以上**，長辺

が **24 cm 以上**です（出題例があります）。

<消火器具の設置個数を減少できる場合　→P. 124>

【問題17】　ある消火設備を技術上の基準に従って設置する場合，その消火設

備の対象物に対する適応性と設置すべき消火器具の適応性が同一なら，その

消火設備の有効範囲内において，消火器具の能力単位の合計を $\frac{1}{2}$ または $\frac{1}{3}$

まで減少することができるが，次のうち，その消火設備に該当しないものは

どれか。

A　水蒸気消火設備　　　　B　スプリンクラー設備　　　C　連結散水設備

D　粉末消火設備　　　　　E　屋内消火栓設備

(1)　A，B　　　(2)　A，C　　　(3)　B，D　　　(4)　C，E

　P.125 の「こうして覚えよう！」より，減少できない消火設備は，**屋外消

火栓設備，水蒸気消火設備，連結散水設備**です。従って，A，C が正解です

　解　答

【15】…⑵　[15 の類題 1]…⑴×，⑵○　[15 の類題 2]…⑴○　⑵×　⑶×　⑷×（⑶，⑷は正しくは歩行距離）

(注：たとえ能力単位を減少できる消火設備であっても 11 階以上に設置する場合は減少できないので注意が必要です)。

類題

　設置する消火設備と，その結果，減少できる消火器具の能力単位の数値を次にあげたが，誤っている組合せはどれか。

(1)　大型消火器………$\frac{1}{2}$まで　　　(2)　スプリンクラー設備…$\frac{1}{2}$まで

(3)　屋内消火栓設備…$\frac{1}{3}$まで　　　(4)　不活性ガス消火設備…$\frac{1}{3}$まで

〔解説・解答〕

　能力単位を$\frac{1}{2}$まで 減少することができるのは大型消火器のみです。

従って，(2)のスプリンクラー設備が誤りです（正しくは$\frac{1}{3}$までです）。

重要　**【問題18】**　消防法令上，大型消火器の設置義務に関して，「ある消火設備を技術上の基準に従って設置してあり，その消火設備の対象物に対する適応性が，当該対象物に設置すべき大型消火器の適応性と同一である時は，その消火設備の有効範囲内の部分について当該大型消火器を設置しないことができる。」とされているが，これに該当しない消火設備は次のうちどれか。

(1)　屋内消火栓設備　　　(2)　屋外消火栓設備

(3)　スプリンクラー設備　　　(4)　不活性ガス消火設備

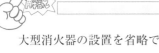

　大型消火器の設置を省略できるのは，大型消火器と消火設備の適応性が同一の場合で，その消火設備は，【問題 17】の消火設備と同じ消火設備です。従って，(2)の屋外消火栓設備が「能力単位の合計を減少することができる消火設備（＝「大型消火器の設置を省略できる消火設備」）の中に入っていないので，これが誤りです。

解　答

【16】…(4)　　　　　　　【17】…(2)　　　　　　[17 の類題]…(2)

<地下街等に設置できない消火器　→P.125>

重要 【問題19】 消防法令上，地階，無窓階又は居室に設置してはならない消火器は，次のうちいくつあるか。

　ただし，地階，無窓階又は居室は，換気について有効な開口部の面積が床面積の30分の1以下で，かつ，当該床面積が20 m² 以下のものとする。

A　消火粉末を放射する消火器

B　霧状の水を放射する消火器

C　二酸化炭素を放射する消火器

D　泡を放射する消火器

E　ハロン 1301 消火器

(1)　1つ　　　　(2)　2つ　　　　(3)　3つ　　　　(4)　4つ

　地下街，準地下街や密閉した狭い地階，無窓階等に設置できない消火器は，二酸化炭素消火器，とハロゲン化物消火器（一部除く）なのでCの1つのみが該当します。なお，Eについては，ハロゲン化物消火器で設置できないのはハロン 1211 とハロン 2402 のみで，ハロン 1301 は含まれていないので（**地下街等に設置できる**），要注意です。

【問題20】 消火器の設置場所と適応消火器について，次のうち消防法令上誤っているものはどれか。

(1)　地階にあるボイラー室に霧状の強化液を放射する強化液消火器を設置する。

(2)　地下街にある電気室に二酸化炭素消火器を設置する。

(3)　灯油を貯蔵する少量危険物貯蔵取扱所に泡消火器を設置する。

(4)　飲食店の厨房にりん酸塩類を薬剤とした粉末消火器を設置する。

　前問の解説より，二酸化炭素消火器は地下街等には設置できません。

解　答

【18】…(2)

＜消火器具の適応性について　→P.126＞

【問題21】　次のうち，建築物その他の工作物の火災に適応するものはどれか。

(1)　霧状の水を放射する消火器　　(2)　二酸化炭素消火器

(3)　乾燥砂　　　　　　　　　　(4)　ハロゲン化物消火器

　「建築物，その他の工作物の火災」とは**普通火災**のことで，P.126の①のほか P.168の⑦からも(1)のみが適応します。

【問題22】　次のうち，電気設備の火災に適応するものはどれか。

(1)　霧状の水を放射する消火器

(2)　棒状の強化液を放射する消火器

(3)　泡を放射する消火器

(4)　棒状の水を放射する消火器

　P.126の②より，電気設備に対しては，水であれ強化液であれ，**棒状**のものは不適で，**霧状**のものは適応，となっています。従って，(2)(4)が×で，(1)が○となります。なお，(3)の泡消火器も電気設備に対しては×です（泡を伝わって感電するため）（その他，P.168の⑦も参照）。

【問題23】　次のうち，ガソリン又は灯油の火災に適応しないものはどれか。

(1)　粉末消火器（リン酸塩類等を使用するもの）

(2)　棒状の強化液を放射する消火器

(3)　ハロゲン化物消火器

(4)　乾燥砂

　石油類は第4類危険物なので，P.127の③より，**霧状**では**水**，**棒状**では**水**と**強化液**が使用できません。

解　答

【19】…(1)　　　　　　　　　　　　【20】…(2)

＜その他＞

【問題24】　次の文の（A）（B）に当てはまる語句および数値の組合せとして，正しいものはどれか。

「危険物を輸送するタンクローリーには，薬剤の質量が（A）kg以上の（B）（第5種消火設備）を（C）本以上設置しなければならない。」

	(A)	(B)	(C)
(1)	3.0	強化液消火器	1
(2)	3.0	機械泡消火器	2
(3)	3.5	二酸化炭素消火器	3
(4)	3.5	粉末消火器	2

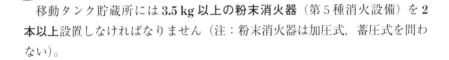

　　移動タンク貯蔵所には **3.5 kg 以上の粉末消火器**（第5種消火設備）を **2本以上**設置しなければなりません（注：粉末消火器は加圧式，蓄圧式を問わない）。

解　答

第3章

構造・機能

さあ がんばって
登るぞぉ～

学習のポイント

① まず，標識については，**位置**やその**表示**はもちろん，**標識
の色や文字の色**のほか，**寸法**までも出題されているので，注
意が必要です。また，標識は，消火器の設置に関する問題と
混合して出題されることもよくあります。

② **消火器の適応火災**と**消火作用**または**消火方法**については，交互に出題さ
れている傾向にあります。

③ 消火器の構造又は機能については，蓄圧式，ガス加圧式に関わらず，**粉
末消火器**についての出題が多く，これらの知識をよく把握しておく必要が
あります。また，**化学泡消火器**についての出題も意外に多いので，たまに
出題される**二酸化炭素消火器**とともに，その構造，機能をよく確認してお
く必要があります。

④ その他，全般的には，**蓄圧式とガス加圧式の違い**，**放射ガスの種類**，さ
らに**高圧ガス保安法の適用を受けるもの**について，などのポイントを
P.167～168の表やP.169のまとめを利用して覚えるようにしてくださ
い。なお，車載式の大型消火器については，あまり深入りせず，まずは手
さげ式の消火器を中心に学習を進めていけばよいでしょう。

注）部品の構造，機能については，規格を参照してください。

概　要

　消火器の構造・機能に入る前に，まず，それらの内容を，より深く理解できるよう，その前知識となる燃焼及び消火に関する知識と消火器に関する概要をここでは説明します。

1. 燃焼と消火

(1)　燃焼の三要素

　物質を燃焼させるためには，燃えるもの（可燃物）と空気（酸素供給源）およびライターなどの火（点火源）が必要です。

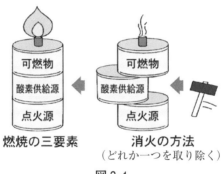

図 3-1

　この**可燃物**と**酸素供給源**および**点火源（熱源）** の三つを**燃焼の三要素**といい，このうちのどれ一つ欠けても燃焼は起こりません（燃焼は酸化反応が継続している，ということからこの連鎖反応も加えて燃焼の四要素という場合もある）。
　逆に，消火をするためにはこのうちのどれか一つを取り除けばよい，ということになり，その消火方法を消火の三要素（または四要素）といいます。

(2)　消火の三要素（または四要素）

① **除去消火**　燃焼の三要素のうち可燃物を取り除いて（除去して）消火をする方法をいいます。
② **窒息消火**　燃焼の三要素のうち酸素（酸素供給源）を断って消火をする方法をいいます（⇒ **窒息作用**という）。

③ **冷却消火**　燃焼の三要素のうち熱源から熱を奪って（冷却して）消火を
　　　する方法をいいます（⇒ **冷却作用**という）。

④ **負触媒（抑制）消火**

燃焼の連鎖反応をハロゲンなどの負触媒作用（抑制作用）によって抑えて消
火をする方法をいいます（⇒ **抑制作用**という）。

2. 火災の種類

・火災は一般に**普通火災**（木や紙など，一般の可燃物による火災），**油火災**（引
　火性液体による火災），**電気火災**（変圧器やモーターなどの電気設備による
　火災）に分けられます。

普通火災用（A火災）　　油火災用（B火災）　　電気火災用（C火災）

図 3-2

・普通火災を**A火災**，油火災を**B火災**，電気火災を**C火災**といい，消火器に
　はそれらの用途別に色分けした，丸い絵表示がついています。

3. 消火器の種類

規格では，消火器とは「水その他消火剤を圧力により放射して消火を行う器
具で人が操作するものをいう（固定した状態で使用するもの，及び消防法施行
令に規定するエアゾール式簡易消火具を除く）」となっています。

その消火器には次の表のような種類があり，それぞれの消火器には消火剤を
どのようにして放射するか，すなわち，加圧方式（**放射圧力方式**）により**蓄圧
式**と**加圧式**に大別され，加圧式は更に**ガス加圧式**と**反応式**に分類されます。

表3-1　消火器の加圧方式（放射圧力方式）

消火器の種類		蓄圧式	加圧式	
			ガス加圧式	反応式
水消火器		○		
強化液消火器		○	○	
泡	化学泡消火器			○
	機械泡消火器	○	○	
ハロゲン化物消火器		○		
二酸化炭素消火器		○		
粉末消火器		○	○	

（注：現在，生産されていませんが，水消火器には**手動ポンプ式**という加圧方式があります）

① **蓄圧式**というのは，窒素ガスなどにより，常に本体容器内に圧力がかかっている消火器で，レバーを握って開閉弁を開けばそのまま消火剤が放射される，という構造の消火器です。

　窒素ガスなどにより加圧されているため，その圧力が正常であるかどうかを外から見てすぐに分かるよう，原則として**指示圧力計**を設ける必要があります。

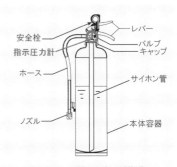

図3-3　蓄圧式の構造

　ただし，**二酸化炭素消火器**と**ハロン1301消火器**の場合は，薬剤自身の圧力で放射するので蓄圧用ガスは不要で，指示圧力計も装着されていません（⇒　自圧式という）。

　なお，図の**サイホン管**は，放射時に消火剤をホースへと流す働きをするもので，化学泡消火器を除くすべての消火器にあります。

② **ガス加圧式**は，本体容器とは別に二酸化炭素（または窒素ガス）を充てんした**加圧用ガス容器**を設け，使用時にその容器のガスを本体容器内に導き，消火剤を加圧して放射，という構造になっています（サイホン管の働きは①に同じです）。

③ **反応式**は，本体容器（外筒）内に内筒を設け，一方に酸性，もう一方にア

ルカリ性の薬剤を充てんし，使用時に消火器をひっくり返して<u>両者を反応さ</u>
<u>せることによって圧力を発生させ放射</u>，という構造になっています。

　この反応式があるのは，前ページの表からもわかるように**化学泡**だけで，
逆に**蓄圧式は化学泡以外のすべての消火器にあります**。また，ガス加圧式は
強化液と**機械泡**と**粉末**のみにあります。

　🐵 現在生産されている消火器のほとんどが粉末消火器で，強化液消火器，
泡消火器，二酸化炭素消火器が少し生産されている，というのが現状なんだ。

＜運搬方法による分類＞

　消火器の分類方法には，以上のような加圧方式による分類方法のほか，
規格でも触れますが，**運搬方法**による次のような分類もあります。
　①　**手さげ式消火器** ── 手にさげた状態で使用する一般的な消火器。
　　（写真 ⇒ P. 270）
　②　**据置式消火器** ──── 床に据え置いた状態で使用する消火器で，車輪
　　　　　　　　　　　　　　を有するものは除きます。
　③　**背負式消火器** ──── 付属のベルトを使い，背負って使用する消火器
　　　　　　　　　　　　　　をいいます。
　④　**車載式消火器** ──── 運搬用の車輪が付いた消火器をいいます。
　　（写真 ⇒ P. 277）

なお，消火器の重さによって，運搬方式は次のように定められています。

消火器の重さ	運搬方式
28 kg 以下	手さげ式，据置式，背負式
28 kg 超 35 kg 以下	据置式，背負式，車載式
35 kg 超	車載式

　（ポイント⇒**手さげ式**は**28 kg 以下**のみ，**35 kg 超**は**車載式**のみ，中間は手
さげ式以外は OK）

4.　適応火災について

　P. 169 の **3** にもまとめてありますが，<u>二酸化炭素，ハロン 1301，りん酸ア
ンモニウムを主成分とした粉末消火器（ABC 消火器）以外の粉末消火器は**普
通火災に不適応**</u>で，<u>**強化液**（棒状），**機械泡**，**化学泡**などの水系の消火器は，
電気火災に不適応</u>です（感電のおそれがあるため）。

各消火器の構造，機能

　ここからは各消火器の説明に入りますが，**使用温度範囲**については，同じ消火器でも，**構造・機能**での使用温度範囲と**規格**（第5章）での使用温度範囲が異なる場合があるので注意してください（構造・機能での数値は製品としての最大使用範囲なのに対し，規格での数値は法令上での数値になっています。鑑別で規格の温度が問われる場合は「規格上の使用温度範囲」というような形で出題されるのが一般的です）。

> 　P. 146の①で，蓄圧式の消火器はガスにより圧力がかかっている，と説明したが，この消火剤を放射するためのガスを「放射ガス」や「蓄圧ガス」と呼んではいるが，法令では「**圧縮ガス**」という言い方をされているので，注意が必要だよ。

1. 水消火器……蓄圧式のみ

> ①　消火剤　清水に**界面活性剤**などを添加して消火性能を高め，また不凍性をもたせて使用温度範囲を拡大したもの。
> ②　消火作用　**冷却作用**
> ③　適応火災　**普通火災**
> 　　　　　　　**電気火災**（**霧状**の水を放射する消火器のみ）

● **構造**　次の強化液消火器と同様です。
　なお，①の消火薬剤のものは，現在は製造されていませんが，最近は純水をベースにした，使用温度範囲が0～＋40℃のものが新たに製造されています。

2. 強化液消火器……蓄圧式とガス加圧式（大型）

(1) 蓄圧式消火器

① 消火剤　炭酸カリウムの濃厚な水溶液で，**無色透明**または**淡黄色のア**
ルカリ性水溶液です（**中性で界面活性剤の水溶液**のものもあ
ります）。

② 消火作用　**冷却作用，抑制作用**

③ 適応火災　**普通火災，油火災，電気火災**

（ただし，棒状のものは油火災と電気火災には適応しません。）

④ 使用温度範囲　**−20℃〜＋40℃**（⇒**寒冷地**でも使用可能）

⑤ 使用圧力範囲　**0.7〜0.98 MPa**（メガパスカル＝圧力の単位）

● **構造**　　（図 3-4 参照）

＜手さげ式＞

・**鋼板**または**ステンレス鋼板製**＊の本体容器内に**圧縮空気**（または**窒素ガ**
ス）とともに消火薬剤が充てんされています。（＊　液体薬剤による腐
食を防ぐため，耐食処理がしてある）（🎓　下線部は出題例があるよ）

　使用時にホースを持って図のレバーを握るとバルブ（弁）が下に押し
下げられて開き，蓄圧されている消火薬剤がサイホン管からホースを通
って＊ノズル（＊　霧状放射のみ）から放射され，レバーを離せばバル
ブが閉じ，放射は停止します。このような方式を**開閉バルブ式**といい，
蓄圧式は全てこの開閉バルブ式です（加圧式にはその他，粉末の小型に用
いられているバルブがない**開放式**があります⇒P. 162＜＊バルブの説明＞参
照）。

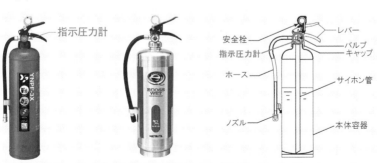

図 3-4　強化液消火器（蓄圧式）

　なお，他の蓄圧式の消火器も構造は基本的に同じなので，ここでこの構造をよく理解しておいてください。

＜車載式＞

・車載式は，手さげ式のレバーが図3-5のようなハンドルレバー（起動レバー）になり，また，ノズルが棒状霧状に切り替えられる開閉式になっただけで，基本的には手さげ式と同じです。

　　⇒・ハンドルレバーを倒す。

　　　・バルブを開き，ノズルを開いて放射する。

　　　（他の蓄圧式の車載式消火器もこれに準じる⇒蓄圧式ではないが，化学泡消火器で類似の出題例がある。）

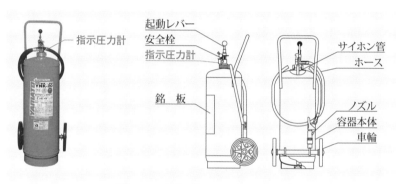

図3-5　強化液消火器（車載式）

（写真は旧型のため絵表示は現在のもの＜⇒P.249＞に対応しておりません）

(2) ガス加圧式

　一部の大型消火器に採用されており，加圧用ガスは**二酸化炭素**で，ノズルは開閉ノズルで放射及び放射の停止が可能で，かつ**棒状**と**霧状**に切り替えることもできます。

　使用する際は，車載式の粉末消火器（⇒P.165）と同じく，次のような手順になります。

⇒・本体の外部に装着されている加圧用ガス容器のバルブを開く。

　・ノズルのレバーを握ると本体容器内に二酸化炭素が導入され，消火剤を放射します。

3. 泡消火器

(1)　機械泡消火器……蓄圧式（大型消火器にはガス加圧式もあります。）

①	消火薬剤	**水成膜泡**または**合成界面活性剤泡**の希釈水溶液（⇒<u>水溶液</u> <u>又は液状，粉末状のもので，**液状，粉末状**は水に溶けやす</u> <u>いこと</u>）
②	消火作用	**窒息作用**（泡で覆うことによる），**冷却作用**（水によるもの）
③	適応火災	**普通火災，油火災**（電気火災には，感電のため使用できない）
④	使用圧力範囲	**0.7〜0.98 MPa**
⑤	使用温度範囲	**−20℃〜＋40℃**

● **構造**（手さげ式，図3-7参照）

・鋼板製の本体容器内に**圧縮空気**または**窒素ガス**とともに消火薬剤（淡い
コハク色で若干の芳香臭あり）が充てんされていますが，その他の構造
的なことは，ノズル以外は（同じ蓄圧式の）強化液消火器と同じです。
　　そのノズルですが，根元に小さな孔が開けられており，消火薬剤がノ
ズルを通過するときに空気を吸入して発泡させる，という仕組みの**発泡
ノズル**になっています。

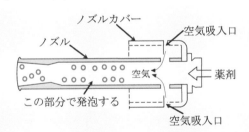

図3-6　発泡ノズル

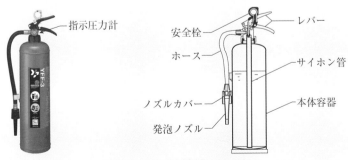

図3-7　蓄圧式機械泡消火器

(2)　化学泡消火器……反応式（注：この消火器のみ④の使用温度範囲が<u>規格</u>の温度と<u>最大使用温度</u>が同じなので注意！⇒P. 167⑤参照）

---

① 消火剤（粉末状です）

　・外筒用薬剤（**A剤**という）：**炭酸水素ナトリウム**を主成分とし，起泡剤
　　　　　　　　　　　　　　　　　等を加えたもの（⇒**淡褐色**粉末，水溶液は
　　　　　　　　　　　　　　　　　アルカリ性）

　・内筒用薬剤（**B剤**という）：**硫酸アルミニウム**（⇒**白色**の粉末，水溶液
　　　　　　　　　　　　　　　　　は**酸性**）

　なお，この薬剤の水溶液は経年劣化するので，定期的（普通は１年）
に詰め替える必要があります。

② 消火作用　**窒息作用**（泡で覆うことによる），**冷却作用**（水によるも
　　　　　　　　の）

　（この②の消火作用と次の③の適応火災は機械泡消火器と同じです）

③ 適応火災　**普通火災**，**油火災**（電気火災に対しては，泡を伝わって感
　　　　　　　電するため使用できません）

④ 使用温度範囲　**＋5℃～+40℃**（⇒**寒冷地**には不適）

　（温度が低いと反応が鈍くなるため，＋5℃となっている）

⑤ 泡の膨張率　温度20℃の消火薬剤を標準発泡ノズルを用いて放射し
　　　　　　　た場合，大型消火器以外の消火器では泡の膨張率が**7倍
　　　　　　　以上**であること。

● **構造**（手さげ式，次ページの図 3-8，3-9 参照）

　○　化学泡消火器には，**転倒式**と**破蓋転倒式**，及び**開蓋転倒式**があります。
　　転倒式は単に消火器をひっくり返すだけのもので，**破蓋転倒式**は内筒の
　　ふたをカッターで破ってから転倒させ，**開蓋転倒式**はキャップにあるハ
　　ンドルを回して内筒のふたを開いてから転倒させます。

　○　その構造，機能ですが，消火器を設置する際に，水に溶かしたＡ剤
　　を外筒（鋼板製）に，同じく水に溶かしたＢ剤を内筒（ポリエチレン
　　製，大型はステンレス鋼板製）に充てんし，内筒ふたをかぶせて図のよ
　　うに本体上部の口金から外筒内に吊るします。

　　使用時の動作については，それぞれ次のようになります。

> この消火器は，動作が単純なだけに地震などの震動の際にも両液が混合するおそれがあるので，転倒防止の措置を施す必要があります。
>
> 注）平成23年改正の絵表示（P.249）には対応していない旧型です。

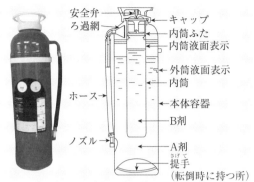

安全弁
ろ過網
キャップ
内筒ふた
内筒液面表示
外筒液面表示
内筒
ホース
本体容器
B剤
ノズル
A剤
提手
（転倒時に持つ所）

図 3-8　転倒式化学泡消火器（参考資料）

＜転倒式＞（操作の方式）

　使用時に消火器を転倒させると，（内筒ふたが落下し）A剤とB剤が混合して反応し，**二酸化炭素を含んだ泡**が発生，それがろ過網，ホースを経てノズルから放射，という動作になります。

＜破蓋転倒式＞（操作の方式）

　消火器を誤って転倒させてもA剤とB剤が混合しないよう，内筒封板で密封したものです。

　動作については，ほとんど転倒式と同じですが，転倒させる前にキャップに装着されている押し金具を押して，その金具の先に付いているカッターで先ほどの内筒封板を破っておく必要があります（転倒後に両液が混合するように）。

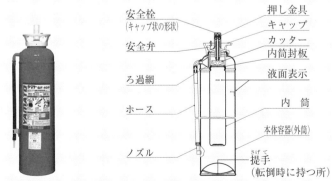

安全栓
（キャップ状の形状）
押し金具
キャップ
カッター
内筒封板
安全弁
ろ過網
液面表示
内筒
ホース
本体容器(外筒)
ノズル
提手
（転倒時に持つ所）

図 3-9　破蓋転倒式化学泡消火器（写真のものは船舶用です）

例題　この消火器の操作方式および消火薬剤を放射する際の操作を3つ答えなさい。

〔解答〕

操作方式	破蓋転倒式
放射する際の操作	・安全栓を取り外し，押し金具を押す。 ・ホースを外してノズルを火元に向ける。 ・本体を転倒させ，提手を持つ。

＜開蓋転倒式＞（操作の方式）（P.277，Cの写真参照）

　文字どおり，蓋を開いてから転倒させる方式のもので，キャップに装着されている，

　① ハンドルを回して内筒の蓋を開き，② 転倒させます（**大型消火器のみに使用されている**）。

例題　この消火器の操作方式および消火薬剤を放射する際の操作を，ホース，ハンドル，ノズルについて3つ答えなさい。

〔解答〕

操作方式	開蓋転倒式
放射する際の操作	・ホースを外す。 ・ハンドルを回して内筒のふたを開く。 ・ノズルを火元に向け，本体を手前に倒す。

● **部品の特徴**

　化学泡消火器には，次のような特徴的な部品があります。

・ろ過網	異物によってノズルが詰まらないよう，消火薬剤をろ過するためのもの
・安全弁	ホースやノズル等が詰まった時に，異常に上昇した容器内の圧力を放出させるためのもの（二酸化炭素消火器にも用いられている）
・液面表示	内筒，外筒の薬剤量を確認するための表示

図3-10　ろ過網

図3-11　安全弁

4.　二酸化炭素消火器……蓄圧式

① 　消火剤　**液化二酸化炭素**（液化炭酸ガス…二酸化炭素を<u>高圧</u>で液化したもので，<u>容器は**高圧ガス保安法**の適用を受けます</u>）

② 　消火作用　**窒息作用**　（注：若干の冷却作用もある）

③ 　使用温度範囲　**$-30℃*～+40℃$**

④ 　適応火災　**油火災，電気火災**（二酸化炭素は電気絶縁性があるため）

（＊従って，$-40℃$ の冷凍倉庫では使用できません。⇒☞ **出た!**）

> 例題　**二酸化炭素消火器で，消火能力単位を数字で表さないのはどの火災か。**（答は下）。

● **構造**（図 3-12 参照）…指示圧力計は不要。

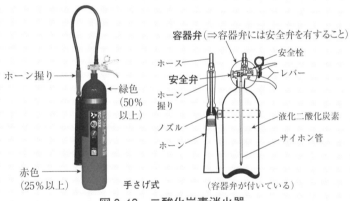

容器弁（⇒容器弁には安全弁を有すること）

ホーン握り →

← 緑色
（50%
以上）

赤色 →
（25％以上）

ホース
安全弁
ホーン
握り
ノズル
ホーン

安全栓
レバー

液化二酸化炭素

サイホン管

手さげ式

（容器弁が付いている）

図 3-12　二酸化炭素消火器

<手さげ式>

・二酸化炭素が燃焼物を覆うことによる**窒息作用**＊によって消火するもので（その他，液体から気体に気化する際の若干の冷却作用もある）基本的には，蓄圧式の強化液消火器と同じですが，次の点が他の蓄圧式とは異なります。

（＊　酸素濃度が約 15％ 以下になると燃焼が継続できなくなり消火するわけですが，この窒息作用を酸素を薄めて消火することから「主に**酸素を希釈して消火する**」という表現での出題例があるので，注意してください。）

[例題の答]：（上記の④より）　A火災（普通火災）

> ○ 蓄圧用のガスがない（薬剤（＝液化二酸化炭素）自身の圧力で放射する自圧式なので指示圧力計もない）
>
> ○ 容器が**高圧ガス保安法**の適用を受け，安全弁が装着されている。
>
> ○ **容器弁**＊（レバー式の開閉バルブ）が装置されていて，レバーの操作により放射および放射停止ができる（＊次ページ参照）
>
> ○ 消火剤が検定の対象とならないのは，この薬剤のみ
>
> ○ 液化二酸化炭素（液化炭酸ガスともいう）がノズルから放射される時に（気化により）冷却作用を伴うので，それによる凍傷を防ぐための**ホーン握り**が装着されている。
>
> ○ その他，高圧ガス保安法の定めにより表面積の１／２以上を**緑色**にしなければならない（なお，他の消火器同様，**25％以上**を**赤色**に塗装する⇒P. 249 の⑭)。

なお，**充てん比**（＝容器の内容積 ℓ／消火薬剤の質量 kg）は **1.5 以上**必要です。

すなわち，充てんする二酸化炭素の質量 **1 kg** につき，本体容器の内容積は **1,500 cm³**

（1.5 ℓ）以上の容積が必要，ということです（出題例あり）。

＜車載式＞

　本体容器を台車に載せたもので，使用時はレバーの代わりに起動ハンドルを回して消火薬剤を放出します（この車載式の「車」は台車の「車」のことで，自動車のことではないので，注意！）。

　なお，車載式でも，図の消火器は薬剤量が 23 kg のものなので，大型消火器の条件（50 kg 以上⇒P. 231 の２）には該当せず，小型消火器となるので，注意してください（⇒鑑別で写真を示しての出題がある）。

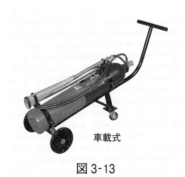

車載式

図 3-13

＜容器弁について＞

　容器弁というのは，容器内のガスを放出する時に使用する弁で，レバーを握ったり，またはハンドルを回したりして弁（バルブ）を開け，ガスを放出します。

　その容器弁ですが，高圧ガス保安法の適用を受ける蓄圧式消火器（⇒二酸化炭素消火器，ハロン 1301 消火器等）と 100 cm³ を超える**加圧用ガス容器**（作動封板付きは除く）に設けられています。

　その種類としては，先ほど説明したように，**レバーを握る方式**とハンドルを回す**ハンドル車式**のものがあり，二酸化炭素消火器では，手さげ式がレバーを握る方式，車載式がハンドル車式になります。

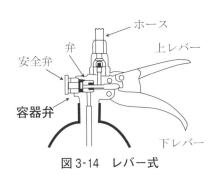

図 3-14　レバー式

（参考）ハンドル車式

　なお，この容器弁には，容器内の圧力が一定以上になった場合に，その圧力を外部に逃すための**安全弁**を設ける必要があります（安全弁⇒二酸化炭素消火器と化学泡消火器及びハロン 1301 消火器に使用されている）。

　その安全弁には，次の３種類があります（たまに出題されている。なお，現在は 1 の封板式のみが使用されている。）。

1．**封板式**（一定の圧力以上で作動するもの）

2．**溶栓式**（一定の温度以上で作動するもの）

3．**封板溶栓式**（一定の圧力及び温度以上で作動するもの）

> 参考資料
> ハンドル車式のバルブにあっては，一回転４分の１以下の回転で全開すること。

5. ハロン 1301 消火器……蓄圧式

　ハロゲン化物消火器には，ハロン 1211，ハロン 1301，ハロン 2402 があり，現在はいずれも製造されていませんが，まだ相当数が出回っており，特にこのハロン 1301 に関しては出題されることがあります。

> ① 消火剤　**ハロン 1301**（液化ガス）
> 　常温常圧では気体ですが，二酸化炭素同様，圧縮液化した状態で充てんされているので，容器は<u>高圧ガス保安法</u>の適用を受けます。
> ② 消火作用　**窒息作用，抑制作用**
> ③ 適応火災　**油火災，電気火災**（ハロゲンは電気絶縁性があるため。なお，一部に普通火災に適応するものもあります）
> ④ 使用温度範囲　**$-30℃ \sim +40℃$**

● 構造（手さげ式，図 3-15 参照）……**指示圧力計は不要**
　二酸化炭素消火器と同じですが，ホーンが図のように少し小型になっていることと，表面積の $\frac{1}{2}$ **以上**を**ねずみ色**に塗装する必要があります。なお，表面積の **4 分の 1 以上**は他の消火器と同じく**赤色**とする必要があります。
　（注：このハロン 1301 には指示圧力計は装着されていませんが，ハロン 1211 とハロン 2402 には装着されています）

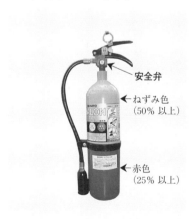

安全弁

ねずみ色
（50% 以上）

赤色
（25% 以上）

図 3-15　ハロゲン化物消火器

6. 粉末消火器……蓄圧式，ガス加圧式

　粉末消火器の消火薬剤には次のような種類があり，いずれも乾燥させた **180 μm**（マイクロメートル）**以下**の微細な粉末で，防湿及び流動性を高めるためにシリコン樹脂などによって防湿処理を施していて，水面に散布しても沈降および溶解はしません（規格では **1時間以内**に沈降しないことになっています）。

　🧑‍🏫 色…特に，下の①，**淡紅色**については，薬剤の主成分が，たまに鑑別等で出題されているので注意が必要だ。

表 3-2（（B）の都合を隠して（A）を見て（B）の主成分を答えてみよう（出題あり））

（A）　名称	（B）　　主成分	（C）　消火剤の色
①　粉末（ABC）	リン酸アンモニウム	淡紅色
②　粉末（Na）	炭酸水素ナトリウム	白色
③　粉末（K）	炭酸水素カリウム	紫色
④　粉末（KU）	炭酸水素カリウムと尿素の反応生成物	灰色

　🧑‍🏫 ①は**リン酸塩類等**，②③④は**炭酸水素塩類等**というグループ名で表示される場合があるよ⇒P. 348 の⑥）

> 例題 1　消火器が全火災に適応する場合，その消火薬剤の主成分は，上記の表の①～④のうちどれか。

　なお，現在使用されている消火器のほとんどは，**粉末（ABC）消火剤**を用いた粉末消火器であり，その名称のABCは，A火災（普通火災），B火災（油火災），C火災（電気火災）のすべての火災に有効であることを表しています。

> **＜参考＞**
> 　危険物を輸送する移動タンク貯蔵所（タンクローリー）には，薬剤の質量が **3.5 kg 以上**の粉末消火器（第5種消火設備⇒蓄圧式でも加圧式でもよい）を **2本以上**設置する必要があります。

> 例題 2　次の文中の（A），（B）に当てはまる語句，数値を答えなさい。
> 　「危険物を輸送する移動タンク貯蔵所には，薬剤の質量が（A）kg 以上の粉末消火器を（B）本以上設置しなければならない。」

[例題 1 の答]：①　　　　　　　　　[例題 2 の答]（A）：3.5 （B）：2

(1)　蓄圧式粉末消火器

> ①　消火作用　**窒息作用，抑制作用**
>
> ②　適応火災　**普通火災，油火災，電気火災**
>
> 　（但し，粉末（Na），粉末（K），粉末（KU）消火剤は，**普通火災**には使用できません）。
>
> ③　使用温度範囲　**−30℃～＋40℃**
>
> ④　使用圧力範囲　**0.7～0.98 MPa**

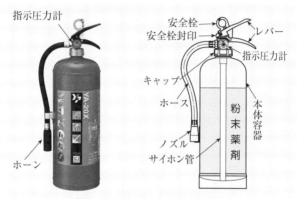

図3-16　粉末消火器（蓄圧式）

● **構造**（手さげ式，図3-16参照）

　ノズルが少し大きく，先広がりのホーン状になっている他は強化液消火器と同じです（⇒　鋼板またはステンレス鋼板製の本体容器内に**窒素ガス**とともに消火薬剤が充てんされ，レバーを握ると**開閉バルブ**が開いて消火薬剤がサイホン管を経てノズルから放射され，レバーを離すとバルブが閉じ，放射が停止します）。

＜車載式＞

○　蓄圧ガスと，その操作について

　蓄圧ガスは**窒素ガス**で，**起動レバー（ハンドルレバー）**を操作すると，バルブが開いてガスが本体容器内に導入され，ノズルレバーから放射されます（P. 165，図3-24(a)参照）。

(2) ガス加圧式粉末消火器

① 消火作用　**窒息作用，抑制作用**（⇒ 蓄圧式に同じ）

② 適応火災　**普通火災，油火災，電気火災**

　（但し，粉末（Na），粉末（K），粉末（KU）消火剤は，普通火災には使用できません ⇒ 蓄圧式粉末に同じ）。

③ 使用温度範囲　二酸化炭素ガス加圧式は　**−20℃〜＋40℃**

　　　　　　　　　　　　　または　**−10℃〜＋40℃**

なお，車載式の窒素ガス加圧式は　**−30℃〜＋40℃** となっています。

● **構造**（図 3-17 参照）

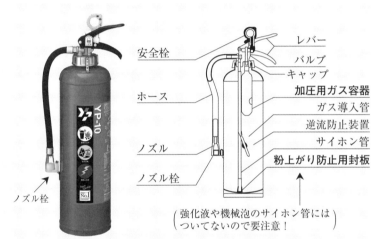

図 3-17　**ガス加圧式粉末消火器（開閉バルブ式）**

＜手さげ式＞

　この消火器は，これまでの消火器と違い，本体容器（鋼板，ステンレス鋼板，またはアルミニウム製）内には消火剤のみが充てんされており，加圧用ガスは本体とは別の**加圧用ガス容器**に充てんされています（⇒ 次ページ）。

　使用時にレバーを握ると，＊１**バルブ**（弁）に付いているカッターが加圧用ガス容器の作動封板を破り，加圧用ガス（主に**二酸化炭素**だが，窒素ガスや窒素ガスと二酸化炭素の混合ガスもある。⇒P. 245 参照）が＊２**ガス導入管**（⇒P. 164）を通って本体容器内に導入されます。

　導入されたガスにより撹拌，加圧された粉末消火剤は，サイホン管の先

にある＊3**粉上がり防止用封板**
(P. 164) を破り，サイホン管，
ホースを通ってノズルから放射
される，という構造になってい
ます (P. 164 図 3-23 参照)。

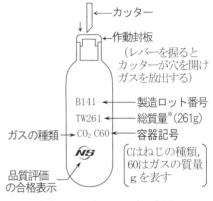

図 3-18　加圧用ガス容器

ノズルの先には外気がノ
ズルから侵入するのを防ぐた
めに，ノズル栓が設けられて
いるのも，このガス加圧式粉
末消火器特有の特徴だよ。

＜＊1バルブの説明＞

この消火器の放射機構には開閉バルブ式と開放式があります。

①**開閉バルブ式**：(図 3-19 参照)レバーの操作によってバルブの開閉がで
きる構造のもので，放射を途中で中断することができます。しかし，再
使用できないケースが多く，そのため「使用済みの表示装置」の装着が
義務づけられ，再使用を防止しています(二酸化炭素消火器，ハロン 1301
消火器にも「使用済みの表示装置」の装着が義務づけられているので覚
えておこう！⇒ P. 163 図 3-22 参照)。

一度使用した**開閉バルブ式**の消火器には，加圧用ガスが残っている場
合があるので，図 3-21 の a のように，点検や整備に先立って残圧を排出で
きるよう，ねじ式の**排圧栓**が設けられているんだ (試験に出やすいのでよ
く覚えておこう！)。

また，図 3-21 の b は，排圧栓と同じように残圧を排出する目的で
設けられている**減圧孔**で (注：二酸化炭素消火器やハロン 1301 消火
器などには設けられていない)，両者ともあくまでも容器内に残って
いる残圧を排出する目的で設けられているので，注意が必要だ。

②**開放式**：(図 3-20 参照)小型消火器 (薬剤量が**3 kg 以下**) に用いられる
方式で，バルブは設けられておらず，いったん放射すると途中で中断す
ることができない，全量放射するタイプの消火器です。

　(①と②の見分け方⇒開閉バルブ式には図 3-21 の a の排圧栓がある。)

「バルブを装着する理由（⇒放射を停止させる）」と「バルブが不要な消火器の薬剤量（⇒3 kg 以下）」も，出題例があるので注意が必要だよ。

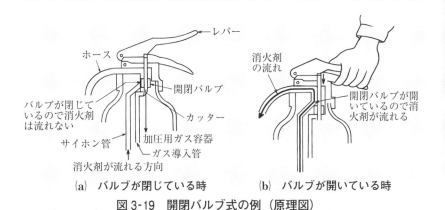

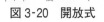

(a) バルブが閉じている時 　　(b) バルブが開いている時

図 3-19　開閉バルブ式の例（原理図）

図 3-20　開放式　　　　　図 3-21　排圧栓と減圧孔

図 3-22　使用済の表示装置（このマークがあれば「使用可能」ということ）

<＊２・ガス導入管の説明＞

　　加圧用ガスを導入するためガス加圧式粉末消火器のみに設けられたもので，ガス導入管の先端には，図3-23のように粉末が流入するのを防ぐための逆流防止装置が設けられています（粉末が流入して固化すると詰まってしまうため。なお波線部は目的として出題例あり）。

<＊３・粉上がり防止用封板の説明＞

　　逆流防止装置と同様，粉末が流入して固化するのを防ぐためにサイホン管の先に設けられたもので，封板は使用時にガス圧によって破られます（開放式ではノズルから侵入した外気が容器内に侵入しないようにする働きもある⇒破線は開放式での役目を問う出題例がある）。なお，同じサイホン管でも蓄圧式のサイホン管には粉上がり防止用封板が装着されていないので，注意して下さい。

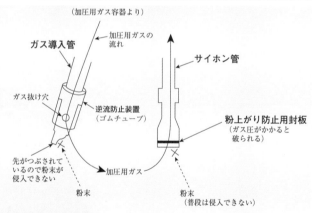

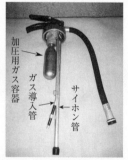

図3-23　加圧用ガスの流れ

> 例題　図3-23において，加圧用ガスを消火器の内部へ放射する器具を示し，その名称を答えなさい。

（答は下）

＜車載式（大型消火器）＞

　手さげ式同様，本体容器（鋼板製）内には消火剤のみが充てんされており，加圧用ガス容器は本体の外側（または内側）に装着されています。

　そして，使用時には，加圧用ガスがガス導入管を通って本体容器内に導入され，粉末消火剤を撹拌，加圧し，ホースを経てノズルから放射される，という仕組みになっています。

○加圧用ガス容器の加圧用ガスと，その操作

　　加圧用ガスは小容量のものは**二酸化炭素**，大容量のものは**窒素ガス**を用い，窒素ガスの場合，加圧用ガス容器のハンドルを回すとバルブが開いて，**圧力調整器**で減圧されたガスが本体容器内に導入され加圧放射されます。（図3-24(b)参照）

　　（二酸化炭素加圧のものは，押し金具を押してガス容器の封板を破る）

　なお，ノズルについては開閉式になっていて，ノズルレバーを操作することにより放射または停止をすることができる構造となっています。

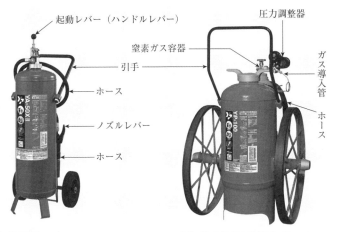

(a) 蓄圧式のもの　　　　　(b) ガス加圧式のもの
（蓄圧ガスは窒素ガス）　　（加圧用ガスは窒素）

図3-24　大型粉末消火器

[例題の答]：ガス導入管を示し，名称はガス導入管

＜構造・機能のまとめ（この表はぜひ覚えておこう！）＞

表 3-3

①消火薬剤	②加圧方式 蓄圧式	②加圧方式 ガス加圧	③放射ガス（圧縮ガス）	④使用圧力範囲	⑤使用温度範囲（最大値＝有効使用温度）
A 強化液 炭酸カリウムの濃厚な水溶液*1	○	○（大型）	圧縮空気，窒素ガス (注：手さげ式のもの)	0.7〜0.98 MPa	−20℃〜40℃
B 機械泡 水成膜泡，合成界面活性剤泡等	○	○（大型）	圧縮空気，窒素ガス (注：手さげ式のもの)	0.7〜0.98 MPa	−20℃〜40℃
C 化学泡 外筒（A剤）：炭酸水素ナトリウム 内筒（B剤）：硫酸アルミニウム			二酸化炭素（化合して発生させる）		5℃〜40℃
D 二酸化炭素 液化二酸化炭素	○		二酸化炭素		−30℃〜40℃
E ハロン1301 ハロン1301の液化ガス	○		ハロン1301		−30℃〜40℃
F 粉末（蓄圧式） 粉末（ABC）：リン酸アンモニウム等	○		窒素ガス	0.7〜0.98 MPa	−30℃〜40℃
G 粉末（ガス加圧式） 粉末（Na）：炭酸水素ナトリウム等		○	二酸化炭素*2（大型の大容量は窒素ガス）		−20℃〜40℃（窒素ガスの車載式は−30℃〜40℃）

*1 中性のものもある（近年では，この中性のものの方が多数を占めている）

*2 窒素や窒素と二酸化炭素の混合ガスもある

（参考までに水消火器の消火作用と適応火災を表示しておきます。）

		⑥ 消火作用	⑦ 適応火災
水	棒状	冷却	普通
	霧状	冷却	普通，電気

＊ボイラー室，事務室は「建築物その他の工作物」なので普通火災適応の消火器を設置します。

		⑥消火作用			⑦適応火災＊			⑧大型消火器となる薬剤充てん量	⑨特　徴
		冷却	窒息	抑制	普通	油	電気		
A 強化液	棒状	○		○	○			60ℓ 以上	霧状は全火災に適応
	霧状	○		○	○	○	○		
B 機械泡		○	○		○	○		20ℓ 以上	ノズルが発泡ノズルである
C 化学泡		○	○		○	○		80ℓ 以上	ろ過網と安全弁を装着している
D 二酸化炭素		△ (若干)	○			○	○	50kg 以上	・容器は高圧ガス保安法の適用を受け，1/2以上を緑色 ・安全弁を装着している
E ハロン1301			○	○		○	○	30kg 以上	高圧ガス保安法の適用を受け，1/2以上をねずみ色 ・安全弁を装着している
F 粉末 (蓄圧式)			○	○	＊ ○	○	○	20kg 以上	＊粉末（ABC）以外は普通火災に適応しない
G 粉末 (ガス加圧式)			○	○	＊ ○	○	○	20kg 以上	・上に同じ ・ガス導入管と逆流防止装置及び粉上がり防止用封板がある

注1）⑤の使用温度範囲は，製品の数値です（規格では化学泡消火器は5℃〜40℃，それ以外は0℃〜40℃となっている。）

注2）現在，製造されていませんが，水消火器には手動ポンプ式という加圧方式もあります。

1 加圧方式（放射圧力方式）のまとめ

○ **蓄圧式**　⇒化学泡以外のすべての消火器にある

（使用圧力範囲は 0.7〜0.98 MPa ⇒ 強化液，機械泡，蓄圧式粉末のみ）

○ **ガス加圧式** ⇒ 強化液，機械泡（以上は大型のみ），粉末にある

○ **反応式**　⇒化学泡のみ

2 放射ガス（圧縮ガス）のまとめ（①は P. 245，②参照）

① 蓄圧式…一般に**窒素ガス**

② ガス加圧式

○ ガス加圧式粉末の加圧用ガス容器が

・**100 cm³ 以下**⇒「**窒素ガス**または**二酸化炭素**（または窒素ガスと二酸化炭素の混合ガス）」，

・**100 cm³ 超**⇒「**窒素ガス**（一部二酸化炭素）」

○ 大型のガス加圧式強化液は**二酸化炭素**，機械泡は**二酸化炭素と窒素**

（化学泡消火器，二酸化炭素消火器，ハロン 1301 消火器には放射用のガスは充てんされていない）

3 適応火災について（絵表示は P. 249）

○ 全火災に適応の消火剤…**強化液（霧状），粉末（ABC）**

○ 普通火災に不適応な消火剤…**二酸化炭素，ハロン 1301**

○ 油火災に不適応な消火剤…**強化液（棒状）・水（棒状，霧状とも）**

⇒ **老いるといやがる　凶暴　　な　水**
　　オイル(油)　　　強化液(棒状)　　水(棒状，霧状とも)

（P. 127 の③参照）

○ 電気火災に不適応な消火剤…泡消火剤・棒状の水と強化液

⇒ **電気系統が悪い　アワー(OUR)　ボート**
　　電気火災　　　　泡　　　　　　棒状

（P. 126 の②参照）

4 指示圧力計と安全弁

「蓄圧式には圧力計は必要」だが，二酸化炭素とハロン 1301 には不要。

その代わり，これらの消火器は高圧ガス保安法の適用を受け，安全弁を装着する必要がある。

まとめ

　　○　**圧力計**が無い消火器

　　　⇒ **二酸化炭素消火器，ハロン 1301 消火器**（以上蓄圧式）

　　　　＋**化学泡消火器**＋**ガス加圧式消火器**

　　○　**安全弁**がある消火器

　　　⇒ **二酸化炭素消火器，ハロン 1211 消火器，ハロン 1301 消火器**

　　　　＋**化学泡消火器**　（注：安全栓のある消火器は P. 284 問題 7 参照）

　（安全弁 ⇒ 容器弁という装置の構成部品であり，温度上昇などにより容器内の圧力が異常に上昇して容器が破損しないよう，一定の圧力になると内圧を排出するもの）

5　放射機構について（P. 162 参照）

　○　**開放式**…粉末消火器のガス加圧式

　○　**開閉バルブ式**…バルブが装着されており，蓄圧式と粉末消火器のガス加圧式にある。

6　蓄圧式とガス加圧式の構造上の主な違い（粉末消火器）

	蓄圧式	ガス加圧式
粉上がり防止用封板	なし	あり
ガス導入管	なし	あり
ノズル栓	なし	あり

7　高圧ガス保安法の適用を受けるもの（⇒圧縮ガスが 1 MPa 以上に適用）

	消火器	塗色（表面積の1／2以上を塗装する）	
①	・二酸化炭素消火器	緑色	
②	・ハロン 1301 消火器 （その他：ハロン 1211 消火器）	ねずみ色	
③	・内容積が **100 cm³** を超える**加圧用ガス容器** （圧縮ガスの圧力が **1 MPa 以上**となる場合に高圧ガス保安法の適用を受ける）	・二酸化炭素：**緑色** ・窒素　　　：**ねずみ色**	

問題にチャレンジ！
（第3章 構造・機能）

＜強化液消火器　→P.149＞

【問題1】 強化液消火器の消火薬剤について，次のうち正しいものはどれか。

(1) 炭酸ナトリウムの濃厚な水溶液のものがある。

(2) 凝固点は5℃以下であること。

(3) 薬剤にはアルカリ性のものと中性のものがある。

(4) 霧状の放射にした場合，油火災と電気火災に適応するが，普通火災には不適である。

(1) 水に**炭酸カリウム**（⇒炭酸ナトリウムではないので注意）を加えた，**強アルカリ性の水溶液**です（一部に中性のものもある）。

(2) 凝固点は**−20℃ 以下**と低く，低温でも凍らないので寒冷地でも使用できる，という特長があります。

(4) 霧状の放射にした場合は，**油火災**と**電気火災**のほか，**普通火災**にも適応します。

【問題2】 強化液消火器の構造，機能について，次のうち正しいものはどれか。

(1) 蓄圧式の消火器には二酸化炭素が充てんされており，消火薬剤を常時加圧している。

(2) 使用温度範囲は−20℃〜＋40℃ で，使用圧力範囲は 7〜9.8 MPa である。

(3) 手さげ式消火器の場合，ノズルはすべて霧状放射のみである。

(4) 車載式の消火器には指示圧力計が装着されているが，手さげ式には装着されていない。

　解　答

解答は次ページにあります。

⑴　蓄圧式には，**圧縮空気**，または**窒素ガス**が充てんされているので誤りです。

⑵　使用温度範囲は正しいですが，使用圧力範囲は，**0.7〜0.98 MPa** となっています。

⑶　手さげ式消火器の場合，切換え式の装置は規格でも設けてはいけないことになっているので，ノズルはすべて**霧状放射**で，正しい。

⑷　二酸化炭素消火器とハロン 1301 消火器以外の**蓄圧式**の手さげ式消火器には，**圧力計**を装着する必要があるので，誤りです（P. 169 の **4** 参照）。

【**問題3**】　強化液消火器の消火効果について，次の（A）（B）に当てはまる語句として，正しいものはどれか。

　「霧状放射にした場合の消火効果は，水による（A）作用や炭酸カリウムによる（B）作用のほか，空気中の酸素濃度を低下させる希釈効果や消火後の再燃防止効果などもある。」

　　　　　　A　　　　　B
⑴　冷却　　　　窒息
⑵　除去　　　　冷却
⑶　希釈　　　　窒息
⑷　冷却　　　　抑制

　水は**比熱**や**気化熱**が大きいので**冷却作用**が大きく，また，アルカリ金属塩である炭酸カリウムは負触媒作用があるので燃焼の連鎖反応を**抑制**します。従って⑷が正解です。なお，抑制作用は**負触媒作用**ともいいます。

〔　**類題**　……（○×で答える）「強化液消火薬剤は水より冷却効果が大きい」　〕

ーーーーーーーーーーーーーーーーーーーーーーーーーーーーーーー
　解　答
【１】…⑶　　　　　　　　　　　　　　【２】…⑶

<機械泡消火器　→P.151>

重要 【問題4】　機械泡消火器について，次のうち正しいものはどれか。

(1)　充てんする消火薬剤は，化学泡消火薬剤と共用できる。

(2)　霧状ノズルの場合は，電気設備の火災にも適応できる。

(3)　油火災のみに適応できる。

(4)　ノズルには，外部の空気を取り入れる吸入口が設けられている。

(1)　機械泡消火器の消火薬剤は，「**水成膜**または（合成）**界面活性剤**」ですが，化学泡の消火薬剤は，外筒用薬剤（A剤）が，「**炭酸水素ナトリウムを主成分として起泡剤等を加えたもの**」であり，内筒用薬剤（B剤）が「**硫酸アルミニウム**」なので種類が異なり，共用できません。

(2)　泡消火器は，＊電気火災には**不適応**なので誤りです。また，ノズルは**発泡ノズル**であり，霧状ノズルではありません。

　＊　たとえば，霧状放射の強化液の場合，液がつながっていない，つまり点線の状態（霧状）なので電気設備に放射しても感電はしません。

　　　しかし，泡消火器（化学泡消火器を含む）の場合，液が連続している，つまり，つながっているので，もし電気設備に放射すると，泡を伝わって電気が流れ感電するおそれがあるので，泡は電気火災には使用できない，というわけです。

(3)　**普通火災**にも適応します。

(4)　機械泡消火器のノズルは，外部の空気を取り入れる吸入口が設けられた**発泡ノズル**なので正しい。

【問題5】　手さげ式の機械泡消火器について，次のうち正しいものはどれか。

(1)　冷却作用及び抑制作用によって消火する。

(2)　機械泡の液状又は粉末状のものは水に溶けにくいこと。

(3)　バルブは，レバーを握ると開き，離せば閉じるという，開閉バルブ式である。

(4)　放射圧力源には，一般に二酸化炭素が用いられている。

解　答

【3】…(4)　　　　　　　［3の類題］…×（水とほぼ同等の冷却効果しかない）

(1) 泡消火器（化学泡消火器含む）は，**窒息作用**と**冷却作用**によって消火するので，誤りです。

(2) 機械泡については，水溶液又は液状，粉末状のもので，**液状，粉末状は水に溶けやすいこと**，となっているので，誤りです。

(3) 蓄圧式消火器のバルブは**開閉バルブ式**なので，正しい。

(4) 手さげ式の機械泡消火器の場合，放射圧力源には，一般に**窒素ガス**が用いられているので誤りです。なお，ガス加圧式である大型の消火器の場合は，窒素ガスまたは二酸化炭素が用いられています。

【問題6】 機械泡消火器の使用圧力範囲として，正しいものは次のうちどれか。

(1) 0.24～0.48 MPa

(2) 0.36～0.72 MPa

(3) 0.7～0.98 MPa

(4) 0.8～1.15 MPa

機械泡消火器には指示圧力計が設けられており，その使用圧力範囲は，強化液消火器，蓄圧式粉末消火器と同じく，**0.7～0.98 MPa** です。

<化学泡消火器　→P.152>

【問題7】 **化学泡消火器について，次のうち誤っているものはどれか。**

(1) 化学泡消火器には，機械泡消火器同様，ろ過網が設けられている。

(2) 破蓋転倒式は，内筒の封板をカッターで破ってから転倒させる。

(3) 化学泡消火器には安全弁が設けられているが，機械泡消火器には設けられていない。

(4) 手さげ式の場合，鋼板製の外筒内にポリエチレン製の内筒が取り付けられている。

解　答

【4】…(4)　　　　　　　　　　【5】…(3)

(1)　ろ過網は，ノズルが詰まらないよう，消火薬剤をろ過するためのもので，化学泡消火器には設けられていますが，機械泡消火器には設けられていないので誤りです。

(3)　安全弁を装着している消火器は，**化学泡，ハロン 1211，ハロン 1301，二酸化炭素**の各消火器です。従って，機械泡消火器には設けられていないので，正しい。

【**問題8**】　転倒式の化学泡消火器について述べた次の記述において，（　）内に当てはまる語句の組合せとして正しいものは次のうちどれか。

　「使用時に消火器を転倒させると，（A）の外筒用薬剤と（B）の内筒用薬剤が混合して反応し，（C）を含んだ泡が発生し，それがろ過網，ホースを経てノズルから放射される。」

	A	B	C
(1)	アルカリ性	酸性	二酸化炭素
(2)	酸性	アルカリ性	界面活性剤
(3)	酸性	アルカリ性	二酸化炭素
(4)	アルカリ性	酸性	界面活性剤

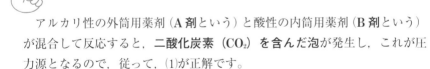

　アルカリ性の外筒用薬剤（**A 剤**という）と酸性の内筒用薬剤（**B 剤**という）が混合して反応すると，**二酸化炭素（CO_2）を含んだ泡**が発生し，これが圧力源となるので，従って，(1)が正解です。

類題　次の文章の正誤を答えなさい。
　「化学泡消火器には硫酸アルミニウムを主成分とした外筒用薬剤と炭酸水素ナトリウムを主成分とした内筒用薬剤がある。」

【**問題9**】　化学泡消火器について，次のうち誤っているものはどれか。

解　答
【6】…(3)　　　　　　　　　　　【7】…(1)

A　外筒と内筒には，それぞれ液面表示が付いている。

B　薬剤は1年に1回，再充てんする必要がある。

C　消火効果は，水による冷却効果のほか，泡が燃焼面を覆うことによる窒息効果がある。

D　油火災，電気火災に適応するが，普通火災には適応しない。

E　使用温度範囲は，0℃〜40℃ である。

(1)　A，C　　　　(2)　B，D

(3)　C，E　　　　(4)　D，E

B　化学泡消火器の薬剤は経年劣化するので，定期的（普通は1年に1回）に詰め替える必要があります。

D　機械泡消火器同様，感電のおそれがあるので電気火災には使用できません（普通火災と油火災に適応する）。

E　化学泡消火器の使用温度範囲は，製品，規格とも**5℃〜40℃** です。

<二酸化炭素消火器　→P.155>

【問題10】　二酸化炭素消火器について，次のうち誤っているものはどれか。

(1)　容器は高圧ガス保安法の適用を受ける。

(2)　充てん比（容器の内容積と消火剤の質量の比）は，1.5 以上必要である。

(3)　容器の2分の1以上を緑色に，4分の1以上を赤色に塗装されている。

(4)　指示圧力計，安全弁は設けられていない。

(1)　ハロン1301などと同様，容器は**高圧ガス保安法**による**耐圧試験**に合格したものを使用する必要があります。

(3)　正しい（鑑別で写真を示しての出題がある）。なお，ハロン1301の方は，容器の**2分の1以上がねずみ色**，**25% 以上が赤色**になります。

(4)　蓄圧式でも**二酸化炭素**と**ハロン1301**には圧力計は不要で正しいですが，安全弁は**化学泡**や**ハロン1301**と同じく設けられています。

解　答

【8】…(1)　　　　　　［8の類題］…誤（外筒用薬剤と内筒用薬剤が逆）

【**問題**11】　二酸化炭素消火器の構造と機能について，次のうち誤っているものはどれか。

(1)　狭くて，換気の悪い地階や無窓階に設置してはならない。

(2)　充てんされている消火薬剤の測定には，圧力計を用いる。

(3)　ガス漏れの原因になるので，高温になる場所へは設置してはならない。

(4)　安全栓とともに安全弁の取り付けも必要である。

(1)　窒息事故の危険性があるので，正しい。

(2)　二酸化炭素は液体の状態で充てんされており，そのチェックの際は**質量**を測定します（圧力計は装着されていない）。

(3)　容器の内圧が大きくなってガス漏れの原因になることがあるので，正しい。なお，「**火炎に接すると消火薬剤が熱分解する**」という出題例がありますが，高温になっても熱分解はしないので，**誤り**になります。

(4)　正しい。安全栓は，手動ポンプで作動する水消火器，転倒式の化学泡消火器以外の消火器に装着する必要があります。

【**問題**12】　二酸化炭素消火器の構造，機能について，次のうち正しいものはどれか。

(1)　バルブは開放式で，一度レバーを握ると全量放射される。

(2)　−40℃ の冷凍倉庫では使用できない。

(3)　主な消火作用は，液化炭酸ガスが大気中に放射されて気化する際の冷却作用である。

(4)　二酸化炭素は電気の良導体なので，電気火災には使用できない。

(1)　バルブは他の蓄圧式と同じく**開閉式**です（開放式はガス加圧式）。

(2)　二酸化炭素の使用温度範囲は，−30℃〜40℃ なので（p. 155），−40℃の冷凍倉庫には使用できません。

(3)　若干の冷却作用もありますが，主な消火作用という場合は，**窒息作用**に

なります。なお，液化炭酸ガスが放射されて気化する際，冷却作用を伴うので，凍傷を防止するための**ホーン握り**が設けられています。

(4) 　二酸化炭素消火器は油火災と電気火災に適応しますが（普通火災は×），電気火災に適応するのは，二酸化炭素が電気の**不良導体**であるためです。

<ハロゲン化物消火器　→P.158>

【問題13】　ハロゲン化物消火器について，次のうち誤っているものはどれか。

(1) 　容器は鋼製またはステンレス鋼板製であるが，ハロン2402のみ黄銅製である。

(2) 　ほかの蓄圧式同様，すべて指示圧力計が装着されている。

(3) 　ハロン2402は高圧ガス保安法の適用を受けない。

(4) 　消火作用は負触媒作用と窒息作用である。

(2) 　ハロン1211及びハロン2402は消火薬剤を窒素ガス等で加圧しているので指示圧力計が装着されていますが，ハロン1301にはそのようなガスは充てんされていないので（薬剤自体の蒸気圧で放射するため），指示圧力計は不要です。

(3) 　ハロン1211とハロン1301は常温常圧では気体であり，**圧縮液化した状態**で充てんされているので**高圧ガス保安法**の適用を受けますが，ハロン2402は常温常圧では**液体**なので，圧縮液化することなく充てんされており，高圧ガス保安法の適用を受けません。従って，正しい。

(4) 　消火作用は，燃焼の連鎖反応を抑制する**負触媒作用**とハロンが気化した際のガスによる**窒息作用**（空気の供給を遮断）なので正しい。

【問題14】　ハロン1301消火器について，次のうち正しいものはどれか。

(1) 　強化液消火器（霧状）同様，電気火災にも適応する。

(2) 　容器は高圧ガス保安法の定めにより容器の表面積の２分の１以上を緑色に，残りを赤色に塗装されている。

(3) 　安全弁は設けられていない。

解　答

【11】…(2) 　　　　　　　　　　　　　　　【12】…(2)

（4）　消火の際には有毒ガスが発生するので，密閉した場所や地階などには設置できない。

（1）　ハロン 1301 は二酸化炭素と同じく**電気の不良導体**であるため，電気火災にも適応します。従って，これが正解です。

（2）　緑色は二酸化炭素の場合で，ハロン 1301 は表面積の 2 分の 1 以上をネズミ色に塗装されています。

（3）　安全弁は，**二酸化炭素，化学泡，ハロン 1211** 及び**ハロン 1301** に設ける必要があるので誤りです。

（4）　有毒ガスが発生するのは，ハロン 1211 とハロン 2402 の方なので誤りです。なお，これらの消火器を使用したあとは，十分な換気が必要です。ちなみに，バルブは他の蓄圧式消火器同様，**開閉式**のバルブです。

<粉末消火器　→P.159>

重要【**問題15**】　蓄圧式粉末消火器の構造又は機能について，次のうち正しいものはどれか。

（1）　放射圧力源は，一般に二酸化炭素が用いられている。

（2）　使用圧力範囲は，0.5〜1.0 MPa の範囲とされる。

（3）　レバー操作で放射停止ができるように，開閉バルブが設けられているものがある。

（4）　サイホン管の内部に消火薬剤が詰まらないように，サイホン管に粉上がり防止用封板が設けてあるものがある。

（1）　放射圧力源は，一般に**窒素ガス**が用いられています。

（2）　蓄圧式粉末消火器の使用圧力範囲は，強化液消火器，機械泡消火器と同じく，**0.7〜0.98 MPa** です。

（3）　放射方式には，**開閉バルブ式**と**開放式**があり，蓄圧式消火器には開閉バルブ式，粉末消火器のガス加圧式には開閉バルブ式と開放式があります。

　解　答
【13】…(2)

従って，粉末消火器には蓄圧式もあり，蓄圧式には開閉バルブが設けられているので，正しい。

(4)　粉上がり防止用封板は，<u>ガス加圧式</u>の粉末消火器のみに装着されている部品で，蓄圧式には設けられていないので誤りです（P. 160，図 3-16 参照）。

重要 【問題16】　ガス加圧式の粉末消火器に装着されている部品として，次のうち誤っているものはどれか。

(1)　ガス導入管　　　(2)　逆流防止装置

(3)　安全弁　　　　　(4)　ノズル栓

　ガス導入管，逆流防止装置，粉上がり防止用封板，そしてノズル栓は，ガス加圧式粉末消火器<u>のみ</u>に装着されている部品ですが，安全弁は，化学泡消火器と高圧ガス保安法の適用を受けるハロン 1211，ハロン 1301，二酸化炭素の各消火器のみに装着されているので，(3)が誤りです。

> **安全弁が装着されている消火器（内圧が異常上昇する恐れのあるもの）**
> **⇒ 化学泡消火器＋高圧ガス保安法の適用を受ける消火器（ハロン 1211，ハロン 1301，二酸化炭素の各消火器）**

最重要 【問題17】　手さげ式のガス加圧式粉末消火器について，次のうち正しいものはどれか。

(1)　開閉バルブ式は，放射を中断することができ，薬剤が残っていれば再使用することができる。

(2)　開放式の場合，一度レバーを握ると消火薬剤は全量放出される。

(3)　排圧栓は，開閉バルブ式，開放式の両者ともに設けられている。

(4)　開放式のものには，使用済み表示装置を設ける必要がある。

解　答

【14】…(1)　　　　　　　　　　　【15】…(3)

(1) 「開閉バルブの役割⇒放射を中断することができる（出題例あり）」

　　しかし，薬剤が残っていても<u>再使用できない</u>ので（粉末がバルブに付着して気密性を保持することができず，本体容器内の加圧用ガスが漏れてしまうので），**使用済み表示装置**を設ける必要があります。従って，誤りです。

〔 類題 開閉バルブを設けなくてもよい薬剤量を答えなさい。 〕

(3) 排圧栓は，**開閉バルブ式のみ**に設けます（放射を中断した際の容器内の残圧を整備に先立って排出するため）。

(4) (1)の解説より，使用済み表示装置を設ける必要があるのは，**開閉バルブ式**の方です。

重要 【問題18】　手さげ式のガス加圧式粉末消火器について，次のうち誤っているものはどれか。

(1) 窒息及び抑制作用によって消火をする。

(2) 開放式の場合，ノズル栓を設けることによって，薬剤の吸湿を防止している。

(3) 逆流防止装置は，サイホン管の先端に装着され，粉末薬剤が流入して固化してしまうのを防ぐ装置である。

(4) 粉上がり防止用封板には外気を遮断する効果もある。

(2) 正しい。なお，ノズル栓は，一般に開閉バルブ式にも設けられています。

(3) 逆流防止装置は，**ガス導入管**の先端に装着されています。なお，サイホン管の先端に装着されているのは**粉上がり防止用封板**の方で（注：蓄圧式粉末のサイホン管先端には何も装着されていない），また，粉末薬剤が流入して固化してしまうのを防ぐ装置，というのは正しい内容です。

解　答

【16】…(3)　　　【17】…(2)　　　[17の類題]…3kg以下（P.162の開放式より）

【問題19】　ガス加圧式の大型粉末消火器について，次のうち誤っているもの
はどれか。

(1)　小容量のものには，二酸化炭素が加圧用ガスとして用いられている。

(2)　大容量のものには，窒素ガスが加圧用ガスとして用いられている。

(3)　加圧用ガスが二酸化炭素の場合は，圧力調整器を用いて減圧する必要が
ある。

(4)　ノズルは，レバーを操作することにより放射または停止をすることがで
きる開閉式となっている。

(3)　圧力調整器を用いて減圧しているのは，加圧用ガスが二酸化炭素ではな
く**窒素ガス**の場合（＝大容量器）です。

なお，過去に，小容量と大容量の加圧用ガスを問う問題が出題されてい
るので，「**小容量は二酸化炭素，大容量は窒素ガス**」というのは，ぜひ覚
えておいてください。

＜その他＞

重要【問題20】　危険物第４類第１石油類の火災の初期消火の方法として，
次のうち誤っているものはどれか。

(1)　乾燥砂による消火は効果がある。

(2)　通常，窒息消火が効果的である。

(3)　一般に，引火点が低いので冷却消火が最もよい。

(4)　二酸化炭素消火器による消火でもよい。

この問題は，法令（第６類）の「消火器具の適応性（規則第６条）」と少
し重なるような内容ですが，本試験においては，「消火器の構造，および点
検，整備の方法」の分野でも出題されています。

さて，第４類危険物第１石油類（ガソリンなど）の初期消火の方法として，
最も適しているのは，(2)にある通り，**窒息消火**です。従って，(3)の冷却消火

解　答

【18】…(3)

（水などによる消火）が誤り，ということになります。

　また，P.168 の表 3-3 からこの窒息作用がある消火器を見ると，強化液以外，すべてにあります。従って，⑷は正しい，ということになります。なお，⑴の乾燥砂も窒息作用があり，第 4 類危険物の消火には有効です。

重要 【問題21】　次のうち，高圧ガス保安法の適用を受けないものはいくつあるか。

A　ハロン 2402 消火器

B　二酸化炭素消火器

C　ハロン 1301 消火器

D　内容積が 100 cm³ を超える加圧用ガス容器

E　蓄圧式機械泡消火器

F　加圧式大型強化液消火器の加圧用ガス容器

⑴　1 つ　　　⑵　2 つ　　　⑶　3 つ　　　⑷　4 つ

　Bの**二酸化炭素消火器**とCの**ハロン 1301 消火器**は，高圧ガス保安法の適用を受け，**安全弁**を装着する必要があります（圧力計は不要）。また，Dの加圧用ガス容器は，内容積が **100 cm³ を超える**場合に高圧ガス保安法の適用を受けるので，Fの加圧用ガス容器も適用を受けます。よって，適用を受けないのは，A，Eの 2 つになります。

重要 【問題22】　次の消火器のうち，指示圧力計を装着していないものはいくつあるか。ただし，すべて手さげ式である。

　「強化液消火器，機械泡消火器，化学泡消火器，二酸化炭素消火器，ハロン 1301 消火器，蓄圧式粉末消火器，ガス加圧式粉末消火器」

⑴　1 つ　　　⑵　2 つ　　　⑶　3 つ　　　⑷　4 つ

　蓄圧式には圧力計は必要ですが，**二酸化炭素**と**ハロン 1301** には不要です。

解　答

【19】…⑶　　　　　　　　　　　【20】…⑶

また，**化学泡消火器**と**ガス加圧式粉末消火器**にも装着されていないので，(4)
の4つが正解です。

【問題23】 問題22に掲げた消火器において，安全弁が装着されているもの
はいくつあるか。

(1) 1つ　　　(2) 2つ　　　(3) 3つ　　　(4) 4つ

　安全弁は高圧ガス保安法の適用を受ける**二酸化炭素消火器**と**ハロン1301
消火器**に必要で，また，**化学泡消火器**にも装着されているので，(3)の3つが
正解です（その他**ハロン1211**にも装着されています）。

最重要 **【問題24】** 消火薬剤とその主な消火作用について，次のうち誤って
いる組合せはどれか。
(1) 二酸化炭素消火器………………窒息作用
(2) 化学泡消火器……………………冷却作用，窒息作用
(3) 強化液消火器……………………窒息作用
(4) ハロン1301と粉末消火器……窒息作用，抑制作用

　(3)の強化液消火器は水系なので**冷却作用**があり，また霧状放射にすると炭
酸カリウムの負触媒作用の働きにより**抑制作用**もあるので誤りです。

最重要 **【問題25】** 消火器とその適応火災について，次のうち不適当な組合
せはどれか。
(1) 強化液消火器（霧状）…A火災，B火災，C火災
(2) 二酸化炭素消火器………A火災，C火災
(3) 粉末（ABC）消火器……A火災，B火災，C火災
(4) 化学泡消火器……………A火災，B火災

解　答

【21】…(2)　　　　　　　　　　　【22】…(4)

第3章

問題演習（その他）

　P. 168，表3-3参照。(1)と(3)は全火災適応なので正しい。(2)の二酸化炭素消火器は，普通火災（A火災）には適応しないので誤りです。

類題　炭酸水素カリウムを主成分とする粉末消火器（K）の適応火災は，A火災とC火災である。

【**問題26**】　消火器と消火薬剤の次の組合せにおいて，誤っているものはどれか。

(1)　強化液消火器…………炭酸カリウムの濃厚なアルカリ性水溶液

(2)　機械泡消火器…………水成膜泡または合成界面活性剤泡

(3)　化学泡消火器

　　　外筒用薬剤…………炭酸水素ナトリウムを主成分とし,起泡剤等を加えたもの

　　　内筒用薬剤…………硫酸アルミニウム

(4)　粉末（ABC）消火器…炭酸水素ナトリウム等

　粉末（ABC）消火器の消火薬剤は**リン酸アンモニウム等**です。炭酸水素ナトリウムは，同じ粉末消火器でも**粉末(Na)消火器（BC消火器ともいう）**の方の消火薬剤です。

　なお，(3)の化学泡消火器の外筒用薬剤はA剤，内筒用薬剤はB剤ともいいます。

【**問題27**】　粉末消火器の消火薬剤とその色の組合せとして，次のうち誤っているものはどれか。

(1)　リン酸アンモニウムを主成分とするもの……………………………淡紅色

(2)　炭酸水素ナトリウムを主成分とするもの……………………………黄色

(3)　炭酸水素カリウムを主成分とするもの………………………………紫色

解答

【23】…(3)　　　【24】…(3)　　　【25】…(2)　　　[25の類題]…×（BとC火災）

(4)　炭酸水素カリウムと尿素の反応物を主成分とするもの…………ねずみ色

(1)　りん酸アンモニウムを主成分とする消火薬剤は，粉末（ABC）消火器に用いられるもので，その色は淡紅色でABC火災に適応します。

(2)　炭酸水素ナトリウムを主成分とする消火薬剤は，粉末（Na）消火器に用いられるもので，その色は黄色ではなく，白色です。

(3)　炭酸水素カリウムを主成分とする消火薬剤は，粉末（K）消火器に用いられるもので，その色は紫色で正しい。

(4)　炭酸水素カリウムと尿素の反応物を主成分とする消火薬剤は，粉末（KU）消火器に用いられるもので，その色はねずみ色で正しい。

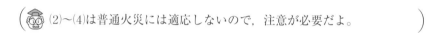

(2)～(4)は普通火災には適応しないので，注意が必要だよ。

【問題28】　二酸化炭素と窒素の性質上の共通点として，適切なものを2つ選べ。

A　無色無臭

B　空気より重い

C　電気絶縁性が良い

D　空気より水に溶解しやすい。

(1)　A，C　　(2)　A，D　　(3)　B，C　　(4)　B，D

B　窒素の分子量は28，二酸化炭素の分子量は44ですが，空気の平均分子量は28.8なので，窒素については，空気より軽いので，誤りです。

D　両者とも空気とはどのような割合でも混ざり合い，この点では正しい。しかし，二酸化炭素が水に溶けやすいのに対し，窒素はほとんど溶けないので，誤りです。

解　答

【26】…(4)　　　　　　　　　【27】…(2)　　　　　　　　　【28】…(1)

第4章
点検・整備の方法

さあ がんばって
登るぞぉ～

　　　構造，機能及び点検整備の方法における出題数9問のうち，点検整備の方法には毎回5問程度出題される傾向にあります。
　　　その出題内容としては，次のように分類することができます。
　①　消火器の点検，整備方法（**粉末消火器と化学泡消火器**が多い）
②　消火薬剤の充てん時の注意事項及び充てん方法についての出題（これも**粉末と化学泡**が多いが，総合問題も出題されている）
③　消火器の点検，整備についての総合問題（抜き取りで点検を行う場合の**ロット作成法**，**点検の期間**，**各消火器の点検**，**整備法の総合問題**など）
④　**消火薬剤**または**消火器の廃棄処理**についての出題もおおよそ2回に1回の割合で出題されています（これも**粉末と化学泡**が多いが総合問題も多い）。
⑤　その他，消火器の**放射異常**を示してその原因を問う問題や**加圧用ガス容器**についての出題などもよくあります。
　　　以上のポイントをよく把握するようにしながら，学習を進めていってください。

❶ 外観点検と整備

　点検，整備の大まかな流れを説明しますと，まず**外観点検**を実施し，その結果不備があれば整備を行うか，または廃棄処分を行います。しかし，その不備が消火器の機能に影響を与えかねない不備の場合は，機能についての点検，すなわち**機能点検**を行い，場合によっては，**消火薬剤**の充てんを行う，という流れになっています。

　この外観点検ですが，点検に入る前にまず，一般的に次のようなことに留意する必要があります。

Ⅰ. 一般的留意事項

図4-1　キャップスパナ

① 　合成樹脂の容器または部品の清掃には，**有機溶剤（シンナーやベンジンなど）を使用しない**こと。

② 　**二酸化炭素消火器，ハロゲン化物消火器**，及び**加圧用ガス容器**のガスの充てんは消防設備士が行ってはならないこと（⇒ **専門業者に依頼**する）。

③ 　キャップの開閉には，所定の**キャップスパナ**を用いること（⇒ ハンマーでたたいて開ける，などということをしない）。

④ 　キャップやプラグなどを開ける際は，容器内の**残圧**に注意し，かつ，残圧を排除した後に開けること。

⑤ 　**粉末消火薬剤**（または**ハロゲン化物**）には**水分**が禁物であることに留意しておくこと（⇒ 本体や部品などを清掃または整備をする際に注意をする）。

⑥ 　点検や整備のために消火器を移動した場合は，代わりの消火器（代替消火器）を設置しておくこと。

⑦ 　その他
　○ 　床面からの高さは**1.5 m以下**であること。
　○ 　防火対象物または設置を要する場所の各部分から，1（1つ）の消火器までの歩行距離が**20 m以下**（大型消火器は**30 m以下**）であること。
　○ 　消火器具設置場所の見やすい位置に，消火器具の種類に従った**標識**が設けてあること。

○　消火器に表示された使用温度範囲外の箇所に設置されているものは，**保温**等適当な措置が講じられていること。

○　消火器具は，本体容器又はその他の部品の**腐食**が著しく促進されるような場所（化学工場，メッキ工場，温泉地など），**著しく湿気の多い場所**（厨房など），耐えず**潮風**又は雨雪にさらされる箇所などに設置する場合は，適当な防護措置を講じること。

などです。これらに留意しながら次に述べる外観点検を行っていきます。

Ⅱ．外観点検

外観点検とは，外観から判別することができる本体や部品などの不具合（変形や腐食，損傷など）を，設置後 **6 ヶ月**ごとに実施する点検のことで，設置数の**全数**（全部）について行います。

この点検の結果については，冒頭でも説明しましたように，

①　**整備または廃棄処分を行い部品等を交換する。**あるいは，

②　**機能点検を行う。**

となります。

なお，いずれの部品においても「**変形，損傷，腐食などが著しい場合**」は取り替え（**廃棄処分**）を行います。

1．安全栓および安全栓の封

図 4-2　安全栓および安全栓の封

○　**脱落している（外れている）場合**

⇒ **機能点検**を行う。（本当に使用されて脱落したのか，または単にいたずら等によって脱落したのかわからないため）

● ただし，**使用済みの表示装置が設けられている消火器の場合**

⇒ 安全栓は関係なく，使用済みの表示装置が脱落しているか，いないかで機能点検の要不要を考えます。

①　使用済みの表示装置が脱落していない→	機能点検不要
②　使用済みの表示装置が脱落している　→	機能点検必要

①⇒ 使用済みの表示装置が脱落していない，ということは，レバーが握られていない，すなわち，使用されていないため

②⇒ 使用済みの表示装置が脱落している，ということは，レバーが握られて使用されたからであり，安全栓は使用後に装着された疑いがあるので，機能点検を行って確認をします。

2. 本体容器

① 軽微な錆がある場合

　⇒ 錆を落として数回塗装しておく。

② 次のような状態の場合は，**廃棄処分**にします。

　・**著しく腐食**しているもの（圧力によって破裂するおそれがあるため）

　・**錆がはく離**しているもの

　・あばた状の**孔食**を起こしているもの

　・溶接部が著しく損傷しているもの

　・著しい変形のあるもの

(a) 層状はく離の腐食　　　(b) あばた状の腐食　　　(c) 溶接部とその周辺の腐食

図 4-3　本体容器の腐食

3. キャップ（口金部）

○ キャップに変形や損傷，緩みなどがある場合

・**粉末消火器**の場合 ⇒ **機能点検**を行う（**水分が浸入した恐れがあるため消火薬剤を点検する**。なお，消火薬剤が**固化**している場合は詰め替える。）

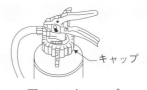

図 4-4 キャップ

・粉末消火器以外の場合 ⇒ 緩んでいる場合は締め直す

4. ホース，ノズル

① ねじの緩み ⇒ 締め直す（機能点検は不要）

② **詰まり，漏れがある場合**

⇒ **機能点検**を行う（消火薬剤が何らかの原因で放出し，また漏れた可能性があるため，**消火薬剤量**などを点検する）

③ 著しい変形・損傷・老化等がある場合

⇒ （ノズル口径が同一のものと）**交換する**。

● ただし，**開放式の加圧式粉末消火器**の場合は，①②③とも外気が侵入した疑いがあるので**機能点検**を行う（**消火薬剤の量や性状**，ガス量などの点検）。

5. 指示圧力計 （二酸化炭素とハロン 1301 を除く蓄圧式消火器のみ）

① 指示圧力値が緑色範囲の上限を超えている場合

⇒ **機能点検**を行う：**圧力計の作動を点検**し，精度を確認する。異常がなければ圧力を調整する。

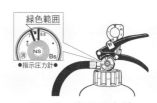

図 4-5 指示圧力計

② **指示圧力値が緑色範囲の下限より下がっている場合**

⇒ **機能点検**を行う：消火薬剤量を確認する。

⇓

（・適量であれば**気密試験**を行う（圧漏れによる圧力低下が考えられるため）

・不足していたら**消火薬剤を詰め替える**。）

①では圧力計をチェックするみたいだけど，②では何故チェックしないの？

圧力計の指針は，劣化するとスプリングバックと言って，加工前の元の状態に戻ろうとする性質があり，一般的に，その方向が圧力計の高い右方向なので，劣化して低い左方向は指さない，ということからだと思うよ。

6. 安全弁 （二酸化炭素，ハロン1211，ハロン1301，化学泡消火器のみ）

① **噴き出し口の封が損傷または脱落している場合**
  ・二酸化炭素とハロン1301の場合⇒機能点検を行う（消火薬剤量を確認する）
  ・化学泡消火器⇒反応している場合は機能点検を行う（消火薬剤の詰め替えを行う）

② **ねじが緩んでいる場合**
  ・二酸化炭素とハロン1301の場合⇒機能点検を行う（ガス漏れの可能性があるため，消火薬剤量を確認する。）
  ・化学泡消火器⇒ねじを締め直す

表4-1

「機能点検が必要な場合」のまとめ

1．安全栓の封が脱落している（使用済みの表示装置が脱落していない場合は不要）
2．使用済みの表示装置が脱落している
3．粉末消火器のキャップに変形や損傷，緩みなどがある
4．ホースやノズルに詰まりや漏れがある
5．開放式粉末消火器のホースやノズルに「ねじの緩み」や「著しい変形，損傷，腐食」などがある
6．指示圧力計の指示圧力値が緑色範囲外にある
7．安全弁の噴き出し口の封が損傷または脱落している
8．安全弁のねじが緩んでいる（二酸化炭素とハロン1301の場合）

② 内部および機能の点検と整備

1. 機能点検の時期

機能点検は，次のような場合に実施します。

1. **外観点検の結果，機能点検が必要と判断されたもの**
2. 次の期間が経過した消火器
   a　ガス加圧式消火器 ⇒ **製造年から3年**が経過したもの
   b　蓄圧式消火器 ⇒ **製造年から5年**が経過したもの
   　　（二酸化炭素とハロゲン化物は除く＊）
   c　化学泡消火器 ⇒ **設置後1年**経過したもの

（＊：二酸化炭素とハロゲン化物については，液化高圧ガスが充てんされている関係上，機能点検は行わず（専門業者に依頼する），年2回の機器点検の際に**外観点検**と**質量等**を点検するだけです。）

その後は**6ヶ月**ごとにこの機能点検を行います。

なお，製造年から**10年**を経過した消火器（二酸化炭素とハロゲン化物消火器は除く）に対しては，**耐圧性能点検（水圧点検）**を実施する必要があります。

　　「製造年から3年経過した場合」とは，令和5年製造の消火器の場合，令和6年を1年目として計算するので，令和9年が機能点検を実施する年になります。

また，機能点検を行う点検試料については，次のように**抜取り方式**でよい場合と**全数**について行わなければならない場合があります。

表4-2　点検試料の数について　　　　　　（↓参考資料）

消火器の種別	点検の時期	放射能力の点検(放射試験) (注：車載式は行わない)	放射能力以外の点検
加圧式消火器	「**製造年**」から3年	全数の**10%以上** ＊ （粉末は抜き取り50％以上）	全数（粉末は抜き取り）
蓄圧式消火器	「**製造年**」から5年	抜き取り数の**50%**以上	（＊2） 抜き取り数
化学泡	「**設置後**」1年	全数の**10%以上**	全数（＊1）

（＊たとえば，該当する消火器が100台あれば，10台以上を試験します。）

（＊1）：全数について点検を行うのは化学泡消火器と粉末消火器以外の加圧式
　　　消火器だけです。

（＊2）：粉末と蓄圧式の抜取りについては，次の方法によること。

　　1　**確認試料**（**確認ロット**という言い方をする）の作り方
　　　器種（消火器の種類），**種別**（大型か又は小型か），**加圧方式**が同
　　　じものを1ロットとする（⇒ **メーカー別**に分ける必要はないので
　　　注意！）。
　　　　ただし，製造年から**8年**を経過したものは別ロットとする。

　　2　**抜取り方法**
　　①　製造年から3年を超え8年以下の加圧式の粉末消火器及び製造
　　　年から5年を超え10年以下の蓄圧式の消火器
　　　　⇒ **5年**でロットの全数が確認できるよう，（概ね均等に）製造年
　　　　の古いものから抽出する。
　　②　製造年から8年を超える加圧式の粉末消火器及び製造年から
　　　10年を超える蓄圧式の消火器
　　　　⇒**2.5年**でロットの全数が確認できるよう，（概ね均等に）製造
　　　　年の古いものから抽出する。

　　3　**判定**（抜取り方式の場合）
　　①　欠陥が無い場合 ⇒ 当該ロットは「良」とする。
　　②　「消火薬剤の固化」または「容器内面の塗膜の剥離等」の欠陥
　　　が有る場合
　　　　⇒「メーカー」「質量」「製造年」が同一のもの**全数**について，前
　　　　記の欠陥項目の確認をする。
　　③　②以外の欠陥がある場合
　　　　⇒ 欠陥のあったものだけを整備する（全数でなくてよい）。

　　　　　確認ロットについては，少々複雑な印象を持たれ
　　　たかもしれんが，ポイントは1の確認試料の作り方，
　　　すなわち，「ロットの作成方法」じゃ。
　　　　本試験では，この「ロットの作成方法」の3つの
　　　要素を問うものが度々出題されているので，それ以
　　　外の要素が出ていたら誤りとなるわけじゃ。
　　　　このあたりのポイントをよく押さえながら，その
　　　他の部分は，参考程度に目を通せばよいじゃろう。

┌─ ＜参考資料＞
│ ～①と②の抽出に関する説明～

　　　　　2の「抜取り方法」の抽出方法について少し分かりにくいと思いますので例を挙げて説明します。

　　　　　たとえば①の場合，ある建物に点検の対象となる消火器（製造年から3年を超え8年以下の加圧式の粉末消火器）が仮に1ロット当たり12本あるとします。この12本を5年ですべて点検すればよいので，毎年2～3本ずつ抜き取って点検すればよい，ということになります（「概ね均等に」だから，今年2本で来年3本，でもよい）。

　　　ただし，その場合，「製造年の古いものから抽出する」となっていますので，たとえば，12本のうち製造年から4年が9本，製造年から8年が3本あれば，まず製造年から8年の3本を抽出して点検をしなさい，ということなのです。

　　　これは，製造年から8年のものだと，次の年になると製造年から9年になり，「製造年から3年を超え8年以下のもの」というロットの条件を満たせなくなるので，「製造年の古いものから抽出する」となっているわけです。

　　　この①と②については，本試験ではここまで出題されることは一般的に少ないので，急いでいる人は飛ばしてもらって結構です

2. 分解と点検および整備

1. 蓄圧式消火器の場合

（注：高圧ガス保安法の適用を受ける**二酸化炭素**と**ハロン1301**の整備は専門業者に依頼する）

　蓄圧式の分解と整備は，次のように，「消火薬剤量の確認 ⇒ 容器内の内圧の確認 ⇒ 分解 ⇒ 点検 ⇒ 整備」という手順になります。

① 　総質量を計量して（はかって）消火薬剤量を確認する。

●② 　指示圧力計の指針が**緑色範囲内**にあるかを確認する。（この部分は蓄圧式のみで加圧式にはないので注意！）

③ 　**ドライバー**で**排圧栓**を開き内圧を排出する。排圧栓のないものは，容器を逆さまにしてレバーを握り，バルブを開いて内圧を排除する。

④ 　消火器を**クランプ台**に固定して，**キャップスパナ**でキャップをゆるめる。

⑤ 　バルブとサイホン管が一体となった部分を本体から抜き取り，サイホン管を外す。

⑥ 　本体容器をクランプ台から外す。

⑦ 　容器内に残っている消火薬剤を取り除く。取り除いた消火薬剤は，

> ○ 　水系　⇒ **ポリバケツ**などに移す
>
> ○ 　粉末系⇒ **ポリ袋**に移し，輪ゴムなどで封をして湿気の侵入を防ぐ。

⑧ 　各部品を強化液などの**水系の消火器は水洗い**，**粉末消火器**はエアーガンを用いて**除湿された圧縮空気**または**窒素ガス**を吹き込んで（エアブロー）清掃し，また図⑧のよ

（逆さまにして消火剤が放出しないようにする）

蓄圧ガス

消火薬剤

サイホン管

③ 　内圧の排除

④ 　キャップをゆるめる

⑤

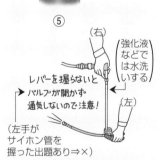

（右）

強化液などでは水洗いする

レバーを握らないと
➤ バルブが開かず
通気しないので注意！

（左）

（左手がサイホン管を握った出題あり⇒×）

⑧ 　サイホン管のエアーブロー

図4-6

うに，サイホン管に詰まりがないかを確認する（通気試験という）

（注：加圧用ガス容器が付いたままレバーを握った写真の出題あり ⇒ ×）

なお，「ガス加圧式粉末消火器を圧縮空気で清掃する際の部品を4つ答え
よ」として実技で出題例がありますが，**バルブ，サイホン管，ホース，ノズ
ル**などを答えればよいだけです。

> この①〜⑧のうち，②〜⑦をバラバラにしてそれを正しい手順に並べ
> 替えさせる出題例があるので，くれぐれも手順を間違えないように。

2．ガス加圧式消火器(粉末小型消火器)の場合（①〜⑥の手順は出題例あり）

① 総質量を計量して消火薬剤量を確認する。

② 消火器を**クランプ台**に固定する。

③ **ドライバー**で**排圧栓**を開き内圧を排出す
る（⇒排除後は排圧栓を閉じる）。

③ 排圧栓を開く

○ **排圧栓**のないものは，④でキャップを
ゆるめるときに**減圧孔**から残圧を排除し，
その吹き出しが止ってから再びキャップ
をゆるめる（加圧式の②，③は「クラン
プ台→排圧栓」となっていますが，前頁
の蓄圧式の③，④は「排圧栓→クランプ
台」と逆になっているので注意）。

④ **キャップスパナ**でキャップをゆるめる。

⑤ バルブ部分を本体容器から抜き取る。

④ キャップをゆるめる

⑥ 容器内に残っている消火薬剤を**ポリ袋**に
移し，輪ゴムなどで封をして湿気の侵入を
防ぐ。

⑦ **プライヤー**や**ボンベスパナ**を用いて**加圧
用ガス容器**を外す。

（この場合，加圧用ガス容器の取付けねじ
には，**右ねじ**のものと**左ねじ**のものがある
ので，これに注意して分解を（組立ての際
も）行う必要があります。）

⑤ バルブ部分を取り出す

（分解時）
加圧用ガス容器を外してか
ら**安全栓**を外す。

⑧　ノズルキャップ，サイホン管の粉上がり
防止用封板および**安全栓を外す**（でないと
⑨の通気試験が行えないため）

⑦　**加圧用ガス容器の取り外し**
図4-7

⑨　レバーを握り，**サイホン管**から除湿された圧縮空気または窒素ガスを吹
き込んでノズルから勢いよく空気が出るかという**通気点検**をする（P. 196
の図の⑧，その他，**本体容器内，キャップ，ホース，ノズル**などもエアブ
ローして清掃します）。（太字⇒<u>清掃すべき</u>箇所を答える出題例あり）。

⑩　サイホン管の**粉上がり防止用封板**を新しいものと取り替える。

＜加圧用ガス容器の機能点検＞

充てんされているガス量を次のようにして確認します。

・原則　**重量（質量）で測る**（二酸化炭素，二酸
化炭素と窒素の混合ガス，窒素ガスの封
板式）

⇒ 規定のガス量（g）より少なければガスが
抜けていることになるので，**新しいものと
交換する。**

・例外　**容器弁付きの窒素ガスは内圧を測定する。**

⇒ <u>容器弁付きのものは**高圧ガス保安法**の適</u>
用を受けるので，規定の圧力より少なけれ
ば**専門業者**に依頼して**ガスを充てんする。** 👉 **出た!**

例題

排圧栓のある消火器の機器点検時において，本体容器の分解時までに使用する器具，工具を4つ答えなさい。

〔解説〕 ガス加圧式粉末消火器に該当するので，P.197，P.198の①から⑩までのうち，下線で示してある②の**クランプ台**，③の**ドライバー**，④の**キャップスパナ**，⑦の**プライヤー**（またはボンベスパナ）の4つが解答になります。

〔解答〕 クランプ台，ドライバー，キャップスパナ，プライヤー（またはボンベスパナ）（蓄圧式の場合は下線の3つを答えればよい）

3．化学泡消火器（反応式）の場合

① 消火器をクランプ台に固定し，**木製**＊のてこ棒をキャップハンドルに入れて**左方向**(反時計方向)に回し（図4-8参照），キャップをゆるめる。（＊キャップは合成樹脂製なので，金属製のてこ棒は使えません。）

② 内筒を取り出す（図4-8の②参照）。

③ 内筒，外筒の薬剤量を液面表示で確認し，それぞれ別の容器に入れる。

④ 本体や部品（キャップ，ろ過網，ホース，ノズルなど）などを水で洗う。

① キャップをゆるめる。

② 内筒を取り出す。

図4-8

3. 消火薬剤の充てん

1. 蓄圧式消火器の場合

① メーカー指定の消火薬剤を用意する。

② 本体容器内に<u>漏斗</u>を挿入し，**規定量の消火薬剤を入れる**（下図4-9②参照）。

③ 口金のシート面などを布等で拭いておく。

④ 容器にバルブ部分を挿入し，キャップを手で締まるところまで締める（下図4-9④参照）。

⑤ 容器を**クランプ台**に固定して，指示圧力計が正面を向くようにして**キャップスパナ**でキャップを締める。

このあと，4. （P. 205）で説明する「蓄圧ガスの充てん」を行います。

② 消火薬剤の充てん　　　④ バルブの挿入

図4-9　蓄圧式消火器

2. ガス加圧式消火器（粉末小型消火器）の場合

① メーカー指定の消火薬剤を用意する。
（排圧栓があるものはドライバーで閉めておく）

② <u>サイホン管</u>に新しい**粉上がり防止用封板**を取りつける。

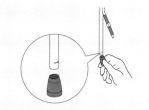

② 粉上がり防止用封板を取り付ける

③ **安全栓をセットする**（レバーが作動して加圧用ガス容器が破封するのを防ぐため）。

④ <u>プライヤー</u>（または<u>ボンベスパナ</u>）を用いて**加圧用ガス容器（ボンベ）を取り付ける**。その際，取付けねじが**右ねじ式**のものと**左ねじ式**のものが

あるので注意する。

（③と④の順番はよく出題されるので，要注意！）

③安全栓をセットする

（組立て時）

安全栓をセットしてから加圧用ガス容器をとりつける

⑤ 本体容器内に漏斗（ろうと）を挿入し，**規定量の消火薬剤**を入れる。

⑥ 充てんされた消火薬剤がふわふわと流動している間にサイホン管を素早く差し込み，キャップを手で締まるところまで締める。

④加圧用ガス容器を取り付ける

　この時に注意するのは，図4-10の⑥のように「ホースの方向」を「本体容器のホース取り付け位置」にきちんと合わせて差し込むこと，です。でないと，時間が経ってからでは消火薬剤が締まって簡単に回せないからです。

| ⑤ 消火薬剤の充てん | ⑥ サイホン管を差し込む → | ホース方向とホース取り付け位置を合わす | キャップを手で締める |

図4-10

⑦ 容器を**クランプ台**に固定して，**キャップスパナ**でキャップを締める（次頁の図参照）。

⑧ 安全栓に封印をする。

⑨ 使用済み表示装置を装着する。

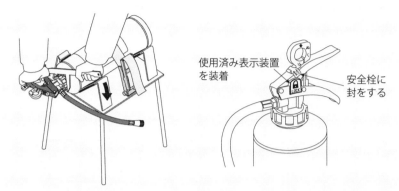

⑦キャップスパナで締め，⑧，⑨安全栓に封印をして使用済み表示装置を装着する

図4-11

―――――――――――――――――――――――――――――――

例題1　④，⑤，⑦の図より，この消火器の再充てんを行う際に必要な工具または器具を4つ答えよ。

〔解説〕　①から⑨までのうち，下線で示した④のプライヤー（又はボンベスパナ），⑤の漏斗，⑦のクランプ台とキャップスパナの4つが解答になります。

〔解答〕　プライヤー（またはボンベスパナ），漏斗，クランプ台，キャップスパナ（鑑別では，④，⑤，⑦の作業を写真で示した出題例がある）

例題2　消火薬剤を充てんする際に注意することを2つ答えなさい。

〔解説〕　P.200，3，1の①と②および2の①とP.201の⑤参照

〔解答〕　・消火薬剤はメーカー指定のものを用いる。
　　　　　・消火薬剤が規定の質量，充てんされたかを確認する。

　消火薬剤は，一般的に新しいものに詰め替えるが，古い消火薬剤を点検して，「変色，腐敗，沈殿物，汚れなどがなく，また，固化していないもの」については，再使用することも可能なんだ。

例題3　加圧用ガス容器を交換する際に注意すべき事項を2つ答えよ。

〔解答〕　①　容器記号を確認する。②　ガスの種類を確認する……など。

3．化学泡消火器（転倒式）の場合

1．A剤（**外筒用薬剤**）の充てん（詰め替え）

① 　外筒（本体）の水準線（液面表示）の**8割程度**まで水を入れる。

② 　この水をポリバケツに移す。

③ 　それに**A剤***を徐々に入れながらかき混ぜる（＊炭酸水素ナトリウムが主成分）。

 外筒内（本体内）に直接A剤を入れないこと（棒でかき混ぜる際に本体内面の**防錆塗膜**（塗料乾燥後の皮膜）を傷つけ,腐食の原因となるので）。必ず**別の容器**で水とかき混ぜます。

④ 　完全に溶けたら，それを本体容器に入れ，水準線（液面表示）に達するまで水を加える。

① 　**外筒に水を入れる**　　　③ 　**水を入れたポリバケツにA剤を入れる**　　　④ 　**薬剤を本体に入れる**

 ・外筒 ⇒ **炭酸水素ナトリウム**が主成分のA剤
・内筒 ⇒ **硫酸アルミニウム**のB剤

1の③のA剤と2の②のB剤を逆にした出題例があるので，注意（⇒B剤の硫酸アルミニウム（酸性）を外筒に入れると，外筒の金属が腐食され穴が開いたりする危険性がある）。

＜覚え方＞内筒は硫酸<u>アル</u>ミニウム ⇒ <u>ウチ</u>　に　<u>アル</u>
　　　　　　　　　　　　　　　　　　　　　　内　　　アルミニウム

2．**B剤（内筒用薬剤）の充てん**

① 内筒の**約半分**に相当する水をポリバケツに入れる。

② これに**B剤***を徐々にかき混ぜながら入れる。（*硫酸アルミニウム）

③ 完全に溶けたら，それを内筒に漏斗を挿入して移し，水準線(液面表示)に達するまで水を加える。

④ 内筒にふたをする（破蓋式は封板を確実に取り付ける）。

⑤ 内筒を本体容器内（外筒内）に挿入する。

⑥ 容器をクランプ台またはひざで固定し，キャップを締める。

⑦ 充てん年月日を明記した点検票を貼付する。

② ポリバケツ内の
　水にB剤を入れる

③ 液面表示までB剤を
　入れる

⑤ 内筒を入れる

⑥ キャップを締める

4. 蓄圧式消火器の蓄圧ガスの充てん

① 窒素ガス容器のバルブ a（図 4-12 参照）に**圧力調整器**を取り付ける。

② その出口側のバルブ b に**高圧エアーホース**を取り付ける。（P. 305 参照）

③・b の出口側のバルブは締める。

　・圧力調整ハンドル d は緩める。

　・この状態で a を開くと，図の一次側圧力計は c の容器内の圧力を示し，二次側圧力計は 0 を指す（図 4-13 参照）

④ d を静かに回すと二次側圧力計の針が徐々に上がるので，適正な充てん圧力*になるまで回し，セットする。

> ＊消火器の「温度―圧力線図」より求めた，充てん時の気温に適合した**充てん圧力**（水系の消火薬剤の場合は，圧縮ガスを吸収するので，一般的に 0.1 MPa を加える）。

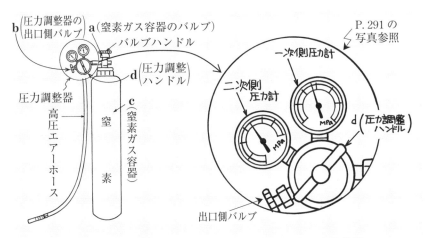

図 4-12　窒素ガス容器　　　**図 4-13　圧力調整器**

　これを消火器に入れればよいのですが，その為には，消火器側も次のような準備をしておきます。

⑤ 消火器のホース接続部に**継手金具**（接手金具ともいう），高圧エアーホースに**三方バルブ**（レバーは**閉**の状態）を接続し，継手金具に接続する。

⑥ 圧力調整器出口側バルブを**開ける**と，充てん圧力まで減圧された窒素ガスが高圧エアーホースを経て三方バルブへと通じる。

⑦　三方バルブのレバーを**開いて**消火器レバーを握ると，ｃの窒素ガス容器内の**窒素ガス**が消火器内に充てんされる。

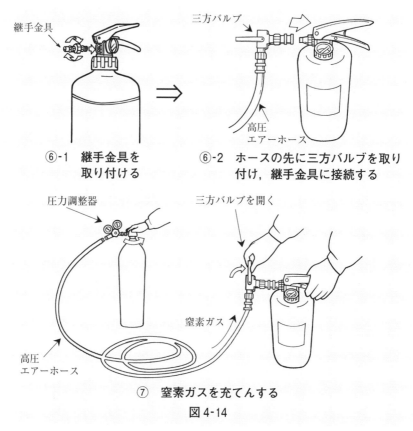

継手金具

三方バルブ

⑥-1　継手金具を
　　　取り付ける

高圧
エアーホース

⑥-2　ホースの先に三方バルブを取り
　　　付け，継手金具に接続する

圧力調整器

三方バルブを開く

窒素ガス

高圧
エアーホース

⑦　窒素ガスを充てんする
図 4-14

⑧　消火器の指示圧力計によって充てん圧力に達したことが確認できたら，握っていた消火器レバーを離し，三方バルブを**閉じる**。

⑨　安全栓をセットする。

⑩　三方バルブと継手金具を外す。

⑪　そして，P. 207 の図 4-15 のような**気密試験**を行い，漏れのないことを確認して終了（漏れがあれば気泡が生じる）。

●蓄圧式とガス加圧式の分解，組立て作業の違いのまとめ

　＜分解時＞

　　　ガス加圧式には，加圧用ガス容器があるので，バルブを含めた**加圧用ガス容器部分を取り外す作業**が必要になる。

　＜組立て時＞

　　　分解時と同様，**ガス加圧式**には加圧用ガス容器があるので，バルブを含めた**加圧用ガス容器部分を取り付ける作業**が必要になる。

　　　一方，**蓄圧式**には**蓄圧ガスを注入する作業**と**気密試験**が必要になる。

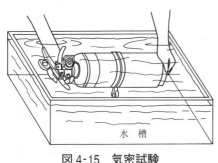

図4-15　気密試験

＜気密試験のポイント＞

（出題例がある）。

○　気密試験が必要な加圧方式

⇒　**蓄圧式**

○　気密試験の試験内容

⇒　*圧縮ガス（窒素）充てん後の**本体容器の気密性**を確認する。

（＊「<u>水を充てん</u>」は×）

5．耐圧性能点検 **重要**（下線の付いたのは試験に使う工具等⇒出題有）

　P.193に出てきた点検です（「ここに注意」の上）。製造年から**10年**を経過した消火器に対して行う水圧試験で，その後は**3年**ごとに実施する必要があります。

　その点検方法は，

①分解した消火器の本体容器内に水を満たして**キャップスパナ**でキャップを締める。

②下図ⓐを接続して消火器に**保護枠**をかぶせて**手動水圧ポンプ（耐圧試験機）**を接続する。

③レバー固定金具によりレバーを握った状態（バルブを開放）にし，消火器に表示されている所定の水圧を5分間かけて本体容器などに変形，損傷，漏れ等がないかを確認します。

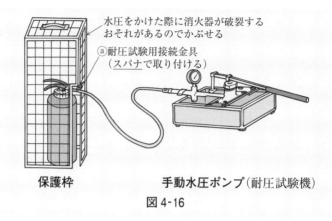

水圧をかけた際に消火器が破裂する
おそれがあるのでかぶせる

ⓐ耐圧試験用接続金具
（スパナで取り付ける）

保護枠　　　　　　**手動水圧ポンプ**（耐圧試験機）

図 4-16

問題にチャレンジ！
（第4章　点検・整備の方法）

＜外観点検と整備　→P. 188＞

【**問題1**】　消火器を点検する際の一般的留意事項として，次のうち正しいものはどれか。

(1)　キャップやプラグなどを開ける際は，容器内の残圧を少しずつ排出しながら徐々に開けること。

(2)　粉末消火器の本体や部品などを清掃する際には，容器内に水が入らないように注意をすること。

(3)　化学泡消火器のキャップでポリカーボネート樹脂製のものについては，点検時に油汚れが認められた場合，シンナー又はベンジンで掃除しなければならない。

(4)　二酸化炭素消火器や加圧用ガス容器（容器弁付きのもの）のガスの充てんは，消防設備士が行わなければならない。

(1)　キャップやプラグなどを開ける際は，容器内の残圧を排出しながら開けるのではなく，**残圧を排除した後**に開ける必要があるので，誤りです。

(2)　正しい。

(3)　合成樹脂の容器や部品の清掃に，シンナーやベンジンなどを使用してはならないので，誤りです。

(4)　二酸化炭素消火器や加圧用ガス容器のガスの充てんは，消防設備士ではなく，専門業者に依頼しなければならないので，誤りです。

【**問題2**】　ガス加圧式粉末消火器（開閉バルブ式）の外観点検について，次のうち不適当なものはどれか。

(1)　ホース取付けねじが緩んでいたので，締め直した。

(2)　安全栓が外れていたが，使用済みの表示装置が脱落していなかったので，

解　答

解答は次ページにあります。

安全栓を元の位置に付けておいた。

(3)　キャップが緩んでいたので，キャップスパナで締め直した。

(4)　ノズルが詰まっていたので，まず，消火器の内部及び機能の点検を行った。

(1)　正しい。**開閉バルブ式**の場合，外気がバルブで遮断されているので，ホース取付けねじが緩んでいても外気は侵入せず，ねじの締め直しをすればよいだけです。なお，ガス加圧式粉末消火器でも**開放式**の場合は，外気が遮断されていないので，ホース取付けねじが緩んでいたり，あるいはノズル栓が破損したりしている場合は**機能点検**を行う必要があります。

(2)　正しい。なお，逆に，安全栓は外れていないが，使用済みの表示装置が脱落している場合は，**機能点検**を行う必要があります（P.189の1参照）。

(3)　粉末消火器の場合，キャップが緩んでいると水分が浸入した疑いがあるので，**機能点検**を行う必要があり，誤りです。

(4)　ホース，ノズルの詰まりは，**機能点検**を行う必要があるので，正しい。

【**問題3**】　蓄圧式の消火器の指示圧力計にかかわる機器点検とその効果について，次のうち正しいものはどれか。

(1)　指示圧力値が緑色範囲の上限を上まわっていたので消火器のレバーにより緑色範囲内になるまで操作して点検を終了した。

(2)　指示圧力計の値が緑色範囲内であったため，正常と判断し，標準圧力計による点検を省略した。

(3)　40℃の室内で指示圧力値が緑色範囲の上限を若干上まわっていたが，室内温度による影響で，特に問題がないと判断し終了した。

(4)　消火薬剤充てん量は規定量あったが，指示圧力値が緑色範囲の下限より下がっていたので蓄圧ガスを補充して点検を終了した。

指示圧力計の指針が緑色範囲（使用圧力範囲）から外れていれば，次のよ

解　答

【1】…(2)

うに**機能点検**を行う必要があります。

> ①　指針が緑色の**上限**を超えている場合
>
> 　　まず，**指示圧力計の作動**を点検し，その<u>精度</u>を確認し，異常がなけ
> れば<u>充てん圧力</u>の調整を行う。
>
> ②　指針が緑色の**下限**より下がっている場合
>
> 　　まず，**消火薬剤量**を点検し，正常ならガス漏れが考えられるので，
> <u>気密試験</u>を行って点検する。

(1)　指示圧力値が緑色範囲の上限を上まわっていた場合，まずは，①のよう
　　に，指示圧力計の異常か充てん圧力が高いかを確認するための**機能点検**を
　　行う必要があるので，誤りです。

(2)　正しい。

(3)　緑色範囲の上限を上まわっていれば，①のように，**機能点検**を実施する
　　必要があるので，誤りです。

　　　なお，参考までに，温度が 35℃ において 1 MPa 以上になると高圧ガス
　　と規定されるので，現在製造されている消火器の使用温度範囲の上限は
　　+40℃ で圧力が 0.98 MPa となるように設定されています。

(4)　指示圧力値が緑色範囲の下限より下がっている場合は，②の**機能点検**を
　　実施する必要があるので，誤りです。

【**問題4**】　蓄圧式粉末消火器の外観点検の結果，指示圧力計に次のような異
常が見られた。その際の整備方法として，次のうち誤っているものはどれか。

(1)　指示圧力計の指針が緑色範囲外にあったので，指示圧力計を新しいもの
　　と交換しておいた。

(2)　指示圧力値が緑色範囲の下限より下がっていたので，消火薬剤量を確認
　　したら正常であったので，気密試験を行い漏れがないか点検した。

(3)　指示圧力値が緑色範囲の下限より下がっていたので，消火薬剤量を確認
　　したら不足していたので，消火薬剤を詰め替えた。

(4)　指示圧力計の内部に消火薬剤が漏れていたので，指示圧力計を新しいも
　　のと取り替えておいた。

<u>解　答</u>

【2】…(3)　　　　　　　　　　　　【3】…(2)

(1) 指示圧力計の指針が緑色範囲外にある場合は，前問の解説にある①また は②の**機能点検**を行う必要があります。

　　なお，指示圧力計のガラスが破損して指針が変形しているような場合は， そのまま指示圧力計を取り替えます。

(2)～(4)　正しい。

【**問題5**】　**消火器の点検及び整備について，次のうち正しいものはどれか。**

(1) 強化液消火器の指示圧力計が緑色範囲の上限を超えている場合は，指示 圧力計の作動を点検すること。

(2) 化学泡消火器のキャップでポリカーボネート製のものは，点検時に油汚 れがあれば，シンナー又はベンジンで掃除をすること。

(3) 蓄圧式粉末消火器の蓄圧ガスの充てんには，必ず二酸化炭素を充てんす ること。

(4) 加圧用ガスの充てん量を調べるには，空気及び窒素の場合は質量を測定 し，二酸化炭素の場合は圧力を測定する。

(1) **問題**3の解説の①より，正しい。

(2) 「合成樹脂の容器や部品の清掃を行う際は，シンナーやベンジンなどの 有機溶剤を使用しないこと。」となっているので，誤りです。

(3) 蓄圧式粉末消火器の蓄圧ガスの充てんには，一般に**窒素**が用いられてい るので，誤りです。

(4) 窒素でも，容器弁付きのものは**圧力**を測定し，作動封板式のものは**質量** を測定します。

　　また，一般的な二酸化炭素消火器（容器弁付き）の場合は，**質量**を測定 します。

解　答

【4】…(1)

重要 【問題6】 化学泡消火器の整備について，次のうち誤っているのはどれか。

A 外筒内で棒等により薬剤を入念に撹拌溶解すること。

B 消火薬剤水溶液に変色や異臭があるものは，老化や腐敗のためであるので，ただちに新しいものと詰め替えること。

C 消火薬剤は，原則として1年に1回交換すること。

D 消火薬剤水溶液を作るときは，消火薬剤に水を少しずつ注ぎながらかきまぜて溶かすのが最もよい。

(1) A, B　　　(2) A, D　　　(3) B, D　　　(4) C, D

消火薬剤水溶液を作るときは，外筒なら液面表示の**8割程度**，内筒なら**約半分程度**の**水をポリバケツ**などの**容器**に入れ，その上から外筒の場合は**A剤**（内筒の場合はB剤）を少しずつ入れて撹拌しながら溶かします。

従って，Aは外筒内ではなく**ポリバケツ**などの**容器内**で撹拌する必要があるので，誤り。Dは，「消火薬剤に水を注ぐ」，ではなく「**水に消火薬剤を注ぐ**」なので，誤りです。

<内部および機能の点検と整備 →P.193>

重要 【問題7】 消火器の内部及び機能に関する点検の時期について，次のうち正しいものはどれか。

(1) 蓄圧式の粉末消火器……製造年から5年経過したものについて行う。

(2) 加圧式の化学泡消火器…製造年から1年経過したものについて行う。

(3) 加圧式の粉末消火器……設置後3年経過したものについて行う。

(4) 蓄圧式の強化液消火器…設置後5年経過したものについて行う。

点検の時期については，P.193より，消火器の「**製造年**」から**加圧式が3年**，**蓄圧式**（二酸化炭素とハロゲン化物は除く）が**5年**経過した場合です（ただし，**化学消火器**は「**設置後**」**1年**経過した場合）。なお，(2)は「設

解　答
【5】…(1)

置後」，(3)と(4)は「製造年から」が正解です（注：(2)の化学泡は反応式であり，反応式は加圧式に含まれるので，「加圧式の化学泡消火器」となるわけです）。

【問題8】　消火器の機能点検を行う際の点検の実施数について，次のうち誤っているものはどれか。

(1)　蓄圧式の強化液消火器は抜取り試料数について実施する。
(2)　機械泡消火器（蓄圧式）は抜取り試料数について実施する。
(3)　化学泡消火器は全数について実施する。
(4)　粉末消火器は全数について実施する。

　粉末消火器と蓄圧式消火器（二酸化炭素とハロゲンを除く）は抜取り試料数でよいので，(4)が誤りです（P. 193 表 4-2 参照）。

重要 **【問題9】**　消火器の機器点検のうち，内部及び機能の点検に関する記述について，次のうち正しいものはどれか。

(1)　蓄圧式の強化液消火器は，製造年から3年を経過したものについて，必ず全数の内部及び機能の点検を行う。
(2)　蓄圧式の機械泡消火器は，配置後3年を経過したものについて，必ず全数の内部及び機能の点検を行う。
(3)　加圧式の化学泡消火器は，設置後1年経過したものについて，抜取りにより内部及び機能の点検を行う。
(4)　加圧式の粉末消火器は，製造年から3年を経過したものについて，抜取りにより内部及び機能の点検を行う。

　この問題は【問題7】と【問題8】を合わせた問題ですが，ポイントを把握していればそれほど難しくはないと思います。
　まず，「設置後（配置後）」は化学泡だけなので，(2)は誤りです。

解　答

【6】…(2)　　　　　　　　　　　　　　【7】…(1)

また，全数について点検を行うのは**化学泡消火器**と粉末消火器以外の加圧式消火器だけなので，⑴と⑶は誤りです。従って，正解は残りの⑷ということになります。

なお，「二酸化炭素消火器は…点検を行う」は誤りなので（p. 193 2 より機能点検は行わない）注意してね。

【問題10】 消火器の機能点検に関する次の表の（A）（B）（C）に当てはまる語句および数値として，次のうち，正しい組合わせのものはどれか。

ただし，化学泡消火器は除く。

加圧方式	機能点検	放射試験
（A）式	製造年から 3 年経過したもの	全数の（B）％以上（粉末消火器は除く）
蓄圧式（二酸化炭素，ハロゲン化物は除く）	製造年から（C）年経過したもの	抜取り数の 50％ 以上

	（A）	（B）	（C）
⑴	加圧	50	3
⑵	減圧	50	3
⑶	減圧	10	5
⑷	加圧	10	5

前問までの問題の知識を持ってすれば，そう難しくはないと思います。ちなみに，問題の（B）の部分ですが，粉末消火器の場合は，「抜き取り数の 50 ％以上」になります（似たような問題が本試験で出題されているので，注意してください。）。

【問題11】 機能点検を抜取りで行う場合のロット作成基準として，次のうち正しいものはどれか。

⑴ 製造後 10 年以内のものでないと同一ロットとすることはできない。

解　答

【8】…⑷　　　　　　　　【9】…⑷

(2)　メーカーが同じものでないと同一ロットとすることはできない。

(3)　器種，種別，加圧方式が同じものでないと同一ロットとすることはできない。

(4)　製造年が同じものでないと同一ロットとすることはできない。

　　器種（消火器の種類），**種別**（大型，小型の別），**加圧方式**が同じものでないと同一ロットとすることはできないので，(3)が正しい。(1)は，製造後8年を経過した加圧式の粉末消火器等は別ロットとする必要があるので誤りです。(2)と(4)のメーカーや製造年が同じであることは，ロット作成基準として規定されていないので誤りです。

【問題12】　防火対象物に設置された消火器を点検する場合に，ロットを作成して抜き取る試料を決めるが，このロットの作成方法で，次のうち誤っているものはどれか。

(1)　消火器のメーカー別に分ける。

(2)　加圧方式（蓄圧式，加圧式）別に分ける。

(3)　小型消火器と大型消火器に分ける。

(4)　製造年から8年を超える加圧式の粉末消火器及び製造年から10年を超える蓄圧式の消火器は別ロットとする。

　　粉末消火器と蓄圧式消火器（二酸化炭素とハロゲンを除く）は抜取り試料数でよいのですが，その抜き取りの方法については，次の方法に従う必要があります。

　＜確認試料（**確認ロット**という言い方をする）の作り方＞

　　①器種（消火器の種類），②種別（大型か又は小型か），③加圧方式が同じものを1ロットとする。ただし，④製造年から8年を超える加圧式の粉末消火器及び製造年から10年を超える蓄圧式の消火器は別ロットとする。

　　従って，(2)は③，(3)は②，(4)は④より正しいですが，(1)のメーカーは特に

解　答

【10】…(4)

分ける必要はないので，誤りです（別のメーカーの消火器どうしを同一ロットとすることができる）。

<分解と点検および整備　→P.196>

【問題13】　消火器を分解，点検する際，容器を逆さまにして内圧を排除することができる消火器は，次のうちどれか。

(1)　二酸化炭素消火器

(2)　蓄圧式粉末消火器

(3)　ガス加圧式粉末消火器

(4)　ハロン 1301 消火器

　　内圧の排除は原則として排圧栓を開いて排除しますが，**蓄圧式**は，容器を逆さまにしてレバーを握って内圧を排除します。というのは，逆さまにすることによって，図のように消火薬剤と蓄圧ガスの位置が逆転し，蓄圧ガスのみサイホン管から排除することができるからです。

　　従って，問題文は「逆さまにして内圧を排除することが<u>できる</u>消火器は」，ということなので，(2)の蓄圧式粉末消火器がこれに該当することになります。

　　ただし，蓄圧式でも，**二酸化炭素消火器**と**ハロン 1301 消火器**は，消火薬剤自体が蓄圧ガスであり，レバーを握ればすべて排出されてしまうので，このような排除方法は出来ません。

　　また，**ガス加圧式粉末消火器**の場合は，レバーを握るとカッタが加圧用ガス容器の封板を破るので，これも出来ません。

蓄圧ガス

消火薬剤

サイホン管

図 4-17

[重要]【問題14】　蓄圧式の粉末消火器の使用圧力範囲として，次のうち正しいものはどれか。

[解　答]

【11】…(3)　　　　　　　　　　　　　　【12】…(1)

⑴　0.18〜0.70 MPa

⑵　0.24〜0.70 MPa

⑶　0.6〜0.98 MPa

⑷　0.7〜0.98 MPa

P. 160 の⑴の④参照。

【問題15】 蓄圧式消火器の整備について，次のうち正しいものはどれか。

⑴　ホース，ノズルが一体的に組み込まれているものは，ノズルを取り替える場合，ノズルを既存のホースに差し込んだ上から金具で固定して取り換える。

⑵　消火薬剤の量が規定量ないものは，古い消火薬剤と新しい消火薬剤を混ぜないために，必ず新しい消火薬剤に詰め替える。

⑶　レバーの作動確認は，組み立てたまま行うとバルブが開いて誤放射することがあるので，整備をする前に，内圧を排出する。

⑷　指示圧力計には，使用圧力範囲，圧力検出部の材質，蓄圧ガスの種類が明示されていて，指示圧力計を取り換える際は，指示されているものを使用する。

⑴　ホース，ノズルが一体的に組み込まれているものは，ノズルやホースごとに取り換えるのではなく，キャップやホースなどが一体となったアッセンブリごと取り換えます。

⑵　消火薬剤は，一般的に新しいものに詰め替えますが，古い消火薬剤を容器に入れて点検し，「変色，腐敗，沈殿物，汚れなどがなく，また，<u>固化していないもの</u>」については，規定量に不足する分だけ補充することができるので，必ずしも新しい消火薬剤に詰め替えなければならないものではありません。なお，「消火薬剤の一部が固化していたので，その一部だけ取り除き，同じメーカーの新しい消火薬剤を追加して補充した」は上記下線部より

解　答

【13】…⑵

×になります。

(4)　指示圧力計には，**使用圧力範囲，圧力検出部の材質**は明示されていますが，蓄圧ガスの種類までは明示されていません。

【**問題**16】　蓄圧式粉末消火器の分解及び点検を次の順序で実施した。全て誤っているものの組合せはどれか。

A　総質量を測り，指示圧力計の指度を確認する。

B　容器を逆さまにして内圧を排除する。

C　バルブ部分を本体から抜き取り，ガス導入管を外す。

D　消火薬剤を取り除き，ポリバケツなどに移す。

E　部品及び本体容器を水を使って洗浄する。

(1)　A，C，E　　　　(2)　B，D

(3)　C，E　　　　　　(4)　C，D，E

C　ガス導入管は**ガス加圧式**に装着されているもので，蓄圧式の粉末消火器には**サイホン管**しか装着されていないので，誤りです。

D　ポリバケツなどに移すのは**水系**の消火薬剤で，粉末系の場合はポリ袋に移して輪ゴムなどで封をします。

E　粉末消火薬剤の場合，清掃は**圧縮空気か窒素ガス**を用い，水は厳禁なので誤りです。

　　（なお，消防設備士試験では，本問のようにA，B，C……と並べるような問題の出題例は少ない傾向にありますが，問題点をより効率的に把握するためにこのような問題形式にしました。）

重要　【**問題**17】　粉末消火器の安全栓を抜きレバーを握ったところ，消火薬剤が放射しなかった。その原因として，次のうち誤っているものはどれか。

(1)　ガス加圧式で消火薬剤がホース内で固化していた。

(2)　蓄圧式でバルブに不良箇所があった。

(3)　ガス加圧式で安全弁が作動していた。

解　答

【14】…(4)　　　　　　　　　　【15】…(3)

(4)　蓄圧式でパッキンが損傷していた。

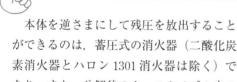

　一般的に，**蓄圧式消火器**の放射異常の原因としては，**バルブやOリング**（ホース接続部に装着されているもの），及び**パッキン**などの不良によって蓄圧ガスが漏えいしたことが考えられますが，**粉末消火器**の場合は，その他に(1)の消火薬剤のホース内での固化があります（注：粉末消火器でも蓄圧式の場合は，圧力が常にかかっているのでホース内での固化はあまりない）。しかし，(3)の安全弁は，粉末消火器には装着されていないので誤りです（P.169の **4** 参照）。

【問題18】　次の文は，全量放射しなかったある消火器の使用後の整備の一部について説明したものであるが，この説明から考えられる消火器の名称として，正しいものはどれか。

　「消火器を逆さまにし，残圧を放出して乾燥した圧縮空気によりホース及びノズル内をクリーニングした。」

(1)　蓄圧式強化液消火器　　　(2)　化学泡消火器

(3)　蓄圧式粉末消火器　　　(4)　二酸化炭素消火器

　本体を逆さまにして残圧を放出することができるのは，蓄圧式の消火器（二酸化炭素消火器とハロン1301消火器は除く）であり，また，分解後のホースやノズル内のクリーニングについては，水系の消火器（強化液消火器など）は水洗いをしますが，粉末消火器の場合は乾燥した圧縮空気（または窒素ガス）によりクリーニングするので，(3)の蓄圧式粉末消火器が正解です。

　解　答

【16】…(4)　　　　　　　　　　　　【17】…(3)

重要 【問題19】　消火器の加圧用ガス容器について，次のうち正しいものはどれか。

(1)　加圧用ガス容器に充てんされているものは，二酸化炭素若しくは窒素ガス又は二酸化炭素と窒素ガスの混合したものである。

(2)　加圧用ガス容器に充てんされている二酸化炭素は，液化炭酸ガスとして容器に貯蔵され，その充てん量を確認する場合は内圧を測定する。

(3)　容器弁付きの加圧用ガス容器に充てんされている窒素ガスは，圧縮されて容器に貯蔵され，その充てん量を確認する場合は総質量を測定する。

(4)　大型の加圧式強化液消火器の加圧用ガス容器は，緑色で塗色された窒素ガス用の容器が用いられている。

加圧用ガス容器のポイントをまとめると，次のようになります。

		100 cm^3 以下の容器	100 cm^3 を超える容器
①	充てんされているガス	主に**二酸化炭素**	主に**窒素**
		その他，窒素ガス又は二酸化炭素と窒素ガスの混合したものもあるがメーカーによって異なる。	
②	高圧ガス保安法の適用	適用されない。	適用される。容器の１／２以上の色は 二酸化炭素⇒**緑色** 窒素　　　⇒**ねずみ色**
③	弁	作動封板が付いている。	作動封板が付きのものと容器弁付きのものがある。
④	再充てん	不可	容器弁付きのものは可能（鑑別で出題例あり）
⑤	容器記号	容器を新しいものに交換する際は，**同じ容器記号のもの**にしなければならない。	

(2)　加圧用ガス容器に充てんされているガス量は，**二酸化炭素**，**二酸化炭素と窒素の混合ガス**，**窒素ガスの封板式**の場合，**重量**で表すので，誤りです。

(3)　容器弁付きの加圧用ガス容器に充てんされている窒素ガスの場合は，

解　答

【18】…(3)

総質量ではなく**内圧**を測定します。

(4)　緑色に塗色するのは二酸化炭素で，窒素ガス用は**ねずみ色**です。

加圧用ガス容器に充てんされているガス量
原則 ⇒ 重量（質量）で測る
例外 ⇒ 容器弁付きの窒素ガスは内圧を測定する

【問題20】　消火器及び消火器の部品として使用されている高圧ガス容器に関する説明として，次のうち誤っているものはどれか。

(1)　内容積 $100\,\mathrm{cm^3}$ 以下の加圧用ガス容器は高圧ガス保安法の適用外を受け，外面はメッキがしてある。

(2)　二酸化炭素消火器の本体容器は高圧ガス保安法に適合したもの以外は，使用が禁止されている。

(3)　作動封板を有するものは，消火器銘板に明示されている容器記号のものと取り換え，容器弁付きのものは専門業者に依頼してガスを充てんする。

(4)　窒素ガスを充てんした作動封板により密封した加圧用ガス容器の総質量を測ると，表示された質量の −15% だったので，窒素ガスを充てんした。

　　窒素ガスまたは窒素ガスと液化炭酸ガスを充てんした作動封板により密封した加圧用ガス容器の場合，総質量の ±10% 以内が許容範囲なので，−15% ではこの容器は使用できません。また，作動封板付きのものは再充てんできないので，最後の「窒素ガスを充てんした」も誤りです。

　　なお，加圧用ガス容器の点検では，一般に総質量を計ってチェックしますが，容器弁付の窒素ガスのものについては，内圧を測定してチェックします（⇒P.198 下の「例外」）。

重要 **【問題21】**　蓄圧式粉末消火器の点検・整備の方法で，次のうち誤っているのはどれか。

(1)　充てんする消火薬剤は，メーカーが指定している薬剤を用いた。

解　答

(2)　消火薬剤を充てん後，蓄圧用のガスを充てんする際に，窒素ガスを使用した。

(3)　蓄圧ガスの加圧中にレバー操作をしてバルブの開閉を数回行い，本体容器内部の圧力の微調整を行った。

(4)　消火薬剤および蓄圧ガスの充てんが完了後，消火器を水槽中に浸漬して，気密状況を確認した。

(2)　蓄圧式粉末消火器には，窒素ガスを使用するので正しい。

(3)　加圧中はバルブの開閉を行ってはいけないので誤りです（バルブに消火薬剤が付着して気密不良となるため）。

【問題22】　蓄圧式強化液消火器の薬剤充てん方法について，次のうち誤っているものはどれか。

(1)　消火薬剤はメーカー指定のものを使用する。

(2)　消火薬剤を注入後，キャップを手で締まるところまで締め，その後，キャップスパナでキャップを締める。

(3)　圧力調整器の二次側圧力計の指針を，「温度－圧力線図」から得られる充てん時の温度に適合する圧力になるよう，圧力調整ハンドルを回す。

(4)　窒素ガスを充てん後は，漏れがないかを気密試験を行って確認する。

(3)　強化液消火器のような水系の消火薬剤は，充てんした窒素ガスの一部を吸収してしまうので，圧力がそれだけ低くなってしまいます。従って，「温度－圧力線図」から求められた圧力より若干（約 0.1 MPa）高めの圧力まで充てんしておく必要があります（あらかじめ吸収分を加えておく）。

最重要 【問題23】　ガス加圧式粉末消火器（手さげ式）の消火薬剤の詰め替えについて，次のうち不適当なものはどれか。

(1)　分解に際しては，加圧用ガス容器をはずしてから安全栓をはずした。

解　答

【20】…(4)

(2)　放射量が少量の場合は，同一メーカーの同じ消火薬剤を不足分のみ補充
　　すればよい。

(3)　加圧用ガス容器を取り替える前に安全栓をセットした。

(4)　充てんした消火薬剤が浮遊している状態のときにサイホン管を挿入した。

(1), (3)　安全栓は，分解時には加圧用ガス容器をはずしてからはずし，組み
　　立て時には，安全栓をセットしてから加圧用ガス容器を取りつけます。

　　つまり，分解時，組み立て時とも，加圧用ガス容器がはずされて，**安全
栓だけがセットされている**状態になる，ということなので正しい。

　　なお，加圧用ガス容器の取付けねじには**右ねじ式**と**左ねじ式**があるので，
分解と組立ての際には注意する必要があります。

(2)　放射後の残剤（残った消火薬剤）はすべて廃棄し，同じ消火薬剤を規定
　　量充てんする必要があるので誤りです。

【問題24】　化学泡消火器の消火薬剤の充てん方法として，次のうち正しいも
のはどれか。

(1)　外筒液面表示の約半分程度まで水を入れ，これにA剤を徐々に入れなが
　　らかき混ぜる。完全に溶けたら，液面表示に達するまで水を加える。

(2)　外筒液面表示の8割程度まで水を入れ，これをポリバケツに移し，それ
　　に外筒用薬剤（A剤）を徐々に入れながら棒等でかき混ぜる。完全に溶け
　　たら，それを再び本体容器に戻し，液面表示に達するまで水を加える。

(3)　A剤，B剤を水と混ぜる場合は，ともに，消火薬剤に水をそそいで溶解
　　すること。

(4)　内筒液面表示の8割程度まで水を入れ，これにB剤を徐々に入れながら
　　かき混ぜる。完全に溶けたら液面表示に達するまで水を加える。

(1)　外筒に直接，消火薬剤を入れると腐食の原因となるので，(2)のように，
　　それらの水をいったんポリバケツ等に移し，それに対してA剤を加えます。

解　答

【21】…(3)　　　　　　　　　　　　　【22】…(3)

(3)　A剤，B剤を水と混ぜる場合は，ともに，ポリバケツ内に移した水にA剤，B剤を混ぜます。

(4)　内筒の場合は，内筒液面表示の約半分程度まで水を入れ，これをポリバケツに移し，それにB剤を徐々に入れながらかき混ぜます。

　　　従って，「8割程度」は「半分程度」の誤りです。

　　　また，内筒に直接，消火薬剤を入れるのも不適切です（(1)と同じ）。

最重要【問題25】　蓄圧式消火器に，蓄圧ガスを再充てんするときから気密試験までに使用する器具として，次のうち必要のないものはどれか。

(1)　手動水圧ポンプ

(2)　圧力調整器

(3)　高圧エアーホース

(4)　水槽

　　蓄圧式消火器に蓄圧ガスを再充てんする際の手順を簡単に記すと，窒素ガス容器のバルブに**圧力調整器**を取り付け，その出口側のバルブに**高圧エアーホース**を取り付ける。その後，バルブの適正な操作などにより窒素ガスを消火器に注入したあとは，**水槽**内に消火器を入れ漏れがないかを確認します。

　　　従って，手動水圧ポンプが使用されていないので，(1)が正解です。

重要【問題26】　消火薬剤の廃棄処理について，次のうち適切でないものはどれか。

(1)　二酸化炭素やハロン1301消火薬剤などは，保健衛生上危害を生じるおそれのない場所で少量ずつ放出し揮発させる。

(2)　強化液消火薬剤は，水素イオン濃度指数が高いので多量の水で希釈しながら放流処理するか，または，産業廃棄物として業者に依頼する。

(3)　化学泡消火薬剤は，外筒液と内筒液を同時に多量の水を流しながら処理をすること。

(4)　粉末消火薬剤は，飛散しないように袋に入れてからブリキ缶に入れ，ふ

たをして処理すること。

　消火器を分解した際の消火薬剤については，問題文のような処理を行うか又は**メーカーか許可を受けた廃棄物処理業者**に処理を依頼します。

　その際，⑶の化学泡消火薬剤については，外筒液と内筒液を混合すると，**多量の泡が発生する**ので，別々の容器に入れて混合しないよう希釈しながら放流処理をするか，あるいは，メーカーか許可を受けた廃棄物処理業者に処理を依頼します。

【問題27】　消火器又は消火薬剤の廃棄処分について，次のうち適当でないものはいくつあるか。

A　蓄圧式の粉末消火器の排圧処理は，消火器を逆さまにしてからバルブを開き，消火薬剤がなるべく噴出しないようにして行う。

B　高圧ガス保安法の適用を受ける加圧用ガス容器を，高圧ガス容器専門業者等に依頼して処理した。

C　高圧ガス保安法の適用を受けない加圧用ガス容器を，本体容器から分離して排圧処理するか，又は，高圧ガス容器専門業者等に依頼して処理した。

D　変形と腐食のため廃棄と判定されたので，設置することをやめ消火訓練用に保管することにした。

E　家庭用の消火器については，市町村の指定する日に，一般のゴミとともに出しておいた。

　　⑴　１つ　　　　⑵　２つ　　　　⑶　３つ　　　　⑷　４つ

A　○。

B，C　○。

D　×。消火訓練用とはせず，廃棄処分にする必要があります。

E　×。家庭用の消火器においても，メーカーか許可を受けた業者に処理を依頼します。

解　答

【25】…⑴

従って，適当でないものは，D，Eの2つとなります。

　なお，消火薬剤の点検については，消火薬剤の「**量**」と「**性状**」をチェックしますが，「**性状**」については，次の項目をチェックするよう，点検要領に定められています。

●「**変色**」「**腐敗**」「**沈殿物**」「**汚れ**」等がなく，粉末消火薬剤にあっては，「**固化**」がないこと（⇒出題例あり）。

　（注：消火薬剤に異常がなく，量が少ないときなどは，<u>消火薬剤を再利用できる場合もある</u>ので，「必ず新しい消火薬剤と交換する」というのは，誤りです。）

消火器の廃棄のまとめ

①　高圧ガス保安法の適用を受けるもの（**二酸化炭素**，**ハロン1211**，**ハロン1301**，**100 cm³ を超える加圧用ガス容器**）

　　⇒　**消火器メーカー**や**高圧ガス容器専門業者**に処理を依頼する。

②　高圧ガス保安法の適用を受けないもの（**100 cm³ 以下の加圧用ガス容器**）

　　本体容器から外し，**専門業者**に依頼するか，または**排圧治具**によって作動封板を破るなどして充てんガスを排出してから処理をする。

解　答

【26】…(3)　　　　　　　　　　　　　　　　【27】…(2)

第5章

規　格

さぁ がんばって
登るぞぉ～

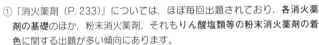

学習のポイント

①「消火薬剤（P.233）」については，ほぼ毎回出題されており，**各消火薬剤の基礎**のほか，**粉末消火薬剤**，それもりん酸塩類等の粉末消火薬剤の着色に関する出題が多い傾向にあります。

②「放射性能（P.230）」については，おおむね2回に1回位の割合で出題されているので，**放射**しなければならない**容量**または**質量**及び**放射時間**などをよく頭に入れておく必要があります。

③「自動車用消火器（P.237）」と「消火器の使用温度範囲（P.238）」については，ほぼ3～4回に1回程度の割合で出題されているので，**各消火器の温度範囲**や**自動車用消火器**として使用できる消火器，などを把握しておく必要があります。

④「部品に関する規格」については，**ホース**（P.240）に関する出題がよくあるので全般的なホースについての基準を把握しておく必要があります。**安全栓**（P.241）については，ほぼ毎回出題されているので，その構造，機能についての基準を全般的によく理解しておく必要があります。**指示圧力計**についても，ほぼ毎回出題されているので，**許容誤差**やその構造，機能及び**圧力計**が必要な消火器についてよく把握しておく必要があります。

消火器の表示事項（P.247）や適応火災の絵表示についても，ほぼ毎回出題されているので，**使用方法**や**使用温度範囲**などの事項や**適応火災の絵表示**についての事項（絵表示の寸法についての出題もある）をよく把握しておく必要があります。

以上がおおよその出題傾向ですが，これらの傾向をよく把握して，よく出題される項目をメインにして学習を進めていくことが，より合格への近道となります。

能力単位

能力単位の大まかな意味については，すでにP.121の3で説明してありますが，もう少し詳しく説明すると，A火災用の消火模型とB火災用の消火模型を作成します。これらを燃焼させて完全に消火した，その模型の大きさによって，A火災に対する能力単位が○○，B火災に対する能力単位が○○，などと決定をします。

たとえば，消火器に「A−2，B−1，C」と表示されていれば，A火災に対する能力単位が2単位，B火災に対する能力単位が1単位ということを表しています。

なお，C（電気）火災に対しては能力単位というのは存在せず，「C」と表示してあれば，電気火災に適応する，という意味になります。

1. 能力単位の数値（第2条）

小型消火器の場合，A火災，B火災のいずれかが1以上であればよく，大型消火器の場合，A火災であれば10以上，B火災であれば20以上の能力単位が必要となります。

① 小型消火器　1以上

② 大型消火器

 A火災に適応するもの ⇒ 10以上
B火災に適応するもの ⇒ 20以上

（どちらかの条件と，次頁の薬剤充てん量を満たせば大型になる）

例題　ガス加圧式粉末消火器の銘板には，A火災，B火災，C火災についての能力単位が表示されているが，そのうち，能力単位の数値が総務省令で定められていないものはどれか（答は次頁下）。

2. 大型消火器の薬剤充てん量（第９条）

大型消火器は，1の②の単位のほか，次の量の消火薬剤が充てんされている必要があります（ℓ と kg の単位に注意！⇒水系の消火器が ℓ でその他が kg となっています）。

 ・機械泡消火器……………20 ℓ 以上 ┐
・強化液消火器……………60 ℓ 以上 │ 水系
・化学泡消火器（と水消火器）…80 ℓ 以上 ┘
・粉末消火器……………20 kg 以上
・ハロゲン化物消火器………30 kg 以上
・二酸化炭素消火器…………50 kg 以上

（下線部は「こうして覚えよう！」に使う部分です）

こうして覚えよう！　＜大型消火器の薬剤充てん量＞　その１

泡は　　ふ　　つう，　　に　　ごれば
泡（機械）と　粉末→　20　　二酸化→　50

きょう　ろく（強力）な　泡に化けるんでやんす
強化液→　60　　　　化学泡→　　　　80　　（注：ハロゲン化物は省略）

［前頁，例題の答］：C 火災（C 火災に対しては数値が存在せず，「C」とのみ表示）

例題　次のうち，**第4種消火設備の条件を備えたものはどれか。**

(1)　強化液消火薬剤……………30ℓ

(2)　二酸化炭素消火器…………23 kg

(3)　機械泡消火器………………10ℓ

(4)　粉末消火器…………………20 kg

(答は右下)

〔解説〕

　第4種消火設備は大型消火器であり（⇒P. 122，123），前ページのこうして覚えよう！より，大型消火器の条件を備えたものは，粉末消火器で20 kg以上という条件をクリアしている(4)ということになります。

〔例題の答〕：(4)

② 消火薬剤の性状

1. 消火薬剤の共通的性状（消火薬剤の規格第1条の2）

① 著しい**毒性**または**腐食性**を有しないこと。かつ,
著しい**毒性**または**腐食性**のあるガスを発生しないこと。

② **水溶液**（または液状）の消火薬剤は,結晶の析出,溶液の分離,浮遊物
または沈澱物の発生,その他の異常を生じないこと。

③ **粉末状**の消火薬剤は,塊状化,変質その他の異常を生じないこと。

2. 強化液消火薬剤（第3条）

① アルカリ金属塩類の水溶液にあっては**アルカリ性反応**を呈すること。

② 消火器を正常な状態で作動した場合において放射される強化液は,

・防炎性を有し,かつ

・凝固点が**-20℃以下**,であること。

3. 泡消火薬剤（第4条）

化学泡と機械泡,共通の性状は次の通りです。

① 防腐処理を施したものであること。
ただし,腐敗,変質等のおそれのないものは,この限りでない。

② 泡は耐火性を持続することができるものであること。

(1) 化学泡消火薬剤

① 粉末状の消火薬剤は,**水に溶けやすい乾燥状態**のものであること。

② （温度20℃で）放射される**泡の容量**は次のように規定されています。

・小型消火器（**手さげ式,背負式**） → 消火薬剤の容量の**7倍以上**

・大型消火器（**車載式**）   → 消火薬剤の容量の**5.5倍以上**

(2) 機械泡消火薬剤

① 液状または粉末状の消火薬剤は,**水に溶けやすい**ものであること。

② （温度20℃で）放射される泡の容量は,消火薬剤の容量の**5倍以上**であ

ること。

4. 粉末消火薬剤（第7条）

①　防湿加工を施したナトリウム若しくはカリウムの重炭酸塩，その他の塩類またはりん酸塩類，硫酸塩類その他防炎性を有する塩類であること。

②　呼び寸法 **180 マイクロメートル以下**の，消火上有効な微細な粉末であること。

③　水面に均一に散布した場合において，**1 時間以内**に沈降しないこと。

④　リン酸塩類等には**淡紅色系**の着色を施すこと（その他の消火薬剤の色については P.159 の表 3-2 参照）。

⑤　使用済の消火薬剤は使用できませんが，次の基準を満たす**再利用消火薬剤**であるならば使用できます。

　・含水率が 2 ％以下

　・均質で固化を生じない措置が講じられていること

5. 浸潤剤や不凍剤などの添加（第8条）

　水を含む**消火薬剤**（強化液消火薬剤，泡消火薬剤など⇒☞ **出た!** ）には，**浸潤剤**，**不凍剤**その他消火薬剤の性能を高め，または性状を改良するための薬剤を混和し，または**添加することができる**。

操作の機構 (第5条)

消火器は，次の動作数以内で，容易に，かつ，確実に放射を開始できなければなりません。

①	**手さげ式消火器**（化学泡消火器は除く）‥‥‥‥‥‥‥‥‥**1動作**
②	手さげ式の**化学泡消火器**，
	据置式の消火器および**背負式**の消火器‥‥‥‥‥**2動作以内**
③	**車載式**の消火器‥‥‥‥‥‥‥‥‥‥‥‥‥‥‥**3動作以内**

ただし，動作数に次の動作は含みません。

・消火器を※保持装置から取り外す
　動作
・背負う動作
・**安全栓を外す動作**
・ホースを外す動作

（注：「消火器を倒す」は動作に含まれます）

＊保持装置
（壁などの金具に
引っ掛ける装置）

図 5-1

こうして覚えよう！　＜②の「動作が2動作以内のもの」＞

にぶい動作を　せ　か　す
2動作　　　　背負　化学　据置

早く早く！

2 動 作 以 内

そんなに
せかすなよ～

＜参考資料＞…消火器の操作方法を具体的に表したもの

表5-1　操作方法

消　火　器　の　区　分		操　作　方　法				
		レバーを握る	押し金具をたたく	ひっくり返す	ふたを開けてひっくり返す	ハンドルを上下する
水消火器	手動ポンプにより作動するもの					○
	その他のもの	○				
酸アルカリ消火器		○	○			
強化液消火器	A火災またはB火災に対する能力単位の数値が1を超えるもの	○				
	その他のもの	○	○			
泡　消　火　器		○		○	○	
二酸化炭素消火器 ハロゲン化物消火器	B火災に対する能力単位の数値が1を超えるもの	○				
	B火災に対する能力単位の数値が1のもの	○	○			
粉末消火器	消火薬剤の質量が1キログラムを超えるもの	○				
	その他のもの	○	○			

④ 自動車に設置する消火器 （第8条）

自動車に設置する消火器は，次の5つに規定されています。

① 強化液消火器（霧状放射のものに限る）

② 機械泡消火器

③ ハロゲン化物消火器

④ 二酸化炭素消火器

⑤ 粉末消火器

⇒ 逆に言うと，「棒状放射の強化液消火器」と「**化学泡消火器**」は自動車に設置する（乗せる）ことはできない，ということになります。

 化学泡消火器
強化液消火器（棒状）　⇒　自動車に設置できない

化学泡消火器を
車に乗せると…

あっちゃ～!

このような
結果になり
かねません…

放射性能と使用温度範囲

1. 放射性能（第 10 条）

消火器の放射性能については，次のように規定されています。

①　放射時間………**20℃ において 10 秒以上であること。**
②　放射距離………消火に有効な放射距離を有すること。
③　放射量…………充てんされた消火剤の容量（または
　　　　　　　　　質量）の **90% 以上**（**化学泡消火薬剤
　　　　　　　　　は 85% 以上**）の量を放射できること。

2. 使用温度範囲（第 10 条の 2）　(注：鑑別では「規格省令上 の使用温度範囲」として出題)

消火器は，次の温度範囲で使用した場合，正常に操作できること。

0℃〜40℃（ただし，化学泡消火器は **5 ℃以上 40℃ 以下**）

　なお，正常に操作でき，かつ，消火や放射の機能が発揮できれば10℃単位で
拡大でき，第 3 章，構造，機能の各消火器の使用温度範囲はその実用上の温度
範囲（**有効使用温度**）を表してあります。それらをまとめると次のようになり
ます（⇒P. 167 の⑤参照）。
・強化液消火器，機械泡消火器，ガス加圧式粉末消火器（二酸化炭素加圧）
⇒　**−20℃〜＋40℃**
・二酸化炭素消火器，ハロン 1301 消火器，蓄圧式粉末消火器
⇒　**−30℃〜＋40℃**（注：鑑別で単に「**使用温度**」を問われればこちらを答える）

1の放射性能は、よく出題されているそうだよ。

じゃあ、暗記ノートに書いて覚えることにするわ！

⑥ 蓄圧式の消火器の気密性

　消火器の気密性については，次のように定められています（⇒消火器の規格第12条の2）。

　「蓄圧式の消火器は，消火剤を充塡した状態で，使用温度範囲の**上限**の温度に **24 時間**放置してから使用温度範囲の**下限**の温度に **24 時間**放置することを **3 回**繰り返した後に温度 20℃ の空気中に **24 時間**放置した場合において，圧縮ガス及び消火剤が漏れを生じないものでなければならない。」

　例題　**蓄圧式の消火器の気密性について，次の文の（　）に当てはまる語句または数値の組合せとして，正しいものはどれか。**

　「蓄圧式の消火器は，消火剤を充塡した状態で，使用温度範囲の（ア）の温度に（イ）時間放置してから使用温度範囲の（ウ）の温度に（イ）時間放置することを 3 回繰り返した後に温度 20℃ の空気中に 24 時間放置した場合において，圧縮ガス及び消火剤が漏れを生じないものでなければならない。」

	ア	イ	ウ
(1)	上限	3	下限
(2)	下限	12	上限
(3)	上限	24	下限
(4)	下限	36	上限

〔解説〕

　この問題は，消火器の技術上の規格を定める省令，第 12 条の 2 をそのまま問題にしたもので，「3 回」「20℃」にも要注意。

部品に関する規格

（この 6 の項目のみ，規格の部分が判別できるように色を着けてあります。）

(1) キャップ，プラグ，口金 （第 13 条）

①　充てん，その他の目的でキャップまたはプラグをはずす途中，本体容器内の圧力を完全に減圧することができるように有効な**減圧孔**または**減圧溝**を設けること。

②　本体容器の耐圧試験を行った場合に，**著しい変形**を生じないこと。

┌─────────────────────────────────────
│ 例題　キャップについて，次の文の○×を答えなさい（答は下）。
│ 「耐圧試験時にキャップに変形を生じても漏れを生じてはならない。」
└─────────────────────────────────────

(2) ホース （第 15 条）

①　**ホースの長さ**
　　消火剤を有効に放射できる長さであること（⇒原則として具体的な長さの規定はないが，据置式消火器のみ，有効長が **10 m 以上**必要という規定がある）。

②　**ホースが不要な消火器**（「以下」と「未満」に要注意！）
　　・薬剤量が **1 kg 以下**の粉末消火器
　　・薬剤量が **4 kg 未満**のハロゲン化物消火器

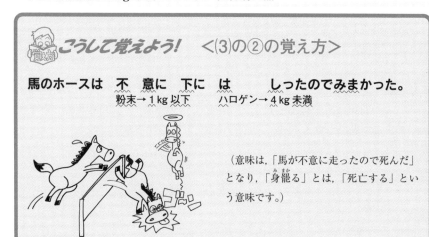

こうして覚えよう！　＜(3)の②の覚え方＞

馬のホースは　不　意に　下に　は　　　しったのでみまかった。
　　　　　　粉末→1 kg 以下　　ハロゲン→4 kg 未満

（意味は，「馬が不意に走ったので死んだ」となり，「身罷る」とは，「死亡する」という意味です。）

［例題の答］：×　（②より変形を生じてはならない）

(3) ろ過網（第17条）

　ろ過網とは，液体の薬剤中のゴミを取り除き，ホースやノズルが詰まるのを防ぐために設けるもので，ホースやノズルに通ずる薬剤導出管の本体容器側に設けます。

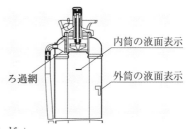

内筒の液面表示

外筒の液面表示

ろ過網

① ろ過網が必要な消火器

・**化学泡消火器**

> その他，現在は製造されていませんが，次の消火器にも装着されています。
> ・強化液消火器（ガラス瓶使用のもの）
> ・手動ポンプの水消火器
> ・酸アルカリ消火器（ガラス瓶使用のもの）

図5-2　ろ過網

② ろ過網の目の最大径（下図のⓑ）

　ノズルの最小径*の**4分の3以下**であること。

③ ろ過網の目の合計面積（図では8Sになっている）

　ノズル開口部の最小断面積**の**30倍以上**であること。

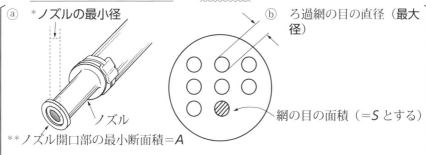

ⓐ ＊ノズルの最小径

ノズル

ⓑ ろ過網の目の直径（最大径）

網の目の面積（＝Sとする）

＊＊ノズル開口部の最小断面積＝A

> 網の目の合計面積は網の目が図では8つあるので，S×8＝8Sとなる。
> よって，8S≧30Aとなります。

(4) 安全栓（第21条）

┌ **安全栓を設ける目的**（出題例あり）

① 消火器には，不時の作動を防止するため，**1動作**で容易に引き抜くことが出来る安全栓を設けること。ただし，次の消火器には不要です。

・**転倒式の化学泡消火器**

・**手動ポンプにより作動する水消火器**

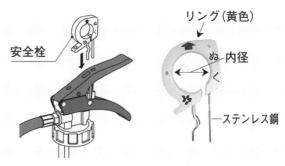

図5-3　安全栓

② 手さげ式の消火器には，①のほか，次のような規定があります。

　　ただし，「押し金具をたたく1動作で作動する消火器」，「蓋を開けて転倒させて作動する消火器（＝開蓋転倒式化学泡消火器）」は除きます。

・リングの塗色は**黄色**で，内径は**2 cm 以上**であること。

・**上方向**に引き抜くよう装着されていること（但し，垂直軸から**30度以内**⇒下線部，45度以内という出題例あり（当然×））。

・装着時において，リング部は軸部が貫通する**上レバー**の穴から引き抜く方向に引いた線上にあること（⇒上レバーを下レバーとした出題あり）。

　　＜安全栓のポイント＞

　　・**1動作**で**上方向**に引き抜くことができること。

　　・リングの塗色 ⇒ **黄色**

　　・内径　　　　 ⇒ **2 cm 以上**

・その他：材質はステンレス鋼またはこれと同等以上の耐食性および耐候性を有すること。

(5)　安全弁（第24条）

　　安全弁については，第4章でも触れましたが（P.192の6），**化学泡消火器**，および高圧ガス保安法の適用を受ける**二酸化炭素消火器**と**ハロン 1301 消火器**および**加圧用ガス容器**（作動封板を有するものを除く）に装着されています（⇒P.279，問題1参照）。

　　その規格については，次のように規定されています。

① 本体容器内の圧力を有効に減圧することができること。
② みだりに分解し, または調整することができないこと。
③ 封板式*は噴き出し口に封を施すこと。
④ 「安全弁」と表示すること。

（＊圧力が異常に上昇した際に封が破れる仕組みのもの）

(6) 液面表示（第18条）

化学泡消火器の本体容器の内面には,
（充てんされた消火剤の）液面を示す表
示をすること。

（ほかに, 手動ポンプにより作動する
水消火器と酸アルカリ消火器も規格では
含まれていますが, 現在, 両者とも製造
されていないので, ここでは省略します）。

← 内筒液面表示
← 外筒液面表示

図 5-4　液面表示

(7) 使用済の表示（第21条の2）

手さげ式の消火器には, 使用した場合, 自動的に作動し, 使用済である
ことが判別できる装置を設けること。

図 5-5

○ ただし, 次の消火器には, 使用済の表示装置が不要です。

 使用済みの表示装置が不要な消火器

・**指示圧力計がある蓄圧式消火器**

（→圧力計の指示を見れば使用したことが分かるため。）

・**バルブがない消火器**（⇒化学泡消火器, 開放式ガス加圧式消火器）

（→使用すればすべて放射し, 使用済みであるのが分かるた
め。）

（注：現在生産されていませんが「手動ポンプにより作動する水消火器」も
使用済の表示装置が不要です。）

(8)　携帯又は運搬の装置 (第23条)

　消火器は，保持装置及び背負ひも又は車輪の質量を除く部分の質量が **28 kg 以下**のものにあっては「**手さげ式，据置式又は背負式**」に，**28 kg を超え 35 kg 以下**のものにあっては「**据置式，車載式又は背負式**」に，**35 kg を超えるもの**にあっては「**車載式**」にしなければならない。

	消火器の質量	適応可能な運搬方式
①	**28 kg 以下**	手さげ式，据置式，背負式
②	**28 kg を超え 35 kg 以下**	据置式，背負式，車載式
③	**35 kg 超**	車載式

(9)　圧力調整器 (第26条)

　圧力調整器は窒素ガス容器の高圧ガスを消火器に適応した充てん圧力まで**減圧させる**装置で，大型の粉末消火器（窒素ガス加圧式）にも使用されています。

　○　圧力計は，調整圧力の範囲を示す部分を**緑色で明示**すること。
　○　みだりに分解し，または調整できないこと。

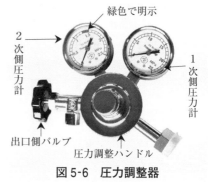

図 5-6　圧力調整器

※カラー写真が巻頭№.14 にあります。

(10)　指示圧力計 (第28条)

　指示圧力計の規格については，次のように定められています（概要）。

　①　指示圧力の許容誤差は，使用圧力範囲の（圧力値の）**上下 10% 以内**であること。
　②　使用圧力範囲を**緑色で明示**すること。
　③　指針及び目盛り板は，**耐食性を有すること**（⇒合成樹脂は不可）。
　④　指示圧力計に表示すべき事項
　　圧力検出部の材質，使用圧力範囲(MPa)，**㋈の記号**(⇒「消火器の種別」，「使用温度範囲」は不要なので注意！)

使用圧力範囲(緑色範囲)

㋈の記号

圧力検出部の材質

(図 5-7　指示圧力計)

蓄圧式の消火器（**二酸化炭素消火器，ハロン 1301 消火器**は除く）には指示圧力計を装着する必要があります。

（第3章の2，構造・機能のまとめ **4** (P. 169)参照）

その場合，装着する消火器の「使用圧力範囲」と「圧力検出部（ブルドン管）の材質」に適合する指示圧力計を使用する必要があります。

○ **使用圧力範囲**（ハロン 2402 以外すべて同じ圧力範囲です）

0.7〜0.98 MPa

○ **圧力検出部（ブルドン管）の材質**（消火器と材質の組合せに要注意！）

① **強化液**消火器と**機械泡**消火器等の**水系消火器に使用できる材質**

⇒ **ステンレスのみ**（⇒ **腐食を防ぐため**）**重要**

② **粉末消火器**に使用できる材質

⇒ **ステンレス，黄銅，リン青銅，ベリリウム銅**

表 5-2 $\left(\begin{array}{l}\text{①より，「強化液消火器，機械泡消火器と Bs，PB，BeCu」}\\\text{の組合せは NG !!}\end{array}\right)$

「材質記号を覚えよう」…（注：よく出題されるので要注意！）			
ステンレス	SUS	リン青銅	PB
黄銅	Bs	ベリリウム銅	BeCu

⑾ 加圧用ガス容器（第 25 条）

加圧用ガス容器は，ガス加圧式消火器に装着して，消火剤を放射する際の加圧源となる二酸化炭素（小容量のもの）や窒素ガス（大容量のもの）などを充てんしたもので，次のような種類があります。

① **容器の種類**

a **作動封板を有するもの**（作動封板を溶着してガスを密閉する）

b **容器弁付きのもの**（内容積 **100 cm³ を超える**ものに用いられる）

（100 cm³ 以下の容器はaのみ，100 cm³ 超の容器はaとbの2種類があり，bのものはガスを再充てんして再使用が可能）

② **充てんするガスの主な種類**

●**内容積が 100 cm³ 以下のもの** ⇒ **二酸化炭素（CO_2）**

（一部に**窒素ガス**，または**二酸化炭素と窒素の混合ガス**を使用するものもある）

●**内容積が 100 cm³ を超えるもの** ⇒ **窒素ガス（N_2）**

（一部に**二酸化炭素**を使用するものもある）

③　**内容積による分類**（高圧ガス保安法の適用の有無と再充てん可，不可に注意）

●**内容積が 100 cm³ 以下のもの（⇒再充てんできない）**

　　○　**高圧ガス保安法の適用を受けない**容器で，**二酸化炭素が充てん**された
　　　ものは最も大量に使用されています。

　　○　図のように**作動封板**を有し，その容器表面は**亜鉛メッキ**がされ，①〜
　　　⑤のような表示がしてあります。

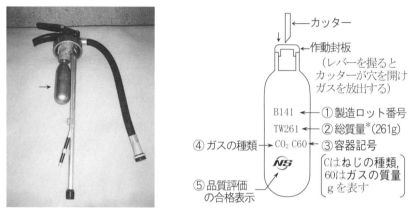

　　　カッター
　　　作動封板
　　　（レバーを握ると
　　　カッターが穴を開け
　　　ガスを放出する）

B141 ←①製造ロット番号
TW261 ←②総質量*(261g)
④ガスの種類→ CO₂ C60 →③容器記号
　　　　　　　　　　　　（Cはねじの種類，
　　　　　　　　　　　　60はガスの質量
　　　　　　　　　　　　gを表す）
⑤品質評価
の合格表示

図 5-8　加圧用ガス容器（100 cm³ 以下）

（＊TW：バルブやキャップ等の付属品を含めた質量
　　W：バルブなどの付属品を含まない**容器そのものの質量**）

　①　**二酸化炭素**を充塡するものは **24.5 MPa** の圧力を，**窒素ガス**を充塡す
　　るものは最高充塡圧力の **5／3 倍**の圧力を水圧力で **2 分間**加える試験を
　　行った場合において，漏れ又は異常膨脹がないこと。

　②　**作動封板**は①の圧力を水圧力で加える試験を行った場合，破壊されな
　　いこと。

　③　加圧用ガス容器は，破壊される時，周囲に危険を及ぼすおそれが少な
　　いこと。

● **内容積が 100 cm³ を超えるもの**（⇒容器弁付きは再充てんができる）

　○　**高圧ガス保安法の適用を受ける**容器で、二酸化炭素が充てんされたものは表面積の 2 分の 1 以上を**緑色**、窒素ガスが充てんされたものは表面積の 2 分の 1 以上を**ねずみ色**に塗装されています。

　○　容器には作動封板付きのものと容器弁付きのものがあり、容器弁付きのものは、使用する際にその弁を開けてガスを放射するタイプのもので**再充てんが可能**ですが、専門の業者に依頼する必要があります。

　○　外面の表示については、100 cm³ 以下の表示（上の図）に準ずる他、次の表示もする必要があります。

　　　・内容積（V）　…………単位：l
　　　・耐圧試験圧力（TP）……単位：MPa
　　　・最高充てん圧力（FP）…単位：MPa
　　　・**容器の質量（W）**　………単位：kg

（「W」の記号の意味（＝容器の質量）は出題されたことがあるよ。）

その規格は次のようになっています。

① ガスを充填して **40℃** の温水中に **2 時間**浸す試験を行つた場合において、漏れを生じないこと。

② 本体容器の内部に取り付けられる加圧用ガス容器の外面は、本体容器に充填された消火剤に侵されないものであり、かつ、表示、塗料等がはがれないこと。

③ 本体容器の外部に取り付けられる加圧用ガス容器は、外部からの衝撃から保護されていること。

④ 二酸化炭素を用いる加圧用ガス容器の内容積は、充填する液化炭酸の 1 グラムにつき **1.5 cm³ 以上**であること（⇒充てん比は 1.5 以上必要）。

⑤ 作動封板は、17.5 MPa 以上設計容器破壊圧力の **3／4 以下**の圧力を水圧力で加える試験を行つた場合において、**破壊されること**。

④　容器記号について

　図 5-8 の③に示すように、各容器には C 60 のような記号が表示してあり（消火器の銘板（下の⒀の「表示の一例」参照）に表示されているものもある）、容器を新しいものに交換する際は、この容器記号が同じものにする必要があります（その他、ガスの種類も同じでなければならない）。

⑿ 消火器の表示（第38条）

消火器には，その見やすい位置に次のような表示をする必要があります。

① **消火器の区別**（水消火器，酸アルカリ消火器，強化液消火器，泡消火器，ハロゲン化物消火器，二酸化炭素消火器または粉末消火器の区別）（ハロン1211も同じ）

② 住宅用消火器でない旨

③ **加圧式**の消火器又は**蓄圧式**の消火器の区別

④ 使用方法（手さげ式，据置式は図示が必要）

⑤ 使用温度範囲

⑥ B火災又は電気火災（C火災）に使用してはならない消火器にあってはその旨

⑦ A火災又はB火災に対する能力単位の数値（C火災に対する数値は不要なので注意！）

⑧ 放射距離

⑨ 放射時間

⑩ 製造番号

右のラベルで放射時間，放射距離，能力単位，使用温度範囲だけ空白になってその名称を書かせる出題例がある。
⇒P.293問題10参照。

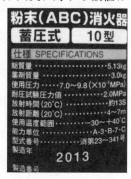

粉末（ABC）消火器		
蓄圧式		10型

仕様 SPECIFICATIONS

総質量 ････････････････････5.13kg
薬剤質量 ･･････････････････3.0kg
使用圧力 ･･･････7.0〜9.8（×10⁻¹MPa）
耐圧試験圧力値 ･･･････････2.0MPa
放射時間(20℃) ･･････････約13S
放射距離(20℃) ･･･････････4〜7m
使用温度範囲 ･････････−30〜＋40℃
能力単位 ･････････････A-3・B-7・C
型式番号･･･････････消第23−341号
製造年
2013
製造番号

表示の一例

⑪ **製造年**

⑫ 製造者名

⑬ 型式番号（自動車用消火器を除く）

⑭ 耐圧試験圧力値

⑮ 安全弁の作動圧力値

⑯ 充てんされた消火剤の容量または質量

⑰ 総質量

⑱ **ホースの有効長（据置式の消火器に限る）**

⑲ 取扱上の注意事項

・加圧用ガス容器に関する事項（加圧式の消火器に限る）

・指示圧力計に関する事項（蓄圧式の消火器に限る）
　（⇒圧力計の使用圧力範囲と圧力検出部の材質記号など。）

・標準的な使用期間，使用期限に関する事項

・使用時の安全な取扱いに関する事項

・維持管理上の適切な設置場所に関する事項

・点検に関する事項

・廃棄時の連絡先及び安全な取扱いに関する事項

その他，取扱い上注意すべき事項

⑳ 適応火災の絵表示

A火災用は「普通火災用」，B火災用は「油火災用」，C火災用は「電気火災用」と表示し，それぞれ次のような絵表示を表示すること。

図 5-9　絵表示

なお, 絵表示の大きさについては, 次のように定められています (太字は出題例あり)。

表 5-3

充てんする消火剤の容量又は質量	絵表示の大きさ
2ℓ または 3 kg 以下のもの	半径 1 cm 以上
2ℓ または 3 kg を超えるもの	半径 1.5 cm 以上

⑬　消火薬剤の表示 (14 の⑪と 15 の⑥の違いに要注意)

消火薬剤の容器 (容器に表示することが不適当な場合にあっては, 包装) には, 次の事項を表示する必要があります。

① 品　名
② 充てんされるべき消火器の区別
③ 消火薬剤の容量又は質量
④ 充てん方法

⑤ 取扱い上の注意事項
⑥ **製造年月**
⑦ 製造者名又は商標
⑧ 型式番号

⑭　塗色 (第 37 条) (編集の都合で最後に持ってきてあります)

消火器の外面は, その **25% 以上**を**赤色**仕上げとすること。

なお, P.167 の表 3-3 にも記しましたが, **高圧ガス保安法**の適用を受ける高圧ガス容器の場合は, 上記のほか, さらに次のような塗色が必要です。

① ハロン 1301 消火器：外面の **2 分の 1 以上**を**ねずみ色** (ハロン 1211 も同じ)
② 二酸化炭素消火器　：外面の **2 分の 1 以上**を**緑色**

このように, 「消火器の外面は, その 25% 以上を赤色仕上げとすること」と定められているため, 全体を赤く塗装する必要はないんだ。

例題　……（○×で答える）

「容器に 1/3 以上赤色で塗られた消火器は使用できるか」
〔解説〕
上記下線部より使用可能です。

[例題の答]：○

問題にチャレンジ！
（第5章　規　格）

<能力単位　→P.230>

【問題1】　消火器の能力単位について，次の文中の（　）内に当てはまる数値として，正しいのはどれか。

　「消火器の能力単位は（　A　）以上の数値が必要であるが，大型消火器については，A火災に適応するものは（　B　）以上，B火災に適応するものは（　C　）以上の数値の能力単位が必要である。

	A	B	C
(1)	0.5	1	5
(2)	1	5	10
(3)	1	10	20
(4)	2	20	30

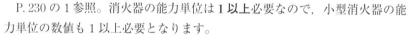

　P.230の1参照。消火器の能力単位は**1以上**必要なので，小型消火器の能力単位の数値も1以上必要となります。

　また，大型消火器については，**A火災が10以上**，**B火災が20以上**（⇒ A－10，B－20）という両方の条件を満たす必要はなく，どちらか一方の条件を満たせば大型消火器となる能力単位の条件の方を満たすことになります。

【問題2】　次のものは，大型消火器として必要な薬剤充てん量を示したものである。誤っているものはどれか。

(1)　粉末消火器………20 kg 以上
(2)　機械泡消火器……20 ℓ 以上
(3)　強化液消火器……20 kg 以上
(4)　化学泡消火器……80 ℓ 以上

| 解　答 |

解答は次ページにあります。

強化液消火器の条件は，**60 ℓ**（kg ではない！）**以上**なので(3)が誤りです。その他の消火器では，ハロゲン化物消火器が **30 kg 以上**，二酸化炭素消火器が **50 kg 以上**が大型消火器としての必要な薬剤充てん量です。

【問題3】　次のうち，大型消火器となるものはどれか。

		能力単位	薬剤充てん量
(1)	機械泡消火器	A－6，　B－12，C	30 ℓ
(2)	粉末消火器	A－9，　B－20，C	31 kg
(3)	強化液消火器	A－12，B－25，C	50 ℓ
(4)	二酸化炭素消火器	A－8，　B－20，C	30 kg

(1)　大型消火器の条件としては，**A 火災に適応するものは 10（単位）以上**，**B 火災に適応するものは 20（単位）以上**の能力単位で，かつ，規定の薬剤充てん量（機械泡消火器の場合は **20 ℓ 以上**）が必要です。

　　従って，(1)は，薬剤充てん量は大型消火器の条件を満たしていますが，能力単位の数値がA,Bとも大型消火器の条件を満たしておらず，また，機械泡消火器は電気火災には適応しないので，C の表示も誤りです。

(2)　粉末消火器の場合，**20 kg 以上**が大型消火器の条件であり，また，能力単位も，B－20 と条件を満たしているので，これが正解です。

(3)　能力単位は条件を満たしていますが，薬剤充てん量が条件を満たしていないので誤りです（強化液消火器の場合は **60 ℓ 以上**）。

(4)　二酸化炭素消火器は，**50 kg 以上**が条件なので，大型消火器ではありません。また，能力単位は，B－20 と条件を満たしていますが，二酸化炭素消火器は普通火災には適応しないので，A－8 という表示は誤りです。

解　答

【1】…(3)　　　　　　　　　　　　　　　　【2】…(3)

<消火薬剤の性状　→P.233>

重要 【問題4】 強化液消火器（内部において化学反応により発生するガスを放射圧力源とするものを除く。）に充てんする消火薬剤の成分又は性状について，次のうち規格省令上定められていないものはどれか。

(1) 無色透明で浮遊物がないこと。

(2) アルカリ金属塩類の水溶液にあっては，アルカリ性反応を呈すること。

(3) 凝固点は－20℃以下であること。

(4) 消火器を正常な状態で作動させた場合において，放射される強化液は，防炎性を有すること。

解説

　強化液消火薬剤は，**無色透明**または**淡黄色のアルカリ性**を呈する水溶液ですが，規格として無色透明ということを定めてはいないので誤りです。

最重要 【問題5】 消火器用消火薬剤について，次のうち規格省令上誤っているのはどれか。

(1) 防湿加工を施したリン酸塩類等の粉末消火薬剤は，水面に均一に散布した場合において，30分以内に沈降しないものでなければならない。

(2) 消火用消火薬剤には，湿潤剤，不凍剤等を混和し，又は添加することができる。

(3) リン酸アンモニウムを主成分とした粉末消火薬剤には，淡紅色系の着色を施さなければならない。

(4) 消火薬剤には，湿潤剤，不凍剤その他消火薬剤の性能を高め，又は性状を改良するための薬剤を混和し，又は添加することができる。

解説

　粉末消火薬剤を水面に均一に散布した場合，30分以内ではなく，**1時間以内**に沈降しないものでなければならない，となっているので，(1)が誤りです。

　なお，(3)の「**リン酸アンモニウムを主成分とした粉末消火薬剤**」とは，A火災，B火災，C火災のすべての火災に適応する**ABC消火器**のことで，規

解　答

【3】…(2)

格では，「粉末消火薬剤でリン酸塩類等には，**淡紅色系**の着色を施さなければならない」となっており，リン酸アンモニウムがそのリン酸塩類等に該当します。（「A，B，C火災に適応する消火薬剤の色は？」という出題例がありますが，答は上記にあるリン酸アンモニウムの**淡紅色**になります）。

 機械泡，化学泡については「粉末状の消火薬剤は**水に溶けやすいもの**であること」という条件にも注意が必要だよ（⇒ P.233 3 の(1)，(2)参照）。

【**問題 6**】 常温（20℃）において，泡消火器が放射する泡の容量について，次のうち誤っているものはどれか。
(1) 手さげ式の化学泡消火器……消火薬剤容量の 5.5 倍以上
(2) 背負式の化学泡消火器………消火薬剤容量の 7 倍以上
(3) 車載式の化学泡消火器………消火薬剤容量の 5.5 倍以上
(4) 機械泡消火器………………消火薬剤容量の 5 倍以上

(1)の手さげ式の化学泡消火器は(2)の背負式の化学泡消火器と同じく，消火薬剤容量の**7倍以上**を放射する必要があります（P.234 のゴロ合わせ参照）。
（鑑別でも写真を示して「7倍以上」などと答えさせる出題例がある）

<操作の機構 →P.235>

【**問題 7**】 消火器が放射を開始するまでの動作数として，次のうち誤っているものはどれか。ただし，保持装置から取りはずす動作，背負う動作，安全栓及びホースをはずす動作は除く。
(1) 手さげ式粉末消火器…… 1 動作
(2) 手さげ式化学泡消火器… 1 動作
(3) 背負式の消火器………… 2 動作以内
(4) 車載式の消火器………… 3 動作以内

解　答
【4】…(1)　　　　　　　　　　【5】…(1)

手さげ式消火器の動作数は原則として1動作ですが，**化学泡消火器**だけは例外で，**2動作以内**となっています。

＜自動車用消火器　→P.237＞

【**問題8**】　次のうち，自動車に設置することができる消火器として，誤っているものはどれか。

(1)　粉末消火器

(2)　二酸化炭素消火器

(3)　強化液消火器（霧状放射のもの）

(4)　化学泡消火器

自動車に設置することができる消火器は，次の5つに規定されています。

①　強化液消火器（霧状放射のもの）

②　機械泡消火器

③　ハロゲン化物消火器

④　二酸化炭素消火器

⑤　粉末消火器

逆に自動車に設置することができない消火器は，「棒状放射の強化液消火器」「**化学泡消火器**」および「水消火器」と「酸アルカリ消火器」なので，(4)の化学泡消火器が設置できない，ということになります（⇒ 車の振動により混合して反応する，などの不具合が生じるからです）。

【**問題9**】　自動車に設置することができる消火器について，次の文中の（A）～（C）に当てはまる語句の組合せとして，正しいものはどれか。

「自動車に設置する消火器（以下「自動車用消火器」という。）は，（A）消火器（霧状の（A）を放射するものに限る。），（B）消火器（（C）消火器以外の泡消火器をいう。以下同じ。），ハロゲン化物消火器，二酸化炭素消火器又は粉末消火器でなければならない。」

解　答

【6】…(1)　　　　　　　　　　　　　　【7】…(2)

	（A）	（B）	（C）
(1)	強化液	化学泡	機械泡
(2)	水	機械泡	化学泡
(3)	強化液	機械泡	化学泡
(4)	水	化学泡	機械泡

　規格省令第 8 条の条文そのままの出題で，正解は次のようになります。

　「自動車に設置する消火器（以下「自動車用消火器」という。）は，**強化液**消火器（霧状の**強化液**を放射するものに限る。），**機械泡消火器**（**化学泡消火器**以外の泡消火器をいう。以下同じ。），ハロゲン化物消火器，二酸化炭素消火器又は粉末消火器でなければならない。」

<放射性能と使用温度範囲　　→P.238>

最重要 **【問題10】**　消火器を正常な操作方法で放射した場合における放射性能として，次のうち規格省令に定められているものはどれか。
(1)　放射時間は 20℃ において 20 秒以上であること。
(2)　放射時間は 20℃ において 15 秒以上であること。
(3)　充填された消火薬剤の容量又は質量の 80%（化学泡消火薬剤においては 75%）以上の量を放射できるものであること。
(4)　充填された消火薬剤の容量又は質量の 90%（化学泡消火薬剤においては 85%）以上の量を放射できるものであること。

　消火器の放射性能については，次のように規定されています。
①　放射時間……20℃ において **10 秒以上**であること。
②　放射距離……消火に有効な放射距離を有すること。
③　放射量………充てんされた消火剤の容量（または質量）の **90% 以上**（化学泡消火薬剤は **85% 以上**）の量を放射できること。

　従って，正解は(4)となります。

解　答
【8】…(4)

> **類題**　消火器の放射性能に関する次の記述について，（　）内に当てはまる数値を答えよ。
>
> 「放射時間は，温度20℃において（　ア　）秒以上であること。また，充填される消火薬剤の容量または質量の（　イ　）％（化学泡消火剤においては（　ウ　）％）以上の量を放射できるものであること。」

重要　【問題11】　消火器の使用温度範囲として，次のうち規格省令上正しいものはどれか。

(1)　強化液消火器　　　5℃～40℃
(2)　化学泡消火器　　　0℃～40℃
(3)　粉末消火器　　　　0℃～40℃
(4)　機械泡消火器　　　5℃～40℃

　消火器は，**0℃～40℃**（ただし，化学泡消火器は，**5℃～40℃**）の温度範囲で使用した場合，正常に操作できること，となっています。
　従って，(1)(3)(4)は0℃～40℃，(2)は5℃～40℃，となります。
　なお，市販品の温度範囲については，次のように拡大することもできます。
　「温度範囲を10℃単位で拡大した場合においても正常に操作でき，かつ，消火および放射の機能を有効に発揮する性能を有する消火器にあっては，その拡大した温度範囲を使用温度範囲とすることができる」

＜キャップ，プラグ，口金　→P.240＞

【問題12】　キャップ及びプラグの規格上の定めについて，次の文の（　）内に当てはまるものとして適当なものはどれか。

　「充てん，その他の目的でキャップまたはプラグをはずす途中において，本体容器内の圧力を完全に（　）することができるように有効な（　）孔または（　）溝を設けること。」

(1)　加圧　　　(2)　排圧　　　(3)　降圧　　　(4)　減圧

解　答

【9】…(3)　　　　　　　【10】…(4)　　　　　　[10の類題]…(ア)10，(イ)90，(ウ)85

第5章
問題演習（ホース、ノズル）

　使用後や点検，整備時にキャップを開ける際，急激な圧力降下が起こらないように，キャップやプラグなどに小さな孔や溝を設けて内圧を徐々に下げられるようにしておきます。この小さな孔や溝を**減圧孔**，または**減圧溝**といいます。

　なお，よく似たものに**排圧栓**がありますが（P. 163，図 3-21 参照），こちらの方は**開閉バルブ式のガス加圧式粉末消火器**などに設けられているもので，規格には定められていません。

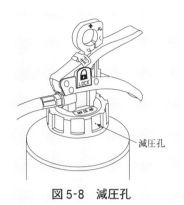

減圧孔

図 5-8　減圧孔

<ホース　→P.240>

重要 【**問題**13】　消火器のホースについて，次のうち規格省令上誤っているものはどれか。

(1)　ホースは使用温度範囲で耐久性を有し，かつ，円滑に操作できるものであること。

(2)　ホースの長さは 30 cm 以上であること。

(3)　強化液消火器（蓄圧式）には，消火剤の質量に関係なくホースを取り付けなければならない。

(4)　粉末消火器で消火剤の質量が 1 kg 以下のものにはホースを取り付けなくてもよい。

　ホースの長さは，消火剤を<u>有効に放射できる長さ</u>であること，となっていて，長さに関する規定はありません（据置式除く）。なお，ホースが不要な消火器は，「薬剤量が**1 kg 以下**の**粉末消火器**」と「薬剤量が**4 kg 未満**のハロゲン化物消火器」なので，(3)の強化液消火器には必要で，(4)の質量が 1 kg

解　答
【11】…(3)　　　　　　　　　　　　【12】…(4)

以下の粉末消火器には不要，となります。

<ろ過網　→P.241>

【【問題14】　次の消火器のうち，ろ過網を設ける必要がないものはどれか。

(1)　ガラス瓶を使用する強化液消火器

(2)　ガラス瓶を使用する酸アルカリ消火器

(3)　化学泡消火器

(4)　粉末消火器

　　ろ過網とは，液体の薬剤中のゴミを取り除き，ホースやノズルが詰まるの
を防ぐために設けるものなので，粉末消火器には設ける必要がありません。

【問題15】　ろ過網に関する規定について，次のうち正しいものはどれか。

(1)　ろ過網の目の最大径は，ノズルの最小径の 3 分の 4 以下であること。

(2)　ろ過網は，ホースやノズルに通ずる薬剤導出管のホース側に設けること。

(3)　大型化学泡消火器には，開口部に設ける。

(4)　ろ過網の目の合計面積は，ノズル開口部の最小断面積の 15 倍以上であ
　　ること。

　　(1)は 4 分の 3，(2)の，ろ過網は，ホースやノズルに通ずる薬剤導出管の本
体容器側に設けます。(4)は 30 倍以上が正解です。

<液面表示　→P.243>

重要 【問題16】　本体容器の内面に充てんされた消火薬剤の液面を示す表示
をしなければならない消火器として，次のうち規格省令に定められているも
のはどれか。

(1)　化学泡消火器　　　　(2)　粉末消火器

(3)　蓄圧式の強化液消火器　　(4)　二酸化炭素消火器

解　答

【13】…(2)

化学泡消火器，手動ポンプにより作動する水消火器，酸アルカリ消火器には，液面を示す表示が必要です。

<使用済の表示　→P.243>

【問題17】　次の手さげ式の消火器のうち，使用済みの表示装置を設ける必要があるものはどれか。

A　指示圧力計のある蓄圧式粉末消火器

B　バルブを有しない化学泡消火器

C　開放式のガス加圧式粉末消火器

D　二酸化炭素消火器

E　指示圧力計のない加圧式粉末消火器

(1)　A, C 　　　　(2)　B, E

(3)　C, E 　　　　(4)　D, E

原則として，手さげ式の消火器には使用済の表示装置（P.163の図3-22参照）が必要ですが，「①指示圧力計がある蓄圧式消火器」と「②バルブがない消火器」（と手動ポンプにより作動する水消火器）には不要です。

従って，Aは①，Bは②，Cの開放式のガス加圧式粉末消火器にはバルブがないので②に該当するので不要ですが，Dの二酸化炭素消火器はハロン1301消火器と同様，指示圧力計がない蓄圧式消火器なので，①の条件には当てはまらず，また，バルブを装着しているので，②の条件にも当てはまらず，よって，使用済の表示装置を装着する必要があります。

Eは指示圧力計のない「加圧式」の消火器なので，①，②は当てはまらず，使用済みの表示装置を設ける必要があります。

解　答

【14】…(4)　　　　　　　　　　【15】…(3)　　　　　　　　　　【16】…(1)

> **使用済の表示装置が必要な消火器**
> 　「二酸化炭素消火器」「ハロン 1301 消火器」「開閉バルブ式
> のガス加圧式の粉末消火器」（その他，ガス加圧式の強化液と
> 機械泡も含むが，開放式には不要なので注意）

　なお，規格とは直接関係はありませんが，実技試験に次の問題に類似した問題が出題されているので，参考までに類題として載せておきます。

　類題
　使用済の表示装置について，次の各設問に答えよ。
　(1)　この部品を取り付ける目的を答えなさい。また，取り付けていなかった場合に考えられることを答えなさい。
　(2)　手さげ式の消火器のうち，この部品を取り付けなくてもよいとされているものはどれか。
　〔解説・解答〕
　(1)　・消火器が使用済であるか否かを判別するため
　　　　・消火器が使用可能かどうかを外観から判別できなくなる。
　　　　指示圧力計が装着されていない開閉バルブ式の消火器の場合，一度使用されていても外部から使用済みであるかどうかが判別できずに，再使用してしまうおそれがあります。従って，その結果，放射不能によって火災が拡大するなどということになる恐れがあるので，そのような事態を防止するために，外部から見て，すぐに判別できるように設けます。
　(2)　・指示圧力計のある蓄圧式の消火器
　　　　・バルブのない消火器
　　　　・手動ポンプにより作動する水消火器

＜安全栓　→P.241＞

　重要 【**問題**18】　手さげ式消火器の安全栓について，次のうち規格省令上誤っているのはどれか。
　　ただし，押し金具をたたく1動作及びふたをあけて転倒させる動作で作動するものを除くものとする。

　解　答
【17】…(4)

(A)　安全栓は，2動作以内で容易に引き抜くことができ，かつ，その引き抜きに支障のない封が施されていること。

(B)　装着時において，安全栓のリング部は軸部が貫通する下レバーの穴から引き抜く方向に引いた線上にあること。

(C)　安全栓は，上方向（消火器を水平面上に置いた場合，垂直軸から45度以内の範囲をいう。）に引き抜くよう装着されていること。

(D)　安全栓は，内径が2cm以上のリング部，軸部及び軸受部より構成されていること。

(1)　A，B　　　(2)　A，B，C　　　(3)　B，C　　　(4)　C，D

(A)「2動作以内」は，「1動作」の誤りです。

(B)　安全栓のリング部（丸い部分）は，軸部が貫通する**上**レバーの穴から引き抜く方向に引いた線上にある必要があります（下レバーが誤り）。

(C)　上方向は垂直軸から**30度以内**の範囲になります。

最重要【問題19】　手さげ式消火器の安全栓で，規格省令上正しいのはどれか。

(1)　引き抜く動作以外の動作によっては容易に抜けないこと。

(2)　ふたをあけて転倒させる動作で作動する消火器の安全栓は，上方向に引き抜くよう装着されていること。

(3)　安全栓（ただし，押し金具をたたく1動作及びふたをあけて転倒させる動作で作動する消火器に装着するものを除く）のリング部の塗色は，黄色又は赤色仕上げとすること。

(4)　すべての手さげ式の消火器には，安全栓を設けなければならない。

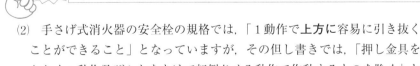

(2)　手さげ式消火器の安全栓の規格では，「1動作で**上方**に容易に引き抜くことができること」となっていますが，その但し書きでは，「押し金具をたたく1動作及びふたをあけて転倒させる動作で作動するものを除く」とあります。従って，問題の消火器がこれに該当するので，上抜き式でなくてもよく，誤りです。

安全栓が上抜き式でなくてもよいもの
⇒ 押し金具をたたく1動作及びふたをあけて転倒させる動作
で作動する消火器（＝開蓋転倒式化学泡消火器）

(3)　安全栓のリング部の塗色は，**黄色仕上げ**とする必要があり，赤色仕上げ
ではないので，誤りです。

(4)　規格では，「手動ポンプにより作動する水消火器，又は転倒の1動作で
作動する消火器を除き，消火器には不時の作動を防止するために安全栓を
設けなければならない。」となっているので，「すべての手さげ式の消火器」
は誤りで，転倒式の化学泡消火器には，安全栓を設ける必要はありません。

安全栓を設けなく　⇒　**転倒式の化学泡消火器**
てもよい消火器　　　（＝転倒の1動作で作動する消火器）

＜安全弁　→P.242＞

重要 **【問題20】**　消火器の安全弁について，次のうち規格省令上誤っている
のはどれか。

(1)　本体容器内の圧力を有効に減圧することができること。

(2)　封板式のものにあっては，噴き出し口に封を施すこと。

(3)　「安全弁」と表示すること。

(4)　容易に調整することができること。

　安全弁は，**化学泡消火器**，および高圧ガス保安法の適用を受ける**二酸化炭
素消火器とハロン1211，ハロン1301消火器**に装着されており，その規格で
は，(1)～(3)のように規定されていますが，(4)の調整に関しては「みだりに分
解し，または調整することが<u>できないこと</u>。」となっているので，誤りです。

解　答

【18】…(2)　　　　　　　　　　　　　　　【19】…(1)

＜指示圧力計　→P.244＞

第5章

問題演習（指示圧力計）

最重要【問題21】 消火器に設ける指示圧力計について，次のうち規格省令上正しいものはいくつあるか。

A　二酸化炭素消火器には，すべて設ける必要がない。

B　強化液消火器には，すべて設けなければならない。

C　加圧式の消火器には，すべて設ける必要がない。

D　蓄圧式の消火器には，すべて設けなければならない。

E　粉末消火器には，すべて設ける必要がある。

(1)　1つ　　　　(2)　2つ　　　　(3)　3つ　　　　(4)　4つ

A　○。指示圧力計は，**二酸化炭素消火器**と**ハロン1301消火器**を除く**蓄圧式**の消火器には全て設けなければならないので，正しい。

B　×。強化液消火器には，一部加圧式があるので（大型），すべて設ける必要はありません。

C　○。加圧式の消火器には不要なので，正しい。

D　×。Aの解説より，蓄圧式でも**二酸化炭素**と**ハロン1301**は除くので，誤りです。

E　×。粉末消火器でも，加圧式には設ける必要はないので，誤りです。

従って，正しいのは，A，Cの2つとなります。

重要【問題22】 蓄圧式消火器の指示圧力計について，次のうち規格省令上誤っているのはどれか。

A　指針及び目盛り盤は，耐食性を有する金属又は合成樹脂であること。

B　圧力検出部及びその接合部は，耐久性を有すること。

C　使用圧力の範囲を示す部分を黄色で明示すること。

D　外部からの衝撃に対し保護されていること。

(1)　A，B　　　(2)　A，C　　　(3)　B，D　　　(4)　C，D

解　答

【20】…(4)

264　　　　　　　　　　第5章　規　格

Aは「又は合成樹脂」の部分が不要で誤りです。また，指示圧力計は，蓄圧式の消火器（**二酸化炭素消火器**，**ハロン1301消火器**は除く）に装着する必要があり，その規格についてはB，Dのような規定がありますが，Cの圧力の範囲を示す部分については，黄色ではなく**緑色**となっています。

【問題23】 蓄圧式消火器（ハロン2402を除く）の指示圧力計について，次のうち正しいのはどれか。

⑴　使用温度範囲のほか，圧力検出部の材質及び㊴の記号を表示すること。

⑵　指示圧力の許容誤差は，使用圧力範囲の圧力値の上下15%以内であること。

⑶　指示圧力計の適正な数値（緑色範囲）はすべて0.7〜0.98MPaである。

⑷　圧力検出部は，材質がステンレス製であること。

　⑴　指示圧力計に表示しなければならない事項は，**使用圧力範囲**，**圧力検出部の材質**，**㊴の記号**，の3つなので，使用温度範囲が誤りになります。なお，その他，「消火器の種別」も誤りの選択肢として出題例があるので，注意してください。

　⑵　指示圧力の許容誤差は，使用圧力範囲の圧力値の上下**10%以内**となっています。

　⑶の緑色範囲というのは**使用圧力範囲**のことで，ハロン2402（現在製造されていない）を除く蓄圧式消火器の緑色範囲はすべて**0.7〜0.98MPa**となっているので正しい。

　⑷の圧力検出部の材質については，強化液消火器と機械泡消火器などの**水系の消火器**は，耐食性のよい**ステンレス製**に限定されていますが，粉末消火器の場合は特にそういう限定はないので，誤りです。

【問題24】 次の消火器とブルドン管の材質の組合せとして，不適切なものはどれか。

| 解　答 |

	消火器名	ブルドン管の材質
(1)	粉末消火器	SUS
(2)	粉末消火器	Bs
(3)	強化液消火器	SUS
(4)	強化液消火器	Bs

　p. 245 より，強化液消火器などの水系消火器に使用できるのは，ステンレス（SUS）のみなので，(3)は正しく，(4)の Bs が誤りです。

<加圧用ガス容器　→P. 245>

【問題25】　次の文の A～C に当てはまる数値，又は語句として，適当な組合せはどれか。

　「加圧用ガス容器のうち，内容積が（A）cm³ を超えるものは，高圧ガス保安法の適用を受ける容器で，このうち，二酸化炭素が充てんされたものは表面積の2分の1以上を（B）色に，窒素ガスが充てんされたものは表面積の2分の1以上を（C）色に塗装されていなければならない。」

　　　　　A　　　　B　　　　C
(1)　　100　　　赤　　　　緑
(2)　　120　　　緑　　　　白
(3)　　120　　　青　　　　赤
(4)　　100　　　緑　　　ねずみ

　加圧用ガス容器のうち，内容積が 100 cm³ 以下のものは高圧ガス保安法の適用を受けませんが，100 cm³ を超えるものは，高圧ガス保安法の適用を受けます。この 100 cm³ を超える加圧用ガス容器には，二酸化炭素が充てんされたものには表面積の2分の1以上を**緑色**，窒素ガスが充てんされたものには表面積の2分の1以上を**ねずみ色**に塗装する必要があります。従って，(4)が正解となります。

　解　答
【23】…(3)

┌───┐
│ 類題 ……（○×で答える）
│ (1) 内容積が 100 cm³ を超える加圧用ガス容器は，破壊されるとき周囲
│　　 に危険を及ぼすおそれのないこと。
│ (2) 作動封板を有するものは全て高圧ガス保安法の適用を受ける。
│ (3) 100 cm³ の加圧用ガス容器は高圧ガス保安法の適用を受けないが，
│　　 200 cm³ のものは高圧ガス保安法の適用を受ける。
│
│〔解説〕
│ (1) この規定は，100 cm³ 以下の容器に関する規定です（P. 246）。
│ (2) p. 246 の③より作動封板を有していても 100 cm³ 以下なら適用され
│　　 ません。
│ (3) 100 cm³ を超えるものは高圧ガス保安法の適用を受けます（P. 247）。
└───┘

<消火器の表示事項　→P. 247, 248>

重要 【問題26】　手さげ式の強化液消火器（蓄圧式）に表示しなければなら
ない事項として，次のうち規格省令上定められていないのはどれか。

(1) 使用方法　　　(2) 使用温度範囲

(3) 放射距離　　　(4) 電気火災に対する能力単位の数値

　消火器に表示しなければならない事項に(1)の使用方法，(2)の使用温度範囲，
および(3)の放射距離，というのは含まれていますが，(4)の「電気火災に対す
る能力単位の数値」というのは含まれていないので，これが誤りです。

　（能力単位は，A-1，B-1，C というように表示され，C には能力単位の数
値が表示されていない。）

　なお，鑑別で，消火器ラベルを示して，「ラベルの表示で（　）内に当て
はまる語句（または数値）」を問う出題例もありますが，この「消火器に表
示しなければならない事項」を思い出して解答すればよいだけです。

【問題27】　加圧式の粉末消火器の見やすい箇所に表示しなければならない事
項として，次のうち規格省令上正しいものはいくつあるか。

━━━━━━━━━━━━━━━━━━━━━━━━━━━━━━━━━━━━━━
解 答
━━━━━━━━━━━━━━━━━━━━━━━━━━━━━━━━━━━━━━
【24】…(4)　　　　　　　【25】…(4)　　　　　　［25 の類題〕…(1)×　(2)×　(3)○

A 薬剤の製造年月
B 加圧用ガス容器に関する取扱い上の注意事項
C 放射までの動作数
D ホースの有効長
E 使用圧力範囲
(1) 1つ　　(2) 2つ　　(3) 3つ　　(4) 4つ

P.248の「消火器の表示」より確認すると，A　消火器については**製造年**の表示が必要ですが，薬剤の**製造年月**については含まれていません。

B　⑲の「加圧用ガス容器に関する事項」より，正しい。

C　⑧⑨の**放射距離**や**放射時間**については表示する必要がありますが，放射までの動作数については，表示すべき事項には含まれていません。

D　ホースの有効長も据置式の消火器以外は表示すべき事項には含まれていません。

E　試験圧力値（耐圧試験の圧力値）については⑭にありますが，使用圧力範囲については，含まれていません。

従って，表示しなければならない事項は，Bの1つのみとなります。

【**問題28**】　規格省令上，消火器に充てんする消火薬剤の容器には各種事項を表示しなければならないが，その内容として，誤っているものは次のうちいくつあるか。

A　品名　　　　B　放射時間　　　C　充てんされるべき消火器の区別
D　製造年　　　E　使用温度範囲　　F　薬剤の容量または質量
(1) 1つ　　(2) 2つ　　(3) 3つ　　(4) 4つ

P.249の⒀より，機能を表すBの放射時間とEの使用温度範囲が表示すべき事項に含まれていません。また，Dは「製造年月」です（製造年は消火器の方）。従って，B，D，Eの3つが誤りです。

【問題29】　次の図は，消火器本体にある適応火災の絵表示について表示したものである。この絵表示について，次のうち誤っているものはどれか。

普通火災用（A火災）

油火災用（B火災）

電気火災用（C火災）

(1)　地色は，A火災が白色，B火災が黒色，C火災が黄色とすること。

(2)　A火災，B火災の炎は赤色，C火災の電気の閃光は黄色とすること。

(3)　絵表示の大きさは，充てんする消火剤の容量又は質量が2ℓ又は3kg以下のものにあっては半径1cm以上のものであること。

(4)　絵表示の大きさは，充てんする消火剤の容量又は質量が2ℓ又は3kgを超えるものにあっては半径1.5cm以上のものであること。

　絵表示の地色については，A火災が**白色**，B火災が**黄色**，C火災が**青色**となっています。なお，(3)と(4)については，出題例があるので，要注意です。

重要 【問題30】　消火器の外面を赤色仕上げとしなければならない面積として，次のうち規格省令上定められているものはどれか。

(1)　15%以上　　(2)　25%以上　　(3)　50%以上　　(4)　75%以上

　すべての消火器の塗色については，その外面の25%以上を**赤色仕上げ**とする必要があります（鑑別で写真を示しての出題がある）。

　さらに高圧ガス保安法の適用を受ける**二酸化炭素消火器**の場合は，外面の**2分の1以上（50%以上）**を緑色，ハロン1301消火器は，外面の**2分の1（50%以上）**以上を**ねずみ色**とする必要があります。

解　答

第6章

実技試験

I 基礎編

さぁ がんばって
登るぞぉ～

学習のポイント

　　実技試験では，消火器や部品などの写真が提示されて，その**名称や用途**，**目的及び構造・機能や点検整備方法**などが問われます。つまり，知識のベースは筆記の方にあるので，そのあたりをよく思い出すとともに，もう一度ページを開いて再確認しつつ解答をしていけば，徐々に解答力は高まっていくでしょう。

　　また，解答は今までと違い**記述式**なので，簡潔にまとめて書く練習も必要です。

　　したがって，この基礎編では消火器や部品を多く掲載してありますが，記述が必要な箇所は出来るだけ実際に記述して解答するようにしてください。

　　なお，本試験における消火器の写真はカラーなので，二酸化炭素の緑とハロン 1301 のねずみ色の判別や適応火災のマークも判別しやすいと思います。

　この基礎編には，問題や設問がズラリと並んでいるが，これらは全て過去に**本試験で出題された問題**ばかりなので，そのつもりで取り組んでほしい。

I 基礎編

1．消火器の鑑別（手さげ式）

次の消火器について，各設問に答えよ。

A	B	C	D

E	F	G

総質量：約 10.40 kg
薬剤質量：6.0 kg

総質量：約 5.16 kg
薬剤質量：3.0 kg

最重要 【問題1】 これらの消火器の名称を答えよ。

A	B	C	D	E	F	G

解答

A：蓄圧式強化液消火器（注：霧状放射はこの消火器のみ）

（⇒ **指示圧力計**があることから蓄圧式と判断し，あとは電気火災対応マークより，ノズルは「**霧状ノズル**」で，その形状（ノズル先端に**金属部**が露出している）からも判断する）

B：蓄圧式機械泡消火器

（⇒ **指示圧力計**と**発泡ノズル**から判断する）

C：破蓋転倒式化学泡消火器

（⇒ **キャップの形状**から判断する）

D：二酸化炭素消火器

（⇒ 白黒ではわかりにくいかもしれませんが，**本体容器の2分の1以上が緑色に塗られている**ことと**ホーンの形状**から判断する）

E：ハロン 1301 消火器

（⇒ **本体容器の2分の1以上がねずみ色に塗られている**ことと**ホーンの形状**から判断する）

F：蓄圧式粉末消火器

（⇒ **指示圧力計**があることと，同じ蓄圧式の強化液や機械泡とは異なり**ノズルの形状がホーン状**になっていることなどから判断する）

G：（手さげ式）ガス加圧式粉末消火器

（⇒ 強化液消火器と似ていますが，**指示圧力計がない**ことと**ノズルの形状**から判断する）

　なお，Gの（手さげ式）は任意に入れてありますが，消火器の名称を書く場合，P.248の規格省令第38条より，①の**消火器の区別**，③の**加圧式か蓄圧式**かは必ず書いておく必要があります（本試験では消火器の名称を語群から選ぶものが多いですが，そうでない場合もあるので，注意してください）。

　また，色んなメーカーの写真（特にステンレス製）が出題され始めているようですが，「ホーンの形状」「指示圧力計の有無」などから名称を判断できるかと思います（ステンレス製消火器の外観をネット等でチェックしておくとよいでしょう。）

【問題2】　これらの消火器のうち，同じ消火薬剤を使用するものを2つ選べ。

| 解答 |

F と G

最重要【問題3】　これらの消火器の加圧方式（放射圧力方式）を次の語群から選んで記号で答えよ。

＜語群＞

ア．蓄圧式

イ．ガス加圧式

ウ．反応式

A	B	C	D	E	F	G

| 解答 |

A	B	C	D	E	F	G
ア	ア	ウ	ア	ア	ア	イ

〔　類題　容器に窒素ガスを充てんしなくてよいものは？（答は問題4の解説最後）　〕

【問題4】　次の問に答えよ。

(1)　これらの消火器のうち，①淡紅色の消火薬剤を使用している消火器を2つ答え，かつ②その主成分について答えよ。

(2)　これらの消火器のうち，薬剤量をリットル（L）で表示されているものを記号で答えよ。重要

(3)　Cの消火器の放射性能について，充てんされた消火剤の容量または質量の①何％以上を②何秒以上放射しなければならないとされているか。

(4)　これらの消火器のうち，検定の対象となっていない消火薬剤を使用している消火器はどれか。ただし，水溶性液体用の泡消火薬剤は除く。重要

(5)　B，Cの消火器について，機器点検における放射能力確認時の確認試料の作り方について，下記語群から正しいものを選び記号で答えなさい。

　　　＜語群＞

　　　　ア．全数の10％以上　　　　　　イ．全数の50％以上

　　　　ウ．抜取り数の10％以上　　　　エ．抜取り数の50％以上

解答

(1) 消火薬剤の種類
　①淡紅色の消火薬剤：F，G（⇒ P.159，表3-2 参照）
　②主成分：リン酸アンモニウム
　　（注：「淡紅色の消火薬剤」を「同じ消火薬剤」として出題されること
　　もありますが，答えは同じくFとGになります）

(2) リットル表示の消火器
　　A，B，C（水系消火器が該当します。）

(3) ① 85％ 以上　② 10 秒以上
　　化学泡以外①は**90％ 以上**　②は全て同じです。

(4) D（二酸化炭素消火器）……「**検定合格証(ラベル)が不要な消火器**」とい
　うことでもあります。なお，消火薬剤の名称は？⇒**二酸化炭素**…です。

(5) B：エ　　C：ア　（P.193，表4-2 参照）

　　　　　　　　　　　　【問題3の類題の答】…C，D，E

重要【問題5】　これらの消火器の主な消火作用について，次の表の該当箇
所に○を入れ，また，「酸素の希釈により消火するもの」を1つ選べ。

	A	B	C	D	E	F	G
冷却作用							
窒息作用							
抑制作用							

解答

○：消火作用があるもの

	A	B	C	D	E	F	G
冷却作用	○	○	○				
窒息作用		○	○	○	○	○	○
抑制作用	○				○	○	○

注：二酸化炭素には，若干の冷却作用もあるが，「主な」とあるので，窒息作用のみになる。

・酸素の希釈により消火するもの：D

> 類題1　抑制作用（負触媒作用）が無い消火器を 3 つ答えよ。
> 類題2　抑制作用と窒息作用のある消火器を 3 つ答えよ。

【問題 6 】　A ～ G の消火器のうち，指示圧力計を装着しているものはどれか。

解答

　A，B，F （P. 170 のまとめ参照）

　蓄圧式には圧力計が必要ですが，二酸化炭素消火器とハロン 1301 消火器には不要です。また，化学泡消火器，ガス加圧式消火器にも不要です。

【問題 7 】　これらの消火器のうち，安全弁を装着しているものはどれか。
　　　　　また，安全弁の方式を 2 つ書け。

解答

　C，D，E （P. 170 のまとめ参照）
　封板式，溶栓式
（安全弁は次の問題 8 の容器弁を構成する部品の 1 つで，その方式には次の 3 つがあり，このうちから 2 つ選べばよい。
　・封板式：一定の圧力以上で作動するもの
　・溶栓式：一定の温度以上で作動するもの
　・封板溶栓式：一定の圧力及び温度以上で作動するもの

【問題 8 】　これらの消火器のうち，容器弁のある消火器を 2 つ答えよ。

解答

　D，E（容器弁は高圧ガス保安法の適用を受ける蓄圧式消火器及び加圧用ガス容器(作動封板を設けたものを除く）に取り付けられる部品です。）

【問題 9 】　これらの消火器のうち，サイホン管を装着していないものはどれか。

解答

　C（化学泡消火器）

［問題 5 の類題の答]… 1 : B，C，D　 2 : E，F，G)

【問題10】 これらの消火器のうち，ガス導入管を装着しているものはどれか。

解答

G（手さげ式のガス加圧式粉末消火器）

【問題11】 これらの消火器の使用温度範囲および規格省令上の使用温度範囲について，次の空欄に当てはまる温度範囲を下記ア〜オから選び記号で答えよ。

	A	B	C	D	E	F	G
使用温度範囲（最大値）							
規格省令上の使用温度範囲							

$$
\begin{pmatrix}
ア. & -30℃\sim40℃ \\
イ. & -20℃\sim40℃ \\
ウ. & 0℃\sim40℃ \\
エ. & 5℃\sim40℃ \\
オ. & 0℃\sim50℃
\end{pmatrix}
$$

解答

	A	B	C	D	E	F	G
使用温度範囲（最大値）	イ	イ	エ	ア	ア	ア	イ
規格省令上の使用温度範囲	ウ	ウ	エ	ウ	ウ	ウ	ウ

本試験で単に使用温度範囲と問われた場合は製品としての最大の使用温度範囲（⇒ P.167 の⑤）を答える必要があります。なお，規格省令上の使用温度範囲は，化学泡消火器のみ **5℃〜40℃** で，他は全て **0℃〜40℃** です（⇒ P.238）。

重要 **【問題12】** これらの消火器のうち，高圧ガス保安法の適用を受けるものはどれか。

解答

D（二酸化炭素消火器）　　E（ハロン 1301 消火器）

【問題13】　これらの消火器のうち，機能点検時の点検試料が抜き取り数の50％以上のものはどれか。

解答

A，B，F，G（蓄圧式と粉末消火器⇒P.193参照）

【問題14】　これらの消火器のうち，消防設備士による点検時に残圧を排出してはならない消火器の記号を2つ答えよ。

解答

D，E（専門業者に依頼する）

 こんな消火器もありました‥

<参考資料>…据置式消火器（現在，生産終了）

安全栓

グリップ

消火器本体を持ち運ぶ必要がなく，
女性や高齢者でも片手操作できるように設計されたこのような消火器もあったんだよ。
こちらはご参考まで。

注：消火器薬剤の形状を問う出題例があるので，要注意！
① 強化液，泡消火器，二酸化炭素，ハロン1301⇒液体，
② 粉末消火器⇒固形
の状態で充てんされている。

2．消火器の鑑別（車載式）

　下の写真は，各種の車載式消火器を示したものである。危険物施設に設置する第4種消火設備に該当するものを選び記号で答えなさい。

　ただし，（　）内の表示は消火剤の質量又は容量を示すものとする。

A

強化液消火器（20ℓ）

B

機械泡消火器（20ℓ）

C

化学泡消火器（80ℓ）

D

二酸化炭素消火器（23kg）

E

粉末消火器（30kg）

F

粉末消火器（40kg）

解答

B，C，E，F

解説

　まず，P. 231 の大型消火器（第4種消火設備）の質量又は容量の条件を見てください。

　（注：質量又は容量が大型消火器の条件を満たしていれば能力単位も大型消火器の条件を満たしているので，能力単位はここでは省略）。

　① 機械泡消火器‥‥‥‥‥‥‥**20 ℓ 以上**

　② 粉末消火器‥‥‥‥‥‥‥‥**20 kg 以上**

　③ ハロゲン化物消火器‥‥‥‥**30 kg 以上**

　④ 二酸化炭素消火器‥‥‥‥‥**50 kg 以上**

　⑤ 強化液消火器‥‥‥‥‥‥‥**60 ℓ 以上**

　⑥ 水消火器と化学泡消火器‥‥‥**80 ℓ 以上**

　この条件を満たしている消火器が第4種消火設備となるので，Bの機械泡消火器，Cの化学泡消火器，EとFの粉末消火器の4つになります。なお，Fについては，**加圧用ガス容器が別に設置してある**ところからも**大型消火器**と判断できます。

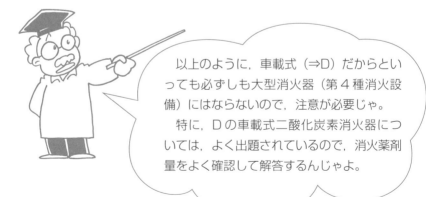

　以上のように，車載式（⇒D）だからといっても必ずしも大型消火器（第4種消火設備）にはならないので，注意が必要じゃ。

　特に，Dの車載式二酸化炭素消火器については，よく出題されているので，消火薬剤量をよく確認して解答するんじゃよ。

3．交換および補充用部品についての鑑別

次の部品の，①名称，②消火器に装着する目的，③装着する消火器の名称を
それぞれ答えよ。

【問題1】　次の問に答えよ。

問

①	名　称
②	消火器に装着する目的
③	装着する消火器の名称

解答

① 名　称	安全弁
② 消火器に装着する目的	温度上昇などによる容器内の圧力上昇を排出して減圧する
③ 装着する消火器の名称	化学泡消火器，ハロン 1211 消火器，ハロン 1301 消火器，二酸化炭素消火器

（写真の安全弁は化学泡消火器のものであり，その他の消火器の安全弁は外観，
形状が化学泡とは異なります）

【問題2】　次の問に答えよ。

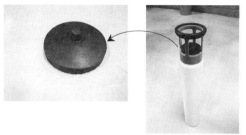

内　筒

問

①	名　称
②	消火器に装着する目的
③	装着する消火器の名称

解答

①	名　称	内筒ふた
②	消火器に装着する目的	運搬や振動などにより薬剤があふれ，外筒内の薬剤と混合反応することを防止する
③	装着する消火器の名称	転倒式化学泡消火器

【問題3】　次の問に答えよ。

問

①	名　称
②	消火器に装着する目的
③	装着する消火器の名称
④	網の目の最大径と網の目の合計面積

解答

①	名　称	ろ過網
②	消火器に装着する目的	ゴミや異物などによりノズルが詰まるのを防ぐ
③	装着する消火器の名称	化学泡消火器
④	網目の最大径，合計面積	・最大径：ノズル最小径の4分の3以下 ・合計面積：ノズル開口部の最小断面積の30倍以上（P.241 の(3)参照）

【**問題4**】　次の問に答えよ。

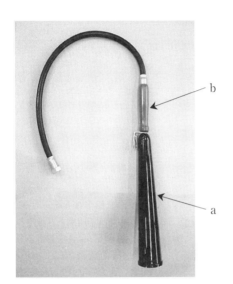

問

①	a，b の名称
②	b を消火器に装着する目的
③	装着する消火器の名称

解答

①	名　称	a．ホーン　b．ホーン握り
②	b を消火器に装着する目的	気化の際，冷却作用を伴うので凍傷を防止するために装着する
③	装着する消火器の名称	二酸化炭素消火器

【問題5】　次の写真は，ガス加圧式粉末消火器を分解したものである。a〜c
の部品の，①名称，②消火器に装着する目的，③a の部品に封入されるガス
の種類の名称1つと a の内容積が何 cm³ 以下とされているか，④a の部品
を交換する際の適応性を判断する際の注意事項を2つ答えよ。

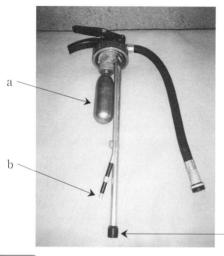

①	a，b，c の名称
②	a，b，c を装着する目的
③	・a のガスの種類1つ ・a の内容積は何 cm³ か。
④	a を交換する際の注意事項2つ

注：本試験では a を取り外した
状態の写真で出題されることがあ
る（⇒ その部品名を答える問題）
また，「加圧用ガスはどこから出てく
るか」という出題例もある（⇒ b）

解答

①　名　称 （c は蓄圧式にはないので 注意！）	a．加圧用ガス容器 b．逆流防止装置 c．粉上がり防止用封板
②　消火器に装着する目的	a．消火薬剤を放射させるために加圧する。 b．粉末消火薬剤がガス導入管に侵入するのを 　　防止する。 c．粉末消火薬剤がサイホン管に侵入するのを 　　防止し，また，*開放式ではノズルからの 　　湿気の侵入も防止する。（放射時のガス圧 　　で破れる）（*P. 162②，P. 164 の*3を参照）

類題　Cの部品の開放バルブ式での役目を答えよ。（答）…上記②Cの下線部

③　aのガス1種類と内容積	・二酸化炭素（または二酸化炭素と窒素の混合ガス）* ・内容積 100 cm³ 以下　（P. 245 ⑾の②参照）
④　aを交換する時の注意事項	・同一容器記号のものを使用する。 ・ガスの種類が同じものを使用する。

（＊100 cm³ 超の加圧用ガス容器には，**窒素ガスか液化炭酸ガスを使用**）

> Cの粉上がり防止用封板は，蓄圧式のサイホン管には設けられていないので注意が必要だよ。

【問題6】　次の問に答えよ。

問

①	a, b, c の名称
②	消火器に装着する目的
③	b が装着されていない消火器の名称を2つ

解答

①　名称	a．排圧栓　b．減圧孔　c．使用済み表示装置
②　消火器に装着する目的	a，b：容器内の残圧を排出するため c：消火器が未使用または使用済であるかを判別するため
③　bが装着されていない消火器の名称	二酸化炭素消火器 ハロン 1301 消火器　　☞ **出た!**

　aの排圧栓は，分解に先立ち残圧を排出するためのもので，また，bの減圧孔は，キャップを外す際に**残圧を排出する**ためのものです。

> ドライバーをaに当てた写真で出題され，「作業の目的を答えなさい」という出題例があるが，答は②のa，bにあるとおり

【**問題7**】　次の問に答えよ。

問

①	名　称
②	消火器に装着する目的
③	装着しなくてよい消火器の名称

解答

①	名　称	安全栓
②	消火器に装着する目的	不時の作動を防止するため
③	装着しなくてよい消火器の名称	転倒式の化学泡消火器

【**問題8**】　次の問に答えよ。

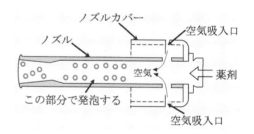

問

①	名　称	②	消火器に装着する目的	③	装着する消火器の名称

解答

①	名　称	発泡ノズル
②	消火器に装着する目的	空気を吸入して消火薬剤を発泡させる
③	装着する消火器の名称	機械泡消火器

【問題9】　次の加圧用ガス容器のうち，「①　ガスの再充てんが可能なもの」，「②　高圧ガス保安法が適用されないもの」をそれぞれすべて選びなさい。

A　　　　　　　　　　　B　窒素　　　　　　　　C　液化炭酸

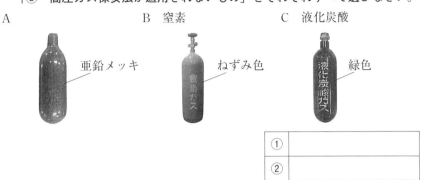

亜鉛メッキ　　　　ねずみ色　　　　　　緑色

①	
②	

解答

①	B
②	A

解説

　Aの **100 cm³ 以下**の加圧用ガス容器は，**作動封板**付きでガスの再充てんが**不可**。高圧ガス保安法の適用を受ける 100 cm³ を超える B，C のうち，B の**容器弁付き**は再充てんが可能*で，また，C の**作動封板**付きのものは，破封後は，再使用出来ません。（*自分で再充てんは出来ず，必ず専門業者に依頼する）

【問題10】　図の加圧用ガス容器について説明している次の文中の①〜④に当てはまる語句として，適切なものを次の語群から選びなさい。

B141　←── 製造ロット番号
TW261　←─ A
ガスの種類 →　CO₂ C60 ←─ B
NS

「加圧用ガス容器の表示については，Aは（①）を表し，Bは（②）を表している。また，Bのうち，Cの表示は（③）を表し，60は（④）を表している。」

＜語群＞

| ア | 製品番号 | イ | 容器記号 | ウ | ねじの種類 | エ | 品質 |
| オ | 製造番号 | カ | ガスの質量 | キ | 総質量 | ク | ガスの体積 |

解答

①	②	③	④
キ	イ	ウ	カ

【問題11】 次の問に答えよ。

注：cの㊛を空白にして文字
を答えさせる出題例あり
⇩
答は「消」

問

①	名　称
②	消火器に装着する目的
③	装着する消火器の名称
④	矢印 a が示す意味とその色
⑤	矢印 b が示す意味と Bs の意味
⑥	水系消火器に装置する場合に耐食性を要する部分及びその材質記号
⑦	指針がほぼ0の付近を指していた場合，a：考えられる原因，b：点検事項を各2つ答えよ。

解答

①	名　称	指示圧力計
②	消火器に装着する目的	本体容器内の圧力を指示する
③	装着する消火器の名称	蓄圧式消火器（二酸化炭素消火器およびハロン1301消火器を除く）
④	矢印 a が示す意味と色	・使用圧力範囲　・緑

⑤　矢印 b が示す意味と Bs の意味	・ブルドン管の材質　　・Bs は黄銅
⑥　水系消火器に装置する場合に耐食性を要する部分及びその材質名	・耐食性を要する部分：ブルドン管 ・材質名：SUS（ステンレス） 　（P.245，表 5-2 圧力検出部の材質を参照。）
⑦　指針がほぼ 0 の付近を指していた場合， a：考えられる原因， b：点検事項	a：消火薬剤が放射された。圧漏れ。指示圧力計の故障（このうちの 2 つ） b：消火薬剤量の点検。気密試験を行う。指示圧力計の作動を確認する（このうちの 2 つ）。

[　類題　蓄圧式で写真の器具を装置していない消火器を 2 つ答えよ。　]

[類題の答]…二酸化炭素消火器，ハロン 1301 消火器（③参照）

4．整備関連および工具等の鑑別

次の器具または工具の，①名称，②使用目的をそれぞれ答えよ。

【問題1】 次の問に答えよ。

問

①	名　称
②	使用目的
③	粉末消火器で清掃すべき部品を4つ答えよ

解答

①	名　称	エアーガン
②	使用目的	粉末消火器のサイホン管などの清掃や通気試験（レバーを握り，サイホン管からエアーガンで圧縮空気を吹きつけてホースやノズルに至る通気状態の確認をする試験）などに用いる
③	清掃箇所	**ホース，バルブ，サイホン管，ノズル，キャップ，容器内**（このうちの4つを答える）

【問題2】 次の問に答えよ。

問

①	名　称
②	使用目的

解答

①	名　称	キャップスパナ
②	使用目的	キャップを開閉する際に使用する

【問題3】 次の問に答えよ。

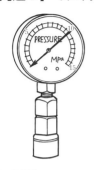

問

| ① | 名　称 |
| ② | 使用目的 |

解答

| ① | 名　称 | 標準圧力計 |
| ② | 使用目的 | 蓄圧式消火器の内圧の測定，および指示圧力計の精度の点検に用いる。 |

（消火器本体に取付け，レバーを握って内圧を確認する器具で，もし，指示圧力計の指示値と異なった値であるならば，指示圧力計の不良ということになる）

【問題4】 次の問に答えよ。

問

| ① | 名　称 |
| ② | 使用目的 |

解答

| ① | 名　称 | 反射鏡 |
| ② | 使用目的 | 本体容器内部の状況（腐食や防錆材の脱落等）の点検 |

【問題5】　次の問に答えよ。

問

| ① | 名　称 |
| ② | 使用目的 |

解答

①　名　称	クランプ台
②　使用目的	キャップの開閉などの作業時に本体容器を固定する

【問題6】　次の問に答えよ。

問

| ① | 名　称 |
| ② | 使用目的 |

消火器に装着した状態

解答

①　名　称	継手金具（接手金具）
②　使用目的	蓄圧式消火器に窒素ガスなどを充てんする際，三方バルブを接続するのに使用する（標準圧力計の接続などにも使用される）⇒　問題12（P. 295の①）参照

【問題7】 次の問に答えよ。

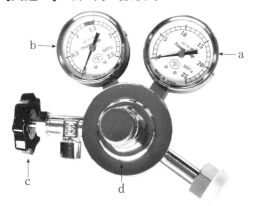

問（a～dの名称も答える）

①	名　称		
②	使用目的		
③		a	
		b	
		c	
		d	

解答

①	名　称	圧力調整器
②	使用目的	ガス容器から蓄圧式消火器本体内に窒素ガスを導入する際に充てん圧力まで減圧させる装置。
③	各部の名称	a. 一次側圧力計　b. 二次側圧力計　c. 出口側バルブ d. 圧力調整ハンドル（P. 244 図5-6 参照）

【問題8】 下に示す検定合格表示について，次の各設問に答えなさい。

A 　B 　C 　D

1．消火器用の検定合格表示を選び，記号で答えなさい。
2．消火器用消火薬剤の検定合格表示を選び，記号で答えなさい。

解答

①	D
②	C

消火器用の検定合格表示は「**合格之証**」，消火薬剤の検定合格表示は「**合格之印**」となっているので，注意してください。

重要 **【問題9】**　次の図は，消火器の点検を行っているところを示したもの
である。次の各設問に答えなさい。

1．何を行っているところかを答えなさい。

2．矢印 a，b で示した器具名を答えなさい。

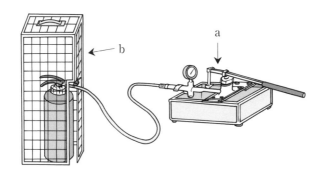

解答

①	消火器本体容器の耐圧性能の点検
②	a．手動水圧ポンプ（耐圧試験機ともいう） b．保護枠

【問題10】 下の写真の消火器について，次の各設問に答えなさい。

設問1　この消火器の名称を答えなさい。

設問2　この消火器は全体が赤く塗装されていないが，その理由を答えなさい。

設問3　次の文が正しい場合は○，間違っている場合は×を記入しなさい。

　　　「容器に1／3以上赤色で塗られた消火器は使用できる。」

設問4　右の表は，消火器に表示されている仕様の単位などを記したものの
　　　一部である。①から⑤の空欄に当てはまる表示事項を記述しなさい。

	総質量	5.7 kg
①		A－3・B－7・C
②		3〜6 m
③		約 13 s
④		－30〜＋40℃
⑤		消第 23〜○○○号

解答欄

設問1	
設問2	
設問3	

解答

設問1　蓄圧式粉末消火器

　　　指示圧力計とノズルの形状から，蓄圧式の強化液消火器か粉末消火器
　　になりますが，④の使用温度範囲が，「－30〜＋40℃」であることから，
　　蓄圧式粉末消火器ということになります（強化液消火器は「－20〜＋40
　　℃」）。

設問2　規格で「消火器の外面は，その<u>25% 以上</u>を**赤色**仕上げとすること」
　　　と定められているので，全体を赤く塗装する必要はない。

設問3　○

　　　設問2の解説より，1／3は25% 以上であるため，規格に適合して
　　います。

設問 4

①	能力単位	②	放射距離
③	放射時間	④	使用温度範囲
⑤	型式番号		

(⇒P. 248 にあるラベルを参照)

【**問題**11】　下の写真は，粉末消火器の消火薬剤を充てんしている作業の一部
を示したものである。図の作業 A，B，C の中で使用されている器具又は工
具の名称をそれぞれ答えなさい。

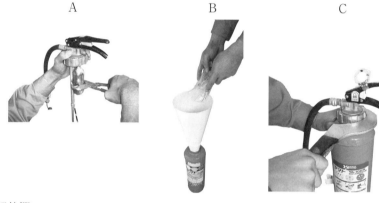

A　　　　　　　　　　　　B　　　　　　　　　　C

解答欄

A	
B	
C	

解答

A	プライヤー
B	漏斗（ろうと）
C	キャップスパナ

【問題12】 次の図は，蓄圧式粉末消火器に窒素ガスを充てんしている作業を表した図である。a〜d の名称と使用目的を答えよ。

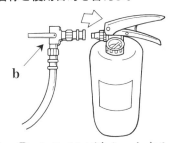

問	
① 名称	a. b. c. d.
② 使用目的	a. b. c. d.

① 消火器にaの金具を取り付ける

② bのバルブをセットする

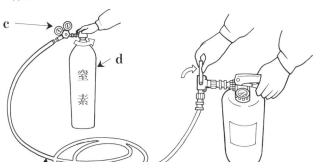

高圧エアーホース

③ ボンベのバルブを開き，cで充てん圧力に調節する

④ 消火器のレバーを握って，bのバルブを開いて窒素ガスを圧入する

解答

① 名称	a．継手金具（接手金具） b．三方バルブ c．圧力調整器 d．加圧用窒素ガス容器
② 使用目的	a．消火器本体とbの三方バルブを接続するための金具（問題3の標準圧力計を消火器に接続するときにも用いる） b．レバーを操作して，窒素ガスの注入および停止を行う。 c．高圧の窒素ガスを消火器の充てん圧力まで減圧する。 d．蓄圧式消火器の蓄圧ガスとして用いる。

5. その他

【問題1】 下に示す消火器は，使用後の粉末消火器を示したものである。次の各設問に答えなさい。

絵表示

設問1　この消火器を分解する際，最初に確認しなければならないことを答えなさい。

設問2　設問1の事項を確認した後，各部の清掃を行い，消火器に消火薬剤を充てんする際に注意すべきことを2つ答えなさい。

設問3　この消火器における①薬剤の色，②ホースが不要な条件を答えなさい。

設問4　この消火器を分解，整備する際の手順を次に示した。(A) ～ (F) に当てはまる語句を下記語群から選び記号で答えなさい。

①　総質量を (A) して消火薬剤量を確認する。

②　本体容器を (B) に固定する。

③　ドライバーで (C) を開き，内圧を排除する ((C) のないものは，④でキャップをゆるめるときに (D) から残圧を排除し，その吹き出しが止ってから再びキャップをゆるめる。

④　(E) でキャップをゆるめる。

⑤　(F) を本体から抜き取る。

⑥　容器内に残っている消火薬剤を取り除き，ポリ袋に移し，輪ゴムなどで封をして湿気の侵入を防ぐ。

＜語群＞

ア．排圧栓　　　　イ．ドライバー　　ウ．キャップスパナ　エ．バルブ本体
オ．クランプ台　　カ．減圧孔　　　　キ．ノズル　　　　　ク．安全栓
ケ．計量　　　　　コ．ホース

解答欄

A	B	C	D	E	F

|解答|

設問1　消火器本体内に残圧がないかを確認する。

　写真の消火器は，指示圧力計が装置されているので，蓄圧式粉末消火器になります。

　蓄圧式，加圧式ともに，まずは，消火器本体内に**残圧**がないかを確認する必要があります。

設問2　・消火薬剤はメーカー指定のものを用いる。

　　　　・消火薬剤が規定の質量，充てんされたかを確認する。

設問3　①　淡紅色（絵表示より粉末（ABC）消火器のため）

　　　　②　消火薬剤量が1 kg以下（P. 240，（2）の②）

設問4

A	B	C	D	E	F
ケ	オ	ア	カ	ウ	エ

【問題2】　図は，主要構造部を耐火構造，内装を不燃材料で仕上げた倉庫の平面図である。次の各設問に答えなさい。なお，当該防火対象物は無窓階には該当せず，設置する消火器1本の能力単位の数量は2とする。

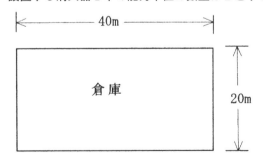

設問1　設置しなければならない消火器（大型消火器以外の消火器，以下同じ）の法令に基づく，必要最小能力単位数を答えなさい。

設問2　この建物に消火器を設置する場合，消火器までに至る歩行距離も考

慮した実際上必要となる最小本数を求め，図中に○印で記入しなさい。

解答

設問1	4単位
設問2	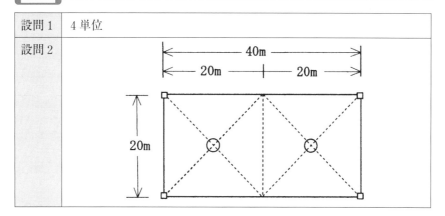

解説

設問1　倉庫の算定基準面積は，P. 121の表2-13より100 m² ですが，主要
構造部が**耐火構造**で，内装は**不燃材料**なので，その2倍の**200 m²** に
することができます（⇒P. 121下の★）。

倉庫の床面積は，20×40＝800 m² となるので，消火器の必要最小能
力単位数は，この床面積を算定基準面積200 m² で割れば求めること
ができます。

よって，800÷200＝4，となります。

従って，能力単位の合計が4以上の消火器を設置すればよい，とい
うことになります。

設問2　倉庫の必要最小能力単位が4で，消火器1本の能力単位数が2なの
で，4÷2＝2本設置すればよいことになります。

従って，図のように，倉庫を2分の1に分け，各ブロックの中心を対
角線を引いて求め，その部分に消火器を設置すれば均等に配置でき，
かつ，規則第6条の「防火対象物の各部分から歩行距離が**20 m 以下**」
という基準もクリアできます。

第6章

実技試験

さぁ がんばって
登るぞぉ～

Ⅱ 実戦編

この実戦編は，基礎編で養った解答力を試す"場"です。

本試験では，1時間45分の間にこの実技試験も解答すればよいので，そう"あせる"必要はありませんが，なかなか解答できずにてこずっていると他の問題を解く時間がなくなってしまうので，「ある一定の時間内で解答する」というテクニックをこの実戦編では身につけてください。

なお，この実戦編では，本試験問題とほぼ同程度の問題を採用していますので，「実戦力」および「応用力」を養うには最適な内容となっています。

ポイント1. 消火器の温度範囲を問われた場合，「**規格省令上の使用温度**」と問われればP.238の2の使用温度範囲を答える。一方，単に「**使用温度**」または「**有効使用温度**」「**最大使用温度**」などと問われればP.167の⑤にある使用温度範囲を答える。

ポイント2. 蓄圧式消火器を分解する際に最初にすることは？⇒「消火器本体内に残圧がないか確認する。」

ポイント3. 消火薬剤を充てんする際に注意すること⇒「消火薬剤はメーカー指定のものを用いる」「消火薬剤が規定の質量，充てんされたかを確認する。」

Ⅱ　実戦編

　この章では，実際の本試験のスタイルで出題しますので，1問約3分として，15分を制限時間と仮定して解答力を養ってください。

鑑別等試験問題

問1　右の写真は，粉末消火薬剤量を40
　　kg（A火災に対する能力単位が10，
　　B火災に対する能力単位が20）充て
　　んした消火器を示したものである。次
　　の各設問に答えなさい。

設問1　この消火器の加圧方式及び運搬方式を答えなさい。
設問2　この消火器は，その保持装置から取り外す動作，背負う動作，安全
　　　　栓を外す動作及びホースを外す動作を除き，規格上何動作以内で容易
　　　　に，かつ，確実に放射をしなければならないか答えなさい。
設問3　B火災に適応する必要能力単位数を答えなさい。
設問4　放射の際，何kg以上放射しなければならないかを考えなさい。

解答欄

設問1	加圧方式	
	運搬方式	
設問2		動作以内
設問3		以上
設問4		kg 以上

問2　下の写真に示す消火器について，次の各設問に答えなさい。

設問1　この消火器に使用されている消火薬剤の状態（液体，粉末など）及び充てん量の確認方法を答えなさい。

設問2　矢印で示す部分の名称，およびこの消火器に，この部品が取り付けられている理由を答えなさい。

設問3　次の文の（A）〜（C）に当てはまる語句を記入しなさい。

「この消火器は，施行令別表第1（16の2）項及び（16の3）項に掲げる防火対象物並びに総務省令で定める（A），（B）その他の場所に設置してはならない。（A）や（B）に設置できないのは（C）性があるためである。」

設問4　この消火器の充てん比（容器の内容積／消火剤の質量）を答えなさい。

設問5　この消火器の適応火災を答えなさい。

解答欄

設問1	状態：		充てん量の確認方法：		
設問2	名　称				
	装着されている理由				
設問3	A		B		C
設問4	充てん比				
設問5	適応火災				

問3　下の写真の消火器について，次の各設問に答えなさい。

設問1　この消火器が適応する火災種別を次の解答欄に○で記入しなさい。

A火災	B火災	C火災

設問2　A火災，B火災，C火災のうち，能力単位の数値が総務省令で定められていないのはどれかを答えなさい。

問4　下の写真に示す消火器について，次の各設問に答えなさい。

設問1　消火器の名称を，下記語群から選び記号で答え，その消火器の適応する火災を○で囲みなさい。

設問2　CとDの消火器に使用されている消火薬剤の主成分について答えなさい。

設問3　A～Dの消火器のうち，加圧方式の異なる1つの消火器を記号で答えなさい。

設問4　「レバーを握れば放射され，レバーを離せば停止する」という方式の消火器を2つ，記号で答えなさい。

設問5　これらの消火器のうち，整備の際に消防設備士の資格があっても消火薬剤を充てんできないものを1つ選び，記号で答えなさい。

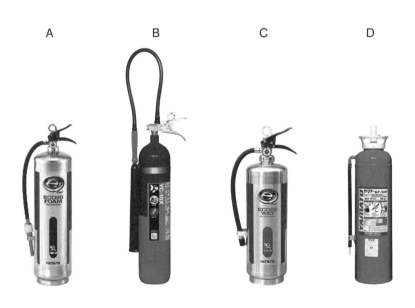

A　　　　　B　　　　　C　　　　　D

＜消火器の名称の語群＞

ア　強化液消火器　　イ　機械泡消火器　　ウ　化学泡消火器（船舶用）

エ　二酸化炭素消火器　オ　ハロン1301消火器　カ　蓄圧式粉末消火器

解答欄

		消火器の名称	適応する火災		
			普通火災	油火災	電気火災
設問1	A				
	B				
	C				
	D				
設問2	Cの主成分				
	Dの主成分				
設問3					
設問4					
設問5					

問5　次の大型消火器の①名称②必要最低消火薬剤量（ℓ または kg 以上）③ B火災に対する能力単位を答えよ。

イ　　　　　　　　　　ロ　　　　　　　　　ハ

（A火災B火災適応）　（A火災B火災適応）　（A火災B火災C火災適応）

	イ	ロ	ハ
①名称			
②消火薬剤量	ℓ 以上	ℓ 以上	kg 以上
③B火災の能力単位	以上	以上	以上

問6　蓄圧式粉末消火器の点検，整備について，次の各設問に答えなさい。

設問1　上の写真に示す器具を使用する場合，①使用するガス（気体）の名称と②その使用目的及び③矢印の器具の使用目的を簡潔に答えなさい。

設問2　蓄圧式消火器で，左側の器具（ボンベ）を用いて蓄圧ガスを充てんする必要のない消火器を2つ答えなさい。

設問3　蓄圧式粉末消火器の点検・整備に関し，下記事項について適当でないものを選び記号で答えなさい。

ア　粉末消火器のキャップに変形，損傷，緩み等のあるものにあっては，消火薬剤の性状は点検を省略してもよいが，消火薬剤量は点検する。

イ　指示圧力計の指針が緑色範囲の下限より下がっているものは，消火薬剤量を点検する。

ウ　本体容器が，著しく腐食しているもの及び錆がはく離しているものは整備した後，消火薬剤を交換する。

エ　銘板のないもの及び型式失効に伴う特例期間の過ぎたものでも，形状に異常が認められないときは，消火薬剤を交換，整備し使用する。

オ　著しい変形，損傷，老化等が見られるホースは交換する。

カ　本体容器内面に著しい腐食，防錆材料の脱落等のあるものは廃棄する。

解答欄

設問1	①使用するガスの名称	
	②ガスの使用目的	
	③矢印の器具の使用目的	
設問2		
設問3		

問7　下の右に示す表は，左に示した蓄圧式消火器の矢印部分の記載を大きく示したものである。A～D に当てはまる適切な記載事項を答え，また，この消火器は粉末消火器か強化液消火器のいずれかも答え，該当する方に○を記入しなさい。

仕様	
総質量	4.3 Kg
薬剤質量	2.0 L
耐圧試験圧力値	1.60 MPa
【A】	約32 s（20℃）
【B】	3～6 m（20℃）
【C】	−20～＋40℃
【D】	A−1・B−1・C
型式番号	消第○○−○○○号

解答欄

A	
B	
C	
D	

蓄圧式強化液消火器	蓄圧式粉末消火器

問8　下図のような3階建ての建物に次の条件を考慮し，消火器を設置する場合，各階の消火器の必要最低本数を答えなさい。

〈条件〉

1　主要構造部は耐火構造であり，内装は不燃材料で仕上げている。

2　他の消防設備等の設置による緩和は考慮しない。

3　歩行距離による設置条件は考慮しない。

4　能力単位の算定数値は各階の床面積を次表に示す面積で除した値とする。

5　消火器の能力はA－2とする。

表（施行規則第6条抜粋）

3 階	事務所	400 m²
2 階	飲食店	400 m²
1 階	遊技場	400 m²

区　分	面　積
事務所	200 m²
飲食店，料理店	100 m²
遊技場，ダンスホール	50 m²

解答欄

3 階	本
2 階	本
1 階	本

問9　次図は主要構造部が耐火構造で内装が難燃材料の木材用倉庫である。A－4，B－6，Cの能力単位の消火器を設置する場合の設置個数を答えよ（注：歩行距離による設置基準は考慮しない）。

解答欄

倉庫全体	個
変電室	個
ボイラー室	個
少量危険物	個

問10 図のような防火対象物の各室に適応する消火器を下記写真の中から選び記号で答えなさい。

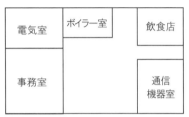

電気室	ボイラー室		飲食店
事務室			通信機器室

A	B	C	D	E

総質量：約 5.16 kg
薬剤質量：3.0 kg

＜解答欄＞

電気室	
事務室	
ボイラー室	
飲食店	
通信機器室	

実戦問題の解答と解説

問1

設問1	加圧方式	ガス加圧式
	運搬方式	車載式
設問2	3動作以内	
設問3	20以上（大型ではA火災では10以上B火災は20以上⇒p. 230）	
設問4	36 kg以上（p. 238の1の③より，40 kgの90%以上）	

問2

設問1	状態：液体　充てん量の確認方法：質量（重量）を確認する。				
設問2	名　称	ホーン握り			
	装着されている理由	気化の際，冷却作用を伴うので凍傷を防止するために装着する			
設問3	A	地階	B	無窓階	C	窒息（二酸化炭素濃度が高くなると酸欠事故を起こす）
設問4	充てん比	1.5以上			
設問5	適応火災	油火災（B火災），電気火災（C火災）			

解説

1. この消火器は二酸化炭素消火器であり，その消火薬剤は高圧で圧縮して液体として充てんされており，また，その充てん量は，**質量（重量）**を計測して確認します。

2. 矢印で示す部分は，ホーン握りと呼ばれるもので，液化二酸化炭素（液化炭酸ガスともいう）がノズルから放射される際に（気化により）冷却作用を伴うので，それによる凍傷を防ぐために取り付けられています。

問3

設問1

A火災	B火災	C火災
	○	○

（P.168の表の⑦を参照）

設問2：C火災（電気火災）

（⇒P.230参照）

問4

		消火器の名称	適応する火災		
			普通火災	油火災	電気火災
設問1	A	イ	○	○	
	B	エ		○	○
	C	ア	○	○	○
	D	ウ	○	○	
設問2	Cの主成分	炭酸カリウム			
	Dの主成分	・外筒用：炭酸水素ナトリウム ・内筒用：硫酸アルミニウム			
設問3	D				
設問4	A，B，C（このうちの2つを答える）				
設問5	B				

解説

設問1　Cについては，ノズルと指示圧力計から判断します（同じ強化液消火器であるP.270のAの写真参照）。なお，名称を記述する場合は，「蓄圧式強化液消火器」のように「蓄圧式」を入れておいた方がよいでしょう。

設問3　Dのみ**反応式**で，他はすべて**蓄圧式**です（B以外は指示圧力計などから判断）。

[類題1] 問4の消火器に置いて，「油火災」と「電気火災」のみに適応する消火器を選びなさい。

[類題2] 問4のA，B，Cに共通する加圧方式を答えなさい。

　　　　　　　　　　　　　［設問3の類題の答］　1…B　　　2…蓄圧式
設問4　蓄圧式の消火器が該当します。

問5

（⇒②P.231，大型消火器の条件参照，③大型のB火災は20以上⇒P.230参照）

	イ	ロ	ハ
①名称	化学泡消火器	機械泡消火器	粉末消火器
②消火薬剤量	80ℓ以上	20ℓ以上	20kg以上
③B火災の能力単位	20以上	20以上	20以上

　イとロはA火災B火災適応と外観及び「ℓ以上」から泡消火器，ハはA火災B火災C火災適応とkgから粉末消火器，と判断する。（⇒P.168参照）

[類題] イの消火器について，①操作方式，②この消火器を使用する際に行う操作を2つ答えなさい。ただし，ホースを外す動作は除くものとする。

〔解答〕
　①　開がい転倒式　②　・起動ハンドルを回して内筒ふたを開く。・本体を転倒させる。

問6

設問1	①使用するガスの名称	窒素ガス
	②ガスの使用目的	完全に除湿されたガスで清掃等を行う
	③矢印の器具の使用目的	分解した粉末消火器の清掃やサイホン管等の通気点検などに用いる
設問2	二酸化炭素消火器，ハロン1301消火器	
設問3	ア，ウ，エ	

解説

設問1　この場合のガスの使用目的は，清掃だけですが，単に「窒素ガスの
　　　　使用目的を2つ答えなさい。」という出題例もあり，その場合は，「**粉
　　　　末消火器の清掃**」と「**蓄圧式消火器の放射ガス**」になります。

設問2　両者とも液化ガスが充てんされているので，窒素ガスを充てんする
　　　　必要はありません。

設問3
　　　ア　キャップに変形，損傷，緩み等があれば湿気が侵入している可能
　　　　　性があるので，消火薬剤の性状を点検する必要があります。
　　　ウ　本体容器が，著しく腐食しているものや錆がはく離しているもの
　　　　　は廃棄する必要があります。
　　　エ　銘板のないものや型式失効に伴う特例期間の過ぎたものは，たと
　　　　　え形状に異常が認められなくても廃棄する必要があります。

問7

A	放射時間
B	放射距離
C	使用温度範囲
D	能力単位（注：C火災の数値はない）

○	蓄圧式強化液消火器		蓄圧式粉末消火器

解説

　　（p.293，問題10と一部重複しますが，強化液と粉末の違いなど，弱干内
容が異なるので出題しました）

　　p.248　消火器の表示を参照

　　また，使用温度範囲が−20〜+40℃より，強化液消火器になります。

　　（手さげ式粉末消火器は，−30℃〜40℃）

問8

解答

3 階	1 本
2 階	1 本
1 階	2 本

解説

　条件1の「主要構造部は耐火構造」より，算定基準面積は2倍になるので，3階の事務所の算定基準面積は **400 m²**，2階の飲食店は **200 m²**，1階の遊技場は **100 m²** となります。

　従って，各階の必要能力単位は，「床面積÷算定基準面積」より，3階の事務所が 400 m²÷400 m²＝**1**（単位），2階の飲食店が 400 m²÷200 m²＝**2**（単位），1階の遊技場が 400 m²÷100 m²＝**4**（単位）となります。

　また，条件5より，消火器の能力単位は1本につき2なので，「**設置本数＝建物の能力単位÷消火器の能力単位**」より，3階の事務所には，1÷2＝0.5…繰り上げて **1**（本），2階の飲食店に 2÷2＝**1**（本），1階の遊技場は，4÷2＝**2**（本）…の消火器がそれぞれ最低必要になります。

問9

解答

倉庫全体	5 個
変電室	3 個
ボイラー室	1 個
少量危険物	1 個

解説

　まず，倉庫の算定基準面積は 100 m² ですが，問題文にある下線部の条件より2倍の **200 m²** になります。

　従って，(80×50)÷200＝20 の能力単位が必要。消火器の能力単位は，木材倉庫の火災→（普通火災）より，A－4の4となり，20÷4＝**5**（個）が全

体の面積に対して必要。

　次にP.120より個別の個数を計算します。変電室はP.120（1）より，300÷100＝3**（個）**。ボイラー室は同じページの(2)より28÷25＝1.12（単位）。ボイラー室も普通火災適応消火器で良いので，同じく4で割ると0.28となるので，繰り上げて**1（個）**。

　少量危険物は指定数量の1／5以上指定数量未満の危険物であり，同じくP.120，(3)の式で計算すれば1未満になるので，**1（個）**…が全体の設置個数以上以外に必要ということになります。

　なお，複数の飲食店の出題例もありますが，その場合も<u>倉庫と同じ算定基準面積（100 m²）</u>なので，解答も同じになります。

問10

解答

電気室	A，D，E（水系はNGだが，強化液は霧状だと適応する）
事務室	A，B，C，E（二酸化炭素はNG）
ボイラー室	A，B，C，E（二酸化炭素はNG）
飲食店	A，B，C，E（二酸化炭素はNG）
通信機器室	A，B，C，E（二酸化炭素はNG）

解説

　事務室，ボイラー室，飲食店，通信機器室は**「建築物その他の工作物」**になるので，**普通火災**に適応する消火器でよく，また電気室は**電気火災**に適応する消火器を選定します（注：強化液消火器は霧状にすると電気火災に適応します。）。

解答カード（見本）（※ 実際の解答用紙より約80%縮小したサイズです）

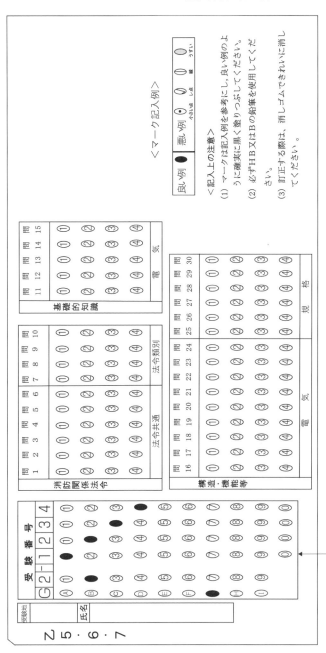

受験番号を
G2－1234
とした場合の例

模擬テスト

　この模擬テストは，本試験に出題されている問題を参考にして作成されているので，実戦力を養うには最適な内容となっています。従って，出来るだけ本試験と同じ状況を作って解答をしてください。

　具体的には，

①　時間を1時間45分きちんとカウントする。

②　これは当然ですが，参考書などを一切見ない。

③　見本の解答カード（前頁）を拡大コピーして，その解答番号に印を入れる。

などです。

　これらの状況を用意して，実際に本試験を受験するつもりになって，次ページ以降の問題にチャレンジしてください。

直前ワンポイント

ポイント1

消火器の温度範囲を問われた場合，「**規格省令上の使用温度**」と問われればP.238の2の使用温度範囲を答える。一方，単に「**使用温度**」または「**有効使用温度**」「**最大使用温度**」などと問われればP.167の⑤にある使用温度範囲を答える。

ポイント2

蓄圧式消火器を分解する際に最初にすること⇒「消火器本体内に**残圧**がないか確認する。」

ポイント3

消火薬剤を充てんする際に注意すること⇒「消火薬剤は**メーカー指定**のものを用いる」「消火薬剤が**規定の質量**，充てんされたかを確認する」

1　消防関係法令

(1)　法令の共通部分（問1～問6）

【問題1】　消防法令上，特定防火対象物に該当するものは，次のうちどれか。
- (1)　蒸気浴場，熱気浴場その他これらに類する公衆浴場
- (2)　小学校又は中学校
- (3)　冷凍倉庫を含む作業場
- (4)　図書館と事務所からなる高層ビル

【問題2】　消防用設備等の技術上の基準の改正と，その適用について，次のうち消防法令上正しいものはどれか。
- (1)　現に新築中又は増改築工事中の防火対象物の場合は，すべて新しい基準に適合する消防用設備等を設置しなければならない。
- (2)　現に新築中の特定防火対象物の場合は，従前の規定に適合していれば改正基準を適用する必要はない。
- (3)　原則として既存の防火対象物に設置されている消防用設備等には適用しなくてよいが，政令で定める一部の消防用設備等の場合は例外とされている。
- (4)　既存の防火対象物に設置されている消防用設備等が，設置されたときの基準に違反している場合は，設置したときの基準に適合するよう設置しなければならない。

【問題3】　消防設備士が行うことができる工事又は整備について，消防法令上，誤っているものは次のうちどれか。
- (1)　甲種特類消防設備士免状の交付を受けている者は，消火器の点検整備を行うことができる。
- (2)　乙種第1類消防設備士免状の交付を受けている者は，屋内消火栓設備の消火栓箱の補修整備を行うことができる。
- (3)　乙種第4類の消防設備士免状の交付を受けているものは，ガス漏れ火災警報設備の整備を行うことができる。
- (4)　甲種第5類の消防設備士免状の交付を受けているものは，緩降機及び救助袋の工事を行うことができる。

【問題4】　消防用設備等の着工届出について，法令上，その届出を行う者と届
　出先との組合せとして，次のうち適切なものはどれか。

	届出を行う者	届出先
(1)	甲種消防設備士	消防長又は消防署長
(2)	甲種消防設備士	都道府県知事
(3)	関係者	消防長又は消防署長
(4)	関係者	都道府県知事

【問題5】　消防設備士免状に関する記述について，消防法令上，正しいものは
　次のうちどれか。

(1)　消防設備士免状の返納を命ぜられた日から3年を経過しない者について
　は，新たに試験に合格しても免状が交付されないことがある。

(2)　消防設備士免状の交付を受けた都道府県以外で業務に従事するときは，
　業務地を管轄する都道府県知事に免状の書換え申請をしなければならない。

(3)　消防設備士免状を亡失した者は，亡失した日から10日以内に免状の再
　交付を申請しなければならない。

(4)　消防設備士免状の記載事項に変更を生じた場合，当該免状を交付した都
　道府県知事又は居住地若しくは勤務地を管轄する都道府県知事に免状の書
　換えを申請しなければならない。

【問題6】　都道府県知事(総務大臣が指定する市町村長その他の機関を含む。)
　が行う工事整備対象設備等の工事又は整備に関する講習の制度について，消
　防法令上，正しいものは次のうちどれか。

(1)　消防設備士は，その業務に従事することとなった日から2年以内に，そ
　の後，前回の講習を受けた日から5年以内ごとに講習を受けなければなら
　ない。

(2)　消防設備士は，その業務に従事することとなった日以後における最初の
　4月1日から5年以内ごとに講習を受けなければならない。

(3)　消防設備士は，その業務に従事することとなった日以後における最初の
　4月1日から2年以内に講習を受け，その後，前回の講習を受けた日以後
　における最初の4月1日から5年以内ごとに講習を受けなければならない。

(4)　消防設備士は，免状の交付を受けた日以後における最初の4月1日から2年以内に講習を受け，その後，前回の講習を受けた日以後における最初の4月1日から5年以内ごとに講習を受けなければならない。

(2)　法令の類別部分 （問7〜問10）

【問題7】　次のうち延べ面積にかかわらず消火器具を設置しなければならないものはどれか。
(1)　公会堂　　　(2)　養護老人ホーム
(3)　ホテル　　　(4)　老人デイサービスセンター

【問題8】　簡易消火用具の消火能力単位について，次の数量と単位の組合せのうち，誤っているものはどれか。
(1)　「水バケツ」…容量8ℓの5個………………………1単位
(2)　「水槽」…容量8ℓ以上の消火専用バケツ3個以上を有する容量80ℓ以上のもの1個　………1.5単位
(3)　「乾燥砂」…スコップを有する容量50ℓ以上の1塊…0.5単位
(4)　「膨張ひる石」…スコップを有する容量160ℓ以上の1塊…1単位

【問題9】　指定可燃物を貯蔵，取扱う場合，危政令別表第四で規定する数量の50倍の数量で割った値以上の能力単位の消火器具を設置する必要があるが，その危政令別表第四で規定する数量として，次のうち正しいものはどれか。
(1)　綿花……100 kg　　　　(2)　わら類……500 kg
(3)　再生資源燃料…1,000 kg　(4)　可燃性固体類…2,500 kg

【問題10】　火器の絵表示の大きさに関する次の文の（　）内に当てはまる数値を記入しなさい。
「絵表示の大きさは，充てんする消火剤の容量又は質量が，2ℓ又は3 kg以下のものにあっては，半径（A）cm以上，2ℓ又は3 kgを超えるものにあっては半径（B）cm以上の大きさとする。」
　　　（A）　　（B）　　　　（A）　　（B）
(1)　0.5　　　1.0　　　(2)　1.0　　　1.5
(3)　1.5　　　2.0　　　(4)　2.0　　　2.5

2 機械に関する基礎的知識 (問11〜問15)

【問題11】 図のようなスパナでボルトを締め付けた場合，そのトルクはいくらになるか。

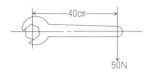

(1) 10 N・m　　(2) 20 N・m

(3) 30 N・m　　(4) 40 N・m

【問題12】 単純ばりが下図のような等分布荷重を受けている場合，そのモーメントの概念図を表す図として，次のうち正しいものはどれか。

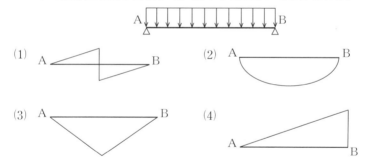

【問題13】 合金について，次のうち正しいものはどれか。

A　ステンレス鋼は，炭素鋼にクロムやニッケルを加えた合金である。

B　炭素鋼は，鉄にクロムとニッケルを加えた合金である。

C　青銅は，銅とマンガンの合金で，耐食性，鋳造性に優れている。

D　黄銅は真ちゅうとも呼ばれ，亜鉛を含んだ銅の合金で，加工性に優れている。

E　ジュラルミンは，ニッケルに銅，マグネシウム，マンガンなどを加えた合金である。

(1) A，C　　(2) B　　(3) C，E　　(4) D

【問題 14】 二つの物体が互いに力を及ぼす場合における運動の第 3 法則として，正しいものは次のうちどれか。

(1) 力の向きが同じで作用反作用の法則と言われる。

(2) 力の向きが同じで慣性の法則と言われる。

(3) 力の向きが反対で作用反作用の法則と言われる。

(4) 力の向きが反対で慣性の法則と言われる。

【問題 15】 次の文中の（A）（B）に当てはまる語句として，次のうち，正しいものを組合わせたものはどれか。

　　「クリープによるひずみを（A）という。また，ある一定の温度において破断に至らない限界の応力の（B）をその温度における（C）という。」

	（A）	（B）	（C）
(1)	最大応力	最小値	弾性限度
(2)	クリープひずみ	最大値	クリープ限度
(3)	最大応力	最小値	クリープ限度
(4)	クリープひずみ	最大値	弾性限度

3　構造，機能及び整備の方法

(1) 機械に関する部分 （問 16～問 24）

構造，機能

【問題 16】 消火器の運搬方式に関する次の文の（　）内に当てはまる語句の組合せとして，次のうち正しいものはどれか。

　　「消火器は，保持装置や車輪等の質量を除く部分の質量が 28 kg 以下のものにあっては（A）に，28 kg を超え 35 kg 以下のものにあっては（B）に，35 kg を超えるものにあっては（C）にしなければならない。」

	（A）	（B）	（C）
(1)	手さげ式, 背負式	据置式, 背負式, 車載式	据置式, 車載式
(2)	手さげ式, 据置式, 背負式	据置式, 背負式	車載式
(3)	手さげ式, 据置式, 背負式	据置式, 背負式, 車載式	車載式
(4)	手さげ式, 背負式	背負式, 車載式	据置式, 車載式

【問題17】　消火器の消火作用について，正しい組合わせはどれか。

A　棒状の強化液を放射する消火器の消火作用は，主として冷却作用と抑制作用によるものである。

B　機械泡を放射する消火器の消火作用は，主として冷却作用と抑制作用によるものである。

C　二酸化炭素を放射する消火器の消火作用は，主として窒息作用と抑制作用によるものである。

D　消火粉末を放射する消火器の消火作用は，主として窒息作用と抑制作用によるものである。

(1)　A，B　　　(2)　A，D

(3)　B，C　　　(4)　B，D

【問題18】　粉末消火器に用いられる淡紅色の消火薬剤の主成分について，次のうち正しいものはどれか。

(1)　炭酸水素ナトリウム

(2)　リン酸アンモニウム

(3)　炭酸水素カリウム

(4)　炭酸水素カリウムと尿素の反応生成物

【問題19】　加圧式の消火器に用いる加圧用ガス容器について，次のうち消防法令上正しいものはどれか。

A　容器弁付の加圧用ガス容器は，必ず専門業者に依頼してガスを充てんする。

B　作動封板を有する加圧用ガス容器は，容量が同じであれば製造メーカーにかかわらず交換できる。

C　作動封板を有する加圧用ガス容器は，すべて高圧ガス保安法の適用を受けない。

D　加圧用ガス容器に充てんされているものは，二酸化炭素若しくは窒素ガス又は二酸化炭素と窒素ガスの混合したものである。

E　窒素ガスを充てんした内容積 $100 \mathrm{cm}^3$ を超える加圧用ガス容器の外面は，緑色に塗装されている。

F　加圧用ガス容器に充てんされている二酸化炭素は，液化炭酸ガスとして容器に貯蔵され，その充てん量を確認する場合は内圧を測定する。

(1)　A，C　　　(2)　A，D

(3)　B，C，E　　(4)　C，F

【問題20】　消火器には，高圧ガス保安法の適用を受ける容器を使用しなけれ
ばならないものがあるが，これに該当しないものは，次のうちいくつあるか。
A　二酸化炭素消火器の本体容器
B　加圧式大型強化液消火器の加圧用ガス容器
C　蓄圧式機械泡消火器の本体容器
D　加圧式粉末消火器に使用する内容量 $200\,cm^3$ の加圧用ガス容器
E　消火薬剤の質量が $30\,kg$ の加圧式粉末消火器
(1)　1つ　　(2)　2つ
(3)　3つ　　(4)　4つ

【問題21】　消火器の点検及び整備について，次のうち正しいものはどれか。
(1)　加圧用ガスには，二酸化炭素及び窒素ガスなどが使用されるが，機器点
　検でそれらの充てん量を調べるには，窒素ガスは質量を，二酸化炭素は圧
　力を測定する。
(2)　ガス加圧式粉末消火器の加圧用ガスについては，必ず二酸化炭素を充て
　んしなければならない。
(3)　指示圧力値が緑色範囲内にあったので，未使用の消火器と判断した。
(4)　化学泡消火器のキャップがポリカーボネート樹脂製のものについては，
　点検時に油汚れが認められれば，シンナー又はベンジンで掃除しなければ
　ならない。

【問題22】　消火器の内部及び機能に関する点検の時期について，消防法令上，
次のうち正しい組合せはどれか。
(1)　加圧式の粉末消火器……製造年から5年経過したものについて行う。
(2)　化学泡消火器……………製造年から1年経過したものについて行う。
(3)　二酸化炭素消火器………設置後5年経過したものについて行う。
(4)　蓄圧式の強化液消火器…製造年から5年経過したものについて行う。

【問題23】　化学泡消火器における消火薬剤の充てんに関する次のイ，ロに当てはまる語句を答えよ。

「外筒用消火薬剤（A剤）の主成分は（イ），内筒用消火薬剤（B剤）の主成分は（ロ）で，このA剤とB剤を逆にすると，酸性のB剤により外筒の金属が腐食され穴が開いたりして破損するおそれがある。」

	（イ）	（ロ）
(1)	硫酸アルミニウム	炭酸水素カリウム
(2)	炭酸水素ナトリウム	硫酸アルミニウム
(3)	リン酸アンモニウム	炭酸水素ナトリウム
(4)	炭酸水素ナトリウム	リン酸アンモニウム

【問題24】　消火薬剤の放射の異常についての判断として，次のうち適当でないものはどれか。

(1)　蓄圧式消火器のレバーを握ったところ，少量の消火剤しか出なかった。これは蓄圧ガスが漏れていたことが考えられる。

(2)　ガス加圧式の強化液消火器のバルブを開いたところ消火剤が出なかった。これは消火器を転倒させなかったことが原因として考えられる。

(3)　二酸化炭素消火器を使用したところ，二酸化炭素が放射されなかった。これは二酸化炭素が自然噴出していたことが考えられる。

(4)　化学泡消火器のノズルから泡が漏れていた。これは内筒に亀裂が入ってA剤とB剤が徐々に反応したことが考えられる。

(2)　規格に関する部分 （問25〜問30）

【問題25】　消火器の使用温度範囲および消火器を正常な操作方法で放射した場合の放射性能について，次のうち規格省令上正しいものはどれか。

(1)　放射時間は，温度 20℃ において 20 秒以上であること。

(2)　化学泡消火薬剤を充てんした消火器以外は，充てんされた消火剤の質量又は容量の 85% 以上の量を放射できるものであること。

(3)　化学泡消火器の使用温度範囲は，原則として，5℃ 以上，40℃ 以下である。

(4)　強化液消火器の使用温度範囲は，原則として，−5℃ 以上，40℃ 以下である。

【問題26】 消火器の消火薬剤について，次のうち規格省令上，正しいものは
どれか。
(1) 強化液消火薬剤は，無色透明で浮遊物がないこと。
(2) 化学泡消火薬剤のうち，粉末状のものは，水に溶けにくいものでなけれ
ばならない。
(3) 防湿加工を施したリン酸塩類等等の粉末消火薬剤は，水面に均一に散布
した場合において，30分以内に沈降しないものでなければならない。
(4) 消火器用消火薬剤には，性能を高めるための湿潤剤，不凍剤や性状を改
良するための薬剤（湿潤剤，防腐剤等）を混和し，又は添加することがで
きる。

【問題27】 常温（20℃）において，泡消火器が放射する泡の容量について，
次のうち誤っているものはどれか。
(1) 手さげ式の化学泡消火器
…………消火薬剤容量の5.5倍以上
(2) 背負い式の化学泡消火器
…………消火薬剤容量の7倍以上
(3) 車載式の化学泡消火器
……………消火薬剤容量の5.5倍以上
(4) 手さげ式の機械泡消火器
……………消火薬剤容量の5倍以上

【問題28】 消火器に設けなければならないろ過網に関する次の文中の（ ）
内に当てはまる数値の組合わせとして，規格省令上正しいものはどれか。
「ろ過網の目の最大径は，ノズルの最小径の（ア）以下であること。また，
ろ過網の目の部分の合計面積は，ノズルの開口部の最小断面積の（イ）倍以
上であること。」

	（ア）	（イ）
(1)	1／4	20
(2)	1／4	30
(3)	3／4	20
(4)	3／4	30

【問題29】　手さげ式消火器の安全栓について，次のうち規格省令上誤っているものはどれか。ただし，押し金具をたたく1動作及びふたをあけて転倒させる動作で作動するものを除くものとする。

A　不時の作動を防止するために設けるものである。

B　上方向又は横方向に引き抜くよう装着されていること。

C　リング部の塗色は，黄色仕上げとすること。

D　消火器の作動操作の途中において自動的にはずれるものであること。

E　安全栓は，安全栓に衝撃を加えた場合及びレバーを強く握った場合において，引き抜きに支障がないものでなければならない。

(1)　A，C　　(2)　B，E

(3)　B，D　　(4)　C，E

【問題30】　消火器の外面の塗色について，次の文中の（A）〜（C）に当てはまる語句及び数値として，次のうち適切なものはどれか。

　「消火器の外面は，（A）以上を赤色仕上げとしなければならない。さらに高圧ガス保安法の適用を受ける二酸化炭素消火器には，外面の（B）以上を（C）色，ハロン1301消火器は，外面の2分の1以上をねずみ色としなければならない。」

	（A）	（B）	（C）
(1)	15%	2分の1	赤色
(2)	25%	2分の1	緑色
(3)	15%	3分の1	緑色
(4)	25%	3分の1	赤色

鑑別等試験問題

【問題1】　下の写真に示す消火器は，外部に異常が認められない車載式の二酸
　化炭素消火器であり，消火薬剤の充てん質量は 23 キログラムである。次の
　各設問に答えなさい。

設問1　この消火器の名称を答えなさい。
設問2　危険物施設に設置する場合，第何種の消火設備に該当するかを答え
　　　　なさい。
設問3　この消火器が適応する火災について，次のうち，該当する記号を答
　　　　えなさい。
　　　　　　「ア：普通火災　　　イ：油火災　　　　ウ：電気火災」

＜解答欄＞

設問1	
設問2	
設問3	

【問題2】　次の消火器について，それぞれの消火薬剤と消火作用を次の語群から選び，記号で答えなさい。

A
機械泡消火器

B
粉末（リン酸塩類）消火器

〈語群〉

ア．硫酸アルミニウム　　　　　イ．リン酸アンモニウム

ウ．合成界面活性剤泡　　　　　エ．プロモトリフルオロメタン

オ．炭酸カリウム　　　　　　　カ．炭酸水素ナトリウム

キ．冷却作用　　　　　　　　　ク．窒息作用

ケ．抑制作用

＜解答欄＞

	消火薬剤	消火作用
A		
B		

【問題3】 図は，複合用途防火対象物の3階部分の平面図である。

　この部分に下記の条件に基づき消火器（大型消火器は除く）を設置する場合，必要な能力単位数と消火器の設置本数を下記語群から選んでその記号を答えなさい。

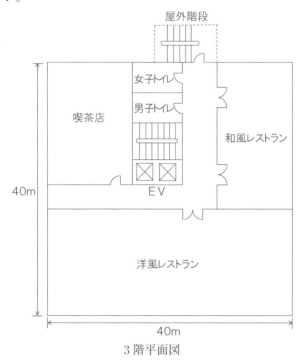

3階平面図

<条件>

1．主要構造部は耐火構造で，内装は不燃材料で仕上げてある。

2．他の消防用設備等の設置による緩和については，考慮しない。

3．設置する消火器1本の能力単位の数値は2とする。

4．消火器の設置に際して，歩行距離は考慮しない。

5．能力単位の算定基礎数値は，下表の数値を用いるものとする。

6．喫茶店は主たる用途の従属的部分とみなすものとする。

（施行規則第6条抜粋）

防火対象物の区分	面積
キャバレー，カフェ等（2項イ）	50 m²
料理店，飲食店等（3項）	100 m²

＜語群＞

ア．20　　イ．18　　ウ．16

エ．14　　オ．12　　カ．10

キ．8　　ク．6　　ケ．4

コ．2　　サ．1

　＜解答欄＞

必要な能力単位数	（単位）
消火器の設置本数	（本）

【問題4】　次の表は，下の写真に示す消火器のうち，Aの消火器が正常な場合の機能点検票である。実施すべき点検項目に該当する事項で，正常であることを示す○印が抜けている箇所が何カ所かある。その箇所に○印を記入して黒くぬりつぶしなさい。ただし，消火器は製造年から10年を経過しているものとする。

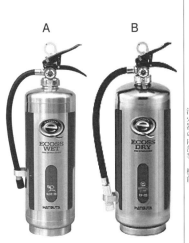

A　　　　　B

点　検　項　目								
本体・内筒容器等	**本体容器**	○						
	内筒等							
	液面表示							
消火薬剤	**性状**							
	消火薬剤量	○						
	加　圧　用　ガ　ス　容　器							
	カッター・押し金具							
消火器の内部等・機能	**ホ　　　　ー　　　　ス**	○						
	開　閉　式　ノ　ズ　ル・切　換　式　ノ　ズ　ル							
	指　示　圧　力　計							
	使用済みの表示装置							
	圧　力　調　整　器							
	安　全　弁・減　圧　孔（排圧栓を含む）							
	粉上がり防止用封板							
	パ　　ッ　　キ　　ン							
	サ　イ　ホ　ン　管・ガ　ス　導　入　管							
	ろ　　　過　　　網							
	放　　射　　能　　力	○						
消　火　器　の　耐　圧　性　能								

【問題5】　ガス加圧式粉末消火器（総質量6.5kg，薬剤質量3.5kg，加圧用ガスの質量60 g）の放射試験を行った。放射後の消火器の総質量は3.5kgであり，加圧用ガスは残っていない。

　　このことについて，次の各設問に答えなさい（注：出題例は極めて少ない）。

設問1　この消火器から放射されなかった消火薬剤の放出残量を求めなさい。

設問2　設問1の結果から，この粉末消火器の放射性能について，規格に適合しているか，あるいは適合していないかを判断し，その理由も答えなさい。

＜解答欄＞

設問1	
設問2	
	理由：

模擬テストの解答

1　消防関係法令

(1)　法令の共通部分（問1〜問6）

【問題1】　[解答]　(1)

解説

(1)　蒸気浴場，熱気浴場は，令別表第1（9）項のイで，特定防火対象物であり，正しい。

(2)　小学校や中学校は，高等学校や大学などと同様，令別表第1（7）項に該当する非特定防火対象物です。なお，幼稚園は，特別支援学校などと同じく特定防火対象物なので，注意が必要です。

(3)　作業場は，令別表第1（12）項のイに該当する非特定防火対象物です。

(4)　政令で定める2以上の用途に供される高層ビルなので，複合用途防火対象物ということになりますが，その2以上の用途に特定用途を含まないので（図書館も事務所も非特定防火対象物です），令別表第1（16）項のロに該当し，非特定防火対象物となります。

【問題2】　[解答]　(3)

解説

(1)　誤り。新築中や増改築工事中の防火対象物は，<u>既存の防火対象物（現に存在する防火対象物）の扱い</u>を受けます。従って，既存の防火対象物の場合は，原則としては**従前の基準に適合していればよい**，とされているので，誤りです。

(2)　誤り。特定防火対象物の場合は，常に改正基準（現行の基準）に適用させる必要があります。

(3)　正しい。問題文の前半は，(1)の解説より正しく，また，一定の消防用設備等（P.72の4参照）はその例外とされているので，これも正しい。

(4)　誤り。既存の防火対象物に設置されている消防用設備等が，設置された

ときの基準に違反している場合は，「設置したときの基準」ではなく，「改正後の基準」に適合するように設置しなければなりません。

【問題 3 】　[解答]　(1)

解説

消火器の点検整備を行うことができるのは**第 6 類消防設備士**です。

なお，(2)と(3)は整備なので，乙種が行うことができ，また(4)は甲種なので工事を行うことができます。

【問題 4 】　[解答]　(1)

解説

工事着工届出は，**甲種消防設備士**が**消防長又は消防署長**に対して着工する日の 10 日前までに届け出る必要があります。

【問題 5 】　[解答]　(4)

解説

(1)　3 年ではなく，**1 年**です（その他，罰金以上の刑に処せられ 2 年を経過しない者にも免状が交付されないことがある）。なお，免状の返納を命ずるのは「**免状を交付した都道府県知事**」なので，要注意！

(2)　免状は全国で有効なので，このような書換えをする必要はありません。

(3)　消防設備士免状を亡失した者は，再交付を申請することができますが，「10 日以内」という制限はありません（10 日以内という制限は，免状を亡失して再交付を受けた者が，亡失した免状を発見した場合に，都道府県知事に提出する期限です。

(4)　免状の書換えになるので，「免状を**交付**した都道府県知事」または「**居住地**若しくは**勤務地**を管轄する都道府県知事」に免状の書換えを申請します。

【問題 6 】　[解答]　(4)

解説

消防設備士は，**免状の交付を受けた日以後における最初の 4 月 1 日から 2 年以内**に講習を受け，その後，**前回の講習を受けた日以後における最初の 4 月 1 日から 5 年以内**ごとに講習を受けなければなりません。

(2) 法令の類別部分 (問7～問10)

【問題7】 [解答] (2)

解説

(1), (3), (4)は **150 m² 以上**で設置義務が生じます。

【問題8】 [解答] (1)

解説

水バケツは, 容量8ℓの水バケツ3個で1単位, と定められています。

なお, 消火能力単位については, (2)～(4)のほか, (2)の水槽には次のような規定もあります。

・190ℓ の水槽と消火専用バケツ6個で2.5単位

【問題9】 [解答] (3)

解説

(1)の綿花は200 kg, (2)のわら類は1,000 kg, (4)の可燃性固体類は3,000 kgです (P.347 の表参照)。

【問題10】 [解答] (2)

解説

P.249 表5-3 参照

2 機械に関する基礎的知識 (問11～問15)

【問題11】 [解答] (2)

解説

モーメントを工学的に言うと, **トルク**になり, 計算式も同じです。従って, ボルトに作用するモーメント (トルク) は, $M = F \times \ell = 50 \times 0.4 = 20\,\mathrm{N \cdot m}$ となります。なお, この問題の場合は, 40 cm を 0.4 m に変換しておく必要があります。

【問題12】　［解答］　⑵

解説

　⑴は梁の中心にモーメント荷重が加わっている場合，⑶は梁の中心に集中荷重が加わっている場合，⑷は片持梁の端に集中荷重が加わっている場合のモーメントの図です。

【問題13】　［解答］　⑷

解説

A　ステンレス鋼は，炭素鋼ではなく，**鉄**にクロムやニッケルを加えた合金です。

　なお，炭素鋼にクロムやニッケルを加えた合金は**耐熱鋼**です。

B　鉄にクロムとニッケルを加えた合金は**ステンレス鋼**で，炭素鋼は，鉄に**炭素**を加えた合金です。

C　青銅は，銅と**すず**の合金です（後半は正しい）。

D　黄銅は銅と**亜鉛**の合金で，一般に**真ちゅう**と呼ばれています。

E　ジュラルミンは，ニッケルではなく，**アルミニウム**に銅，マグネシウム，マンガンなどを加えた合金です。

＜主な合金の成分＞

合金	成分
炭素鋼	鉄＋炭素
黄銅	銅＋亜鉛
青銅	銅＋すず
ジュラルミン	アルミニウム＋銅＋マグネシウム＋マンガン
ベリリウム銅	銅＋ベリリウム

【問題14】　［解答］　⑶

解説

　物体が互いに力を及ぼすとき，大きさが等しく互いに逆向きの力が働くという法則で，**作用反作用の法則**と言われます。

【問題 15】　［解答］　(2)
解説

　クリープによるひずみを（**クリープひずみ**），クリープ現象の現れない最大応力（**応力の最大値**）を（**クリープ限度**）といいます。

3　構造，機能及び整備の方法

(1)　機械に関する部分（問 16～問 24）

【問題 16】　［解答］　(3)
解説

　運搬方式は次のようになっています。よって，(3)が正解です。

消火器の重さ	運搬方式
28 kg 以下	手さげ式，据置式，背負式
28 kg 超 35 kg 以下	据置式，背負式，車載式
35 kg 超	車載式

【問題 17】　［解答］　(2)
解説

　P. 168 の表の⑥を参照しながら確認すると，Aの棒状の強化液を放射する消火器は正しい，Bの機械泡を放射する消火器の消火作用は，主に冷却作用と**窒息作用**なので，×。Cの二酸化炭素を放射する消火器の消火作用は，主として**窒息作用**になるので，抑制作用の部分が×。Dの消火粉末を放射する消火器は正しい。

　従って，正しいのは，AとDということになります。

【問題 18】　［解答］　(2)
解説

　(1)は粉末（Na），(3)は粉末（K），(4)は粉末（KU）の消火器の主成分です。（P. 159，表 3-2 参照）

【問題19】　[解答]　(2)

解説

A　**容器弁付き**の加圧用ガス容器を交換する場合は，必ず**専門業者**に依頼してガスを充てんします（正しい）。

B　容量が同じだけではだめで，**容器記号**が同じものと交換する必要があるので，誤り。

C　作動封板を有する加圧用ガス容器の場合，高圧ガス保安法の適用を受けないのは内容積が **100 cm³ 以下**の場合で，内容積が **100 cm³ を超えるもの**については，高圧ガス保安法の適用を受けるので，誤り。

D　正しい。

E　内容積 100 cm³ を超える加圧用ガス容器の塗装は，充てんガスが二酸化炭素のものは**緑色**，窒素ガスのものは**ねずみ色**に塗装されています。（誤り）。

F　内圧ではなく，**質量**を測定するので，誤り。

【問題20】　[解答]　(1)

解説

　　P. 170，**7**の表より，確認していきます（C のみが該当しない）。

A　①に該当し，適用を受けます。

B　加圧式大型強化液消火器の加圧用ガス容器は，③に該当するので，適用を受けます。

C　蓄圧式機械泡消火器の使用圧力範囲は，**0.7〜0.98 MPa** に設定されているので，③の 1 MPa 以上には該当せず，高圧ガス保安法の適用は受けません。

D　③に該当するので，適用を受けます。

E　消火薬剤の質量が 30 kg の加圧式粉末消火器は大型消火器になり，その加圧用ガス容器は **100 cm³** を超えるので，③に該当し，適用を受けます。

【問題21】　[解答]　(3)

解説

(1)　誤り。問題文は逆で，加圧用ガスの充てん量を調べるには，窒素ガスは**圧力**を，二酸化炭素は**質量**を測定する。

(2)　誤り。ガス加圧式粉末消火器の加圧用ガスについては，一般的に小容量

のものには**二酸化炭素**が用いられていますが，大型のものには**窒素ガス**も
用いられています。

(3)　正しい。

(4)　誤り。合成樹脂製のキャップや本体容器の清掃に，シンナーやベンジン
等の有機溶剤を用いるのは不適切です（劣化等のおそれがある）。

【問題22】　［解答］　(4)
解説

機能点検の時期をまとめると，次のようになります。

①**加圧式**……………製造年から**3年**

②**蓄圧式**……………製造年から**5年**（二酸化炭素，ハロゲン化物は除く）

③**化学泡消火器**……設置後**1年**

(1)　誤り。①より，製造年から**3年**です。

(2)　誤り。③より，設置後**1年**です。

(3)　誤り。二酸化炭素消火器とハロゲン化物消火器については，内部及び機
能に関する点検の対象から除外されています。

(4)　正しい。②より，蓄圧式は製造年から**5年**です。

【問題23】　［解答］　(2)
解説

（イ）のA剤の主成分は**炭酸水素ナトリウム**で（ロ）のB剤の主成分は**硫
酸アルミニウム**です（下線部：鑑別で出題例あり）。

【問題24】　［解答］　(2)
解説

一般的に，強化液消火器の加圧方式は蓄圧式ですが，一部の大型消火器に
は，このガス加圧式のものがあります。

その加圧用ガスは二酸化炭素で，使用する際は，本体の外部に装着されて
いる加圧用ガス容器のバルブを開いてノズルのレバーを握ると本体容器内に
二酸化炭素が導入され，消火剤を放射します。

従って，消火器を転倒させる必要はないので，誤りです（転倒させて放射
するのは化学泡消火器です）。

⑵　規格に関する部分（問 25〜問 30）

【問題 25】　［解答］　⑶
解説

⑴　誤り。放射時間は，温度 20℃ において **10 秒以上**です。

⑵　誤り。放射量については，化学泡消火薬剤は **85% 以上**で，それ以外の消火器は 90% 以上となっています。

⑶　正しい。

⑷　誤り。⑶の化学泡消火器以外は，**0℃ 以上 40℃ 以下**となっています。

【問題 26】　［解答］　⑷
解説

⑴　このような規定はありません（強化液消火薬剤は，無色透明又は淡黄色）。

⑵　粉末状の化学泡消火薬剤は，「**水に溶けやすい乾燥状態のものであること。**」となっています。

⑶　30 分以内ではなく，「**1 時間以内に沈降しないものでなければならない。**」となっています。

【問題 27】　［解答］　⑴
解説

⑴の手さげ式の化学泡消火器は背負い式の化学泡消火器と同じく，消火薬剤容量の **7 倍以上**を放射する必要があります。

```
＜化学泡消火器の泡の放射容量＞
・小型⇒7 倍以上
・大型⇒5.5 倍以上　（注：機械泡は 5 倍以上）
```

【問題 28】　［解答］　⑷
解説

ろ過網は，液体の薬剤中のゴミを取り除き，ホースやノズルが詰まるのを防ぐために設けるもので，ホースやノズルに通ずる薬剤導出管の本体容器側に設けます。そのろ過網の目の最大径と合計面積ですが，規格第 17 条より，次のように定められています。

(1)　ろ過網の目の最大径

　　⇒ノズルの最小径の **3 ／ 4 以下**であること。

(2)　ろ過網の目の合計面積

　　⇒ノズル開口部の最小断面積の **30 倍以上**であること。

【問題 29】　[解答]　(3)

解説

　B　安全栓は、「**上方向**（消火器を水平面上に置いた場合、垂直軸から **30 度以内**の範囲をいう。）に引き抜くよう装着されていること。」となっているので、横方向が誤りです。

　D　安全栓の規格には、「引き抜く動作以外の動作によって容易に抜けないこと。」となっているので、「自動的に外れるものであること」というのは誤りです。

【問題 30】　[解答]　(2)

解説

　正しくは、（A）は **25% 以上**、（B）は **2 分の 1 以上**、（C）は**緑色**となります。

鑑別等試験問題の解答

【問題1】　[解答]

設問1	車載式二酸化炭素消火器
設問2	第5種
設問3	イ，ウ

解説

　二酸化炭素消火器は**50kg以上**が大型消火器（第4種）になるので，23kgでは小型消火器（第5種）になります。

【問題2】　[解答]

	消火薬剤	消火作用
A	ウ	キ，ク
B	イ	ク，ケ

解説

　Aは機械泡消火器で，Bはガス加圧式粉末消火器になります。

　なお，アは化学泡消火器のB剤，エはハロン1301消火器，オは強化液消火器，カは化学泡消火器のA剤になります。

【問題3】　[解答]

必要な能力単位数	キ	（単位）
消火器の設置本数	ケ	（本）

解説

　用途が3項の料理店，飲食店だけでなく，2項イのキャバレー，カフェ等の喫茶店も含まれていますが，全体としては，3項の料理店，飲食店となります。

　よって，算定基準面積は，100 m² となりますが，条件1の「**主要構造部は耐火構造で，内装は不燃材料**」より，2倍の**200 m²** となります。

　従って，この3階部分が必要とする能力単位は，その床面積（40×40）を

この 200 m² で割れば求まることになります。

よって，（40×40）÷200＝8（単位）となります（⇒**キ**）。

条件3より，設置する消火器1本の能力単位の数値は2なので，消火器設置本数は，8÷2＝4（本）ということになります（⇒**ケ**）。

【問題4】　[解答]

点　検　項　目					(ガス加圧式粉末)	(化学泡)	(二酸化炭素)
本体・内筒容器等	**本体容器**	○			●	●	●
	内筒等					●	
	液面表示					●	
消火薬剤	**性状**	●			●	●	●
	消火薬剤量	○			●	●	●
消火器の内部等・機能	加圧用ガス容器				●		
	カッター・押し金具				●	●（破蓋転倒式）	
	ホ　ー　ス	○			●	●	●
	開閉式ノズル・切換式ノズル						
	指示圧力計	●					
	使用済みの表示装置				●		●
	圧力調整器						
	安全弁・減圧孔（排圧栓を含む）	●			●	●	●
	粉上がり防止用封板				●		
	パ　ッ　キ　ン	●			●	●	●
	サイホン管・ガス導入管	●			●		●
	ろ　過　網					●	
	放　射　能　力	○			●	●	●
消　火　器　の　耐　圧　性　能		●			●	●	●

解説

　　Aは強化液消火器なので，「**性状**」「**指示圧力計**」「**安全弁，減圧孔**」「**パッキン**」「**サイホン管，ガス導入管**」「**消火器の耐圧性能**」の欄に○を付します。

　　なお，Bは蓄圧式粉末消火器であり，点検項目は同じになるので，蓄圧式粉末が出題されれば，解答も同じになります。

　　また，点検項目のうち，太字で薄いアミの入っている太字の項目は**各消火器に共通のチェック項目**です。

　　参考までにガス加圧式粉末，化学泡および二酸化炭素の例も右の方にドットで表示してありますので，確認しておいてください。

（注：カッター，押し金具についての補足がP.345にありますので参考にして下さい。）

【問題5】　［解答］

設問1	0.56kg
設問2	不適
	理由：規格ではその質量の90％以上（化学泡消火器は85％以上）を放出する必要があり，薬剤残量は10％未満でなければならない。しかし，薬剤残量560gは，元の消火薬剤3.5kgの10％である350g以上なので，不適となる。

解説

設問1　消火器は「本体容器」と「付属品（ホースやレバーおよび加圧用ガス容器など）」及び「消火薬剤」から構成されています。

　　　その本体容器の質量をA，付属品の質量をB，消火薬剤の質量をCとすると，消火器の総質量（6.5kg）は次のように表されます。

　　　$6.5 = A + B + C$

　　　これに放射前の各数値を当てはめると，

　　　$6.5 = A + B + 3.5$

　　　よってA＋B（＝本体容器の質量＋付属品の質量）＝3.0……(1)式となります。次に放射後ですが，放射後の消火器の総質量は3.5kgであり，Aの質量は放射前も放射後も当然同じです。しかし，付属品の質量は，放射をすると加圧用ガスの60kgも放出されるので，上の付属品の質量Bからその60kg（＝0.06kg）を引いておく必要があります。つまり，付属品の質量＝B－0.06kgとなります。

　　　そして，最後に消火薬剤ですが，放射後に残った残量の質量をXとすると，式は次のようになります。

　　　放射後の消火器の総質量

　　　　＝本体容器の質量＋（付属品の質量－0.06）＋薬剤残量

　　　$35 = A + (B - 0.06) + X$

　　　(1)式より，A＋B＝3.0だから，

　　　$3.5 = 3.0 - 0.06 + X$

　　　$X = 3.5 - 3.0 + 0.06$

　　　　$= 0.56$

　　　つまり，薬剤残量は560gということになります。

設問 2　規格第 10 条では，消火薬剤はその質量（または容量）の 90% 以上（化学泡消火器は 85% 以上）を放出しなければならないことになっています。ということは，逆に，薬剤の残量は 10% 未満でなければならないということになっています。元の消火薬剤残量が 3.5kg なので，10% 未満ということは，3.5×0.1＝0.35kg 未満，つまり薬剤残量は，350 g 未満でなければならない，ということになり，よって，不適となります。

見ての通り，この問題は少々複雑なので，「自信がない…」と思った人は，出題例も少ないので，飛ばしてもらって結構（他の問題で点数をかせげばよいのだから）。

＜強化液消火器とカッター・押し金具の点検について＞

　カッター・押し金具の部分に○が無い，というご質問が複数ありましたので，補足しておきます。

　カッターは加圧用ガス容器の封板に穴を開ける針（カッター）で，押し金具は，大型消火器等の加圧用ガス容器の封板を開ける針（カッター）のついた金具です。

　いずれも，加圧用ガス容器を装着している加圧式消火器に装着されており，蓄圧式消火器には装着されていないので，蓄圧式の点検票の「カッター・押し金具」の欄は空白になります。（→蓄圧式については，カッター・押し金具の点検は不要…消火器を扱う団体にも確認済）

　ちなみに，昭和 50 年 10 月 16 日消防庁告示第 14 号の「点検要領」には，「カッター・押し金具⇒加圧用ガス容器が取り外されていることを確認した後，レバー，ハンドル等の操作により作動状況を確認する」と記されていますので，加圧用ガス容器が装着されている消火器が対象となっているものと思われます。

令別表第1

注）太字は特定防火対象物

項		防火対象物
(1)	イ	劇場・映画館・演芸場又は観覧場
	ロ	公会堂，集会場
(2)	イ	キャバレー・カフェ・ナイトクラブ・その他これらに類するもの
	ロ	遊技場またはダンスホール
	ハ	性風俗営業店舗等
	ニ	カラオケボックス，インターネットカフェ，マンガ喫茶等
(3)	イ	待合・料理店・その他これらに類するもの
	ロ	飲食店
(4)		百貨店・マーケット・その他の物品販売業を営む店舗または展示場
(5)	イ	旅館・ホテル・宿泊所・その他これらに類するもの
	ロ	寄宿舎・下宿または共同住宅
(6)	イ	①～③病院・入院入所施設のある診療所または助産所　④入院,入所施設のない診療所,助産所
	ロ	老人短期入所施設，養護老人ホーム，有料老人ホーム（要介護）等
	ハ	有料老人ホーム（要介護除く），保育所等
	ニ	幼稚園，特別支援学校
(7)		小学校・中学校・高等学校・中等教育学校・高等専門学校・大学・専修学校・各種学校・その他これらに類するもの
(8)		図書館・博物館・美術館・その他これらに類するもの
(9)	イ	公衆浴場のうち蒸気浴場・熱気浴場・その他これらに類するもの
	ロ	イに掲げる公衆浴場以外の公衆浴場
(10)		車両の停車場または船舶若しくは航空機の発着場（旅客の乗降または待合い用に供する建築物に限る）
(11)		神社・寺院・教会・その他これらに類するもの
(12)	イ	工場または作業場
	ロ	映画スタジオまたはテレビスタジオ
(13)	イ	自動車車庫，駐車場
	ロ	格納庫（飛行機，ヘリコプター）
(14)		倉庫
(15)		前各項に該当しない事業場（事務所，銀行，郵便局等）
(16)	イ	複合用途防火対象物（一部が特定防火対象物）
	ロ	イに掲げる複合用途防火対象物以外の複合用途防火対象物
(16-2)		地下街
(16-3)		準地下街
(17)		重要文化財等
(18)		延長50m以上のアーケード
(19)		市町村長の指定する山林
(20)		総務省令で定める舟車

表 1 　　　　　　　　　＜消火設備の区分＞

種　別	消火設備の種類	消火設備の内容
第 1 種	屋内**消火栓**設備 屋外**消火栓**設備	
第 2 種	スプリンクラー 設備	
第 3 種	固定式消火設備 （名称の最後が 「消火設備」で 終わる）	水蒸気**消火設備** 水噴霧**消火設備** 泡**消火設備** 不活性ガス**消火設備** ハロゲン化物**消火設備** 粉末**消火設備**
第 4 種	**大型**消火器	（第 4 種，第 5 種共通）　右の（　）内は第 5 種の場合 水（棒状，霧状）を放射する大型（小型）消火器 強化液（棒状，霧状）を放射する大型（小型）消火器 泡を放射する大型（小型）消火器
第 5 種	**小型**消火器 水バケツ，水槽， 乾燥砂など	二酸化炭素を放射する大型（小型）消火器 ハロゲン化物を放射する大型（小型）消火器 消火粉末を放射する大型（小型）消火器

表 2 　　　　　　　　　　＜火災の種類＞

A 火災 （普通火災）	木や紙など，一般の可燃物による火災（＝「**建築物その他の工作物の火災**」⇒ 一般の建築物の火災は，この A 火災となる）で，B 火災以外の火災をいう。
B 火災 （油火災）	**第 4 類の危険物（引火性液体）**および政令で指定する可燃性固体，可燃性液体による火災
C 火災 （電気火災）	変圧器やモーターなどの**電気設備**による火災

☞ **出た!** 表 3　危政令別表第 4（抜粋）（P. 120(3)の②）

品名	綿花類	木毛及びかんなくず	ぼろ及び紙くず	わら類	糸類	再生資源燃料	可燃性固体類	石炭・木炭類	可燃性液体類	木材加工品および木くず
数量	200 kg	400 kg	1,000 kg	1,000 kg	1,000 kg	1,000 kg	3,000 kg	10,000 kg	2 m³	10 m³

（数量の出題例があるので，とりあえず 1 トンのみ覚える。
　ボロ　わ　1 トン再生
　ボロ　わら　糸）

令別表第2　適応消火器具（施行令第10条関係）

消火器具の区分 → / 対象物の区分 ↓	①水を放射する消火器 棒状	①水を放射する消火器 霧状	②強化液を放射する消火器 棒状	②強化液を放射する消火器 霧状	③泡を放射する消火器	④二酸化炭素を放射する消火器	⑤ハロゲン化物を放射する消火器	⑥消火粉末 リン酸塩類等を使用するもの	⑥消火粉末 炭酸水素塩類等を使用するもの	⑥消火粉末 その他のもの	⑦水バケツ又は水槽	⑧乾燥砂	⑨膨張ひる石又は膨張真珠岩
建築物その他の工作物（**普通火災**）	○	○	○	○	○			○			○		
電気設備（**電気火災**）		○		○		○	○	○	○				
第1類 アルカリ金属の過酸化物又はこれを含有するもの										○		○	○
第1類 その他の第一類の危険物	○	○	○	○	○			○			○	○	○
第2類 鉄粉，金属粉若しくはマグネシウム又はこれらのいずれかを含有するもの										○		○	○
第2類 引火性固体	○	○	○	○	○	○	○	○	○		○	○	○
第2類 その他の第二類の危険物	○	○	○	○	○			○			○	○	○
第3類 禁水性物品										○		○	○
第3類 その他の第三類の危険物	○	○	○	○	○			○			○	○	○
第4類（**油火災**）					○	○	○	○	○			○	○
第5類	○	○	○	○	○						○	○	○
第6類	○	○	○	○	○			○			○	○	○
指定可燃物 可燃性固体類又は合成樹脂類（不燃性又は難燃性でないゴム製品，ゴム半製品，原料ゴム及びゴムくずを除く。）	○	○	○	○	○	○	○	○	○		○	○	○
指定可燃物 可燃性液体類					○	○	○	○	○			○	○
指定可燃物 その他の指定可燃物	○	○	○	○	○			○			○		

備考　1　○印は，対象物の区分の欄に掲げるものに，当該各項に掲げる消火器具がそれぞれ適応するものであることを示す。

　　　2　リン酸塩類等とは，リン酸塩類，硫酸塩類その他防炎性を有する薬剤をいう。

　　　3　炭酸水素塩類等とは，炭酸水素塩類及び炭酸水素塩類と尿素との反応生成物をいう。

　　　4　禁水性物品とは，危険物の規制に関する政令第10条第1項第10号に定める禁水性物品をいう。

索　引

索引

索
引

著者略歴　　工藤政孝

　学生時代より，専門知識を得る手段として資格の取得に努め，その後，ビルトータルメンテの㈱大和にて電気主任技術者としての業務に就き，その後，土地家屋調査士事務所にて登記業務に就いた後，平成15年に資格教育研究所「大望」を設立（その後，名称を「KAZUNO」に変更）。わかりやすい教材の開発，資格指導に取り組んでいる。

〔主な著書〕

わかりやすい！第4類消防設備士試験

わかりやすい！第6類消防設備士試験

わかりやすい！第7類消防設備士試験

本試験によく出る！第4類消防設備士問題集

本試験によく出る！第6類消防設備士問題集

本試験によく出る！第7類消防設備士問題集

わかりやすい！甲種危険物取扱者試験

わかりやすい！乙種第4類危険物取扱者試験

わかりやすい！丙種危険物取扱者試験

最速合格！乙種第4類危険物でるぞ～問題集

最速合格！丙種危険物でるぞ～問題集

直前対策！乙種第4類危険物20回テスト

本試験形式！乙種第4類危険物取扱者模擬テスト

本試験形式！丙種危険物取扱者模擬テスト

【主な取得資格】

　第二種電気主任技術者，第一種電気工事士，一級電気工事施工管理技士，一級ボイラー技士，ボイラー整備士，第一種冷凍機械責任者，甲種第4類消防設備士，乙種第6類消防設備士，乙種第7類消防設備士，甲種危険物取扱者，第1種衛生管理者，建築物環境衛生管理技術者，二級管工事施工管理技士，下水道管理技術認定，宅地建物取引主任者，土地家屋調査士，測量士，調理師，など多数。

協力（資料提供等）

ヤマトプロテック株式会社

マトイ株式会社

株式会社初田製作所

読者の皆様方へご協力のお願い

小社では，常に本シリーズを新鮮で，価値あるものにするために不断の努力を続けております。つきましては，今後受験される方々のためにも，皆さんが受験された「試験問題」の内容をお送り願えませんか。（１問単位でしか覚えておられなくても構いません。）

試験の種類，試験の内容について，また受験に関する感想を書いてお送りください。

お寄せいただいた情報に応じて薄謝を進呈いたします。

何卒ご協力お願い申し上げます。

＊書簡又は下記 E メールか FAX にてお送りください。

●法改正・正誤表などの情報は，当社ウエブサイトで公開しております。

http://www.kobunsha.org/

●本書の内容に関するお問い合わせについては，明らかに内容に不備があると思われる部分のみに限らせていただいております。

　試験内容・受験方法・ノウハウ・問題の解き方等に関するお問い合わせにはお答えできませんので，悪しからずご了承下さい。

　また，お問い合わせの際は，E メール（または FAX か封書）にて当社編集部宛に書籍名・お名前・ご住所・お電話番号を明記してお問い合わせください。

　なお，お電話によるお問い合わせは受け付けておりません。

●試験日近くにお急ぎでお問い合わせになる場合，遅くとも試験日の 10 日前までにお問い合わせいただきます様お願いいたします。すぐにお答えできない場合がございます。

E メール　henshu2@kobunsha.org

FAX　　　06-6702-4732

郵送　　　〒546-0012　大阪府大阪市東住吉区中野 2-1-27　（株）弘文社
　　　　　編集部

●本書を使用して得た結果については，上記に関らず責任を負いかねますのでご了承下さい。

―わかりやすい！―
第6類　消防設備士試験

著　　者	工　藤　政　孝	
印刷・製本	㈱　太　洋　社	

発　行　所	株式会社	弘　文　社	☎546-0012 大阪市東住吉区 中野2丁目1番27号 ☎　　(06)6797―7 4 4 1 FAX　(06)6702―4 7 3 2 振替口座　00940―2―43630 東住吉郵便局私書箱1号
代　表　者	岡　﨑　　靖		

落丁・乱丁本はお取り替えいたします。